불량엄마의 별난 지구여행

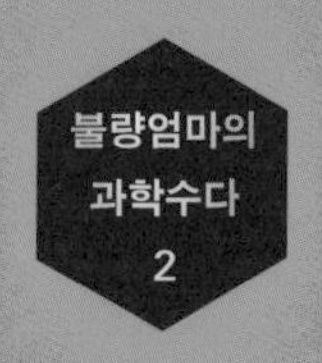

불량엄마의 별난 지구여행

이 행성에서 함께 살아가는 너와 나의 지구과학

송경화 지음 | 홍영진 그림

궁리
KungRee

이상하지,

살아 있다는 건,

참 아슬아슬하게 아름다운 일이란다.

빈 벌판에서 차갑고도 따스한 비를 맞고 있는 것 같지.

눈만 뜨면 신기로운 것들이

네 눈의 수정체 속으로 헤엄쳐 들어오고

때로 너는 두 팔 벌려, 환한 빗물을 받으며 미소 짓고……

이윽고 어느 날 너는 새로운 눈(眼)을 달고

세상으로 출근하리라.

- 최승자, 〈20년 후에, 芝에게〉, 『즐거운 日記』(1984) 중에서

길들여진 너와 나

딸아이가 방에서 안 나오고 있다. 또 무슨 일이 있나? 살짝 방문을 열어본다. 어라~ 평소와 다르게 책상에 앉아 책을 읽고 있다. 무슨 책인지 궁금해 옆으로 다가가서 곁눈질로 들여다본다. 『어린 왕자』? 빙그레 웃었다. 엄마가 예전에 얼마나 『어린 왕자』에 심취해 있었는지 모를 거다. 아니 지금도 심취해 있다. 엄마가 유심히 들여다보는 걸 알았는지 말 걸기가 무섭게 나가라고 성화다. 그래 나간다. 그래봤자 30분 이내에 튀어나와 컴퓨터를 켜고, '어린 왕자'라는 단어로 웹 검색을 해서 감상문을 쓰겠지. '혹시나?'는 '역시나!'라고. 예상대로 30분이 지나기도 전에 튀어나와 웹을 검색한다. 다시 방으로. 그러기를 서너 번을 반복하기에 '이번에는 다 읽고 쓰려나 보다'라는 생각을 하면서 컴퓨터 비밀번호를 슬쩍 어린 왕자의 핵심 주제어로 바꿔버렸다. 또 10분을 못 넘기고 방에서 튀어나와 컴퓨터를 켜더니 비밀번호를 요구하는 윈도우 화면에 당황한다.

"비밀번호 걸었어? 나 숙제해야 돼. 왜 비번 같은 걸 걸고 그래?"

"비번 어렵지 않아. 네가 읽고 있는 책의 핵심 주제어야"

'책 좀 읽었을까?'라는 엄마의 눈빛에 '당당하게 도전해보리라'는 듯이 눈을 반짝이며 이런저런 단어를 입력해본다. 그래도 윈도우 화면이 바뀌지 않으니 결국 짜증을 낸다.

"엄마가 어린 왕자를 알아? 내가 생각하는 책임, 책임감 이런 거 넣어도 로그인이 안 되네. 핵심 주제어가 그거 아니야?"

우주 공간 어디인지는 모르지만, 행성 B612에 살다 장미와 싸우고 상처받아 이 행성, 저 행성을 여행하는 어린 왕자. 장미와의 헤어짐으로 여행을 시작한 그는 아주 우연히도 우주라는 공간 속에서도 구석진 우리은하에, 우리은하 중에서도 아주 아주 아주 구석진 태양계에, 그중에서도 행성 지구에 도착했지. 어린 왕자는 이 행성 저 행성을 여행하면서 사람들이 살아가는 모습에 대한 고민을 했잖아. 그런 거 말고 엄마처럼 형이하학적인 질문, '왜 이 행성에는 사람이 살까?'라는 질문에 초점을 두고 여행했다면 어떤 결론을 내렸을까?

네가 몇 살 때부터인지도 모르겠으나, 잠자기 전에 수도 없이 읽어주던 동화책 〈골디락스와 세 마리 곰〉. 이 동화의 전체적 줄거리는 '금발 여자아이에게 아기 곰의 수프가 적당히 따뜻했고, 아기 곰의 의자가 적당히 잘 맞았으며, 아기 곰의 침대가 적당히 푹신했다'잖아. 여기서 '적당히'는 '가장 좋은 상태' 아니면 '나에게 가장 알맞은 상태'를 의미하지. 과학자들은 '적당함'이라는 개념을 무한해 보이는 우주 공간에서 생명체가 살 수 있는 조건에 적용해봤어. 이게 뭐냐고? '골디락스 이론'이지.

지구에서 생명체가 살 수 있는 이유는 태양으로부터의 적당한 거리를 통한 '적당한 온도', 적당한 질량을 통한 '적당한 중력', 그리고 그로 인한 '적당한 대기'와 '적당한 물' 때문이지. 그 '적당히'가 어느 정도인가 생각해보자.

태양계는 태양을 중심으로 수성-금성-지구-화성-목성-토성-천왕성-해왕성으로 구성되어 있고 240개가 넘는 위성이 있지만, 지금까지 밝혀진 바에 따르면 태양계 내에서 생명체가 살고 있는 행성은 지구가 유일하잖아. 도대체 다른 행성과 지구의 차이가 무엇이기에 지구에만 생명체가 살까?

지구에서 가장 가깝고, 크기가 비슷한 금성. 금성은 태양에서의 거리가 약 1억 800만km 떨어져 있어. 이 거리가 어느 정도냐 하면 지구는 약 1억 5000만km 떨어져 있으니까 지구보다 태양에서 약 4200만km 더 가깝지.

아~ 말하기 버겁다. 뭐가 버겁냐고? 1억 5000만km 이렇게 말하는 게. 숫자가 너무 길잖아. 과학자들도 엄마처럼 긴 숫자를 매번 말하기가 숨찼을 거야. 그래서 태양에서 지구까지의 평균 거리, 1억 5000만km를 1AU(Astronomical Unit)라고 약속했어. 어마어마한 거리를 지구 기준으로 1AU라고 표시하니 간편하잖아. 금성은 약 0.72AU 정도가 되고 화성은 1.52AU야. 지구와 금성은 태양으로부터 고작 0.28AU 거리 차이밖에 나지 않는데, 지구의 평균 기온은 약 15℃ 반면 금성은 480℃나 되거든. 이 정도의 온도라면 무른 주석(Sn) 같은 금속은 녹아 액체가 될 정도지. 그래서 생명체가 발견될 확률이 높은 행성은 열 에너지원인 별로부터 적당한 거리에 있어야 한다는 거야.

적당함의 조건이 이게 다는 아니겠지. 적당한 중력이 필요해. 중

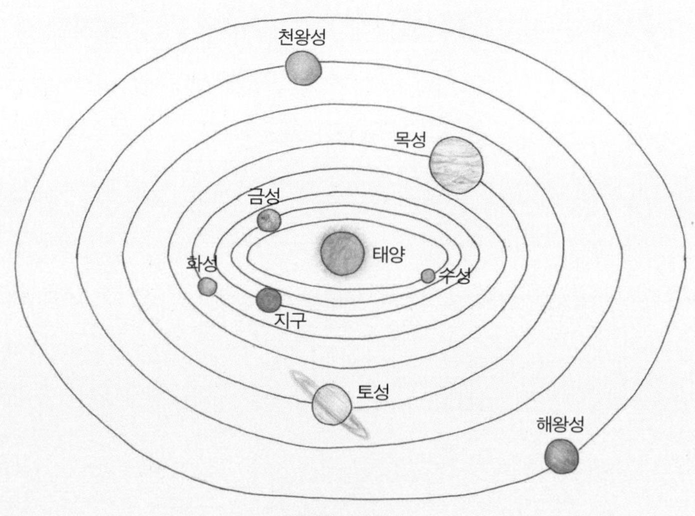

· 태양계 속의 지구 ·

력이라는 게 뭐야? 질량을 가진 물체가 당기는 힘으로, 질량이 커지면 당기는 힘도 세지지. 그렇게 지구가 당겨서 너와 내가 튕겨나가지 않고, 지구의 대기가 탈출하지 않고 지구에 붙어 있는 거지. 그런 면에서 보면 금성은 지구와 질량이 비슷하기 때문에 중력도 비슷해. 그 얘기는 지구처럼 생명체가 살기에 적당한 대기층을 가지고 있다는 얘기가 될 수 있지.

대기의 양도 중요하지만 대기 구성 성분도 매우 중요한 문제지. 엄마가 어려서부터 즐겨 부르던 '샛별'이란 노래가 있어. 아마 제목은 모르고 '푸른 하늘 은하수~'라고 시작하는 부분은 너도 알지 않을까? 샛별이 바로 금성인데, 금성이 별은 아니지. 스스로 빛을 내는 것을 별이라고 하잖아. 금성은 태양빛의 반사 때문에 보이는 행성이니 별이라고 할 수는 없지. 그래도 노래 가사에 '샛별이 등대란다. 길을 찾아라~' 하는 걸 보면 지구에서 유달리 잘 보인다는 얘기잖아.

이 행성이 유독 지구에서 잘 보이고 밝은 이유는, 지구에서 가깝기도 하거니와 아주 두꺼운 대기가 태양빛을 잘 반사하기 때문이지. 금성이 이렇게 두꺼운 대기를 가질 수 있는 이유는 적당한 질량으로 인해 대기가 탈출하지 못하고 잡혀 있기 때문이잖아. 그런데 금성 대기 성분은 대부분 이산화탄소야. 이산화탄소는 내부 에너지를 도망가지 못하게 가둬 온실효과를 유발해. 금성의 온도가 480℃나 된다고 했는데, 이 온도는 단위 면적당 금성보다 4배나 많은 태양 에너지를 받는 수성보다도 높은 온도야. 수성보다도 금성의 온도가 높은 것은 이산화탄소의 축적으로 인해 온도가 점차 올라갔을 거라고 해석될 수 있어.

지구도 금성과 질량이 비슷하니까 일정한 두께의 대기권을 가지고 있지. 그런데 주된 대기 성분은 질소(78.098%)와 산소(20.95%)고 아르곤이 소량(0.93%) 포함되어 있어. 이산화탄소는 퍼센트(%)로 표현하기도 어려울 정도로 적은 양이 들어 있지. 이산화탄소 농도가 낮아서 온실효과가 금성보다 크지 않고, 태양과 적당한 거리를 유지하기 때문에 생명체가 살기에 적당한 연평균 14~15℃라는 온도를 유지하는 거야. 화성은 태양으로부터 1.52AU 거리에 있고, 평균 온도는 약 -80℃ 정도이고, 질량은 지구의 10%정도야. 즉, 태양에서 너무 멀어 춥고, 크기도 작으며, 그로 인해 생명체가 살기에 적당한 대기를 가지지 못했다는 거야.

이렇게 열원인 별로부터 적당한 거리를 유지하고 적당한 크기의 행성들이 몰려 있을 우주 공간 어딘가를 골디락스 지역(Goldilocks zone)이라고 부르지. 아~ 중요한 물이 빠졌네. 생명체의 존재 유무에 있어서 생명체의 70%를 차지하는 물을 뺄 수는 없잖아. 이런 거 말고도 지구에 생명체가 살 수 있는 또 다른 이유를 찾으라면 '달이 있고, 자전축이 23.5° 기울어져 있으며, 공전 궤도면이 지금과 같아서다'라고 네가 이해할 수 없는 기타 등등의 더 많은 얘기를 할 수 있을 거야.

지구가 골디락스 지역에 있는 행성이긴 하지만 처음부터 생명체가 살 수 있었을까? 아니, 그건 시간이 준 선물이야. 일반적으로 태양계는 약 50억 년 전에 만들어지기 시작했다고 하는데, 우주 나이는 약 138억 년이나 되니까 우주가 생성되면서 만들어졌던 먼지 같은 별가루(성간물질)와 떠돌던 암석 덩어리들이 뭉쳐져서 만들어졌다고 생각하고 있어.

엄마가 말한 '뭉쳤다'라는 표현은 무시무시한 단어야. 이게 밀가루 반죽처럼 치대면서 조금 큰 덩어리에 작은 가루들을 묻혀가면서 뭉치는 게 아니라, 행성이 되지 못한 미행성들과 암석들이 서로 충돌하면서 뭉쳐지는 거지. 지구도 그렇게 태양계 내에 태양을 만드는 데 사용되고 남은 별가루와 미행성들, 떠도는 암석들이 충돌하면서 만들어졌지.

무서운 용어, 충돌. 이 충돌의 정도가 어느 정도인지 상상할 수 있을까? 지구에서 떨어져나간 파편들이 뭉쳐 달이 될 정도였으니 어마어마한 충돌이었겠지. 그런 어마어마한 충돌은 지구에 폭발적인 에너지 공급원으로 작용해 원시 지구는 말 그대로 '불 바다', '마그마 바다'였어.

원시 지구를 가득 메웠던 마그마 바다에는 우주에서 온 수소(H), 산소(O), 탄소(C), 규소(Si), 알루미늄(Al), 철(Fe) 등이 마구 엉켜 있었을 거야. 원시 태양계에 존재하던 미행성들과 암석들이 대충 편을 나눠 5억 년이 넘는 시간 동안 태양계의 여러 행성들로 재편되고 난 후에는 지구에도 충돌이 점점 잦아들고, 지구 표면은 서서히 식어가고, 식어가는 과정에서 마그마가 먼저 식은 곳을 중심으로 돌멩이가, 그리고 돌멩이가 커진 암석이, 암석이 커진 지각이 형성되었겠지.

그런데 말이지, 이렇게 마그마의 바다에 섞여 있는 원소들을 가만히 두면 가벼운 녀석들은 마그마 바다에 떠서 식을 거고, 무거운 녀석들은 가라앉겠지. 바로 밀도의 차이가 생겨. 밀도(ρ)는 질량(M)/부피(V)잖아. 일정 온도와 압력 하에서 동일 물질은 똑같은 밀도를 가지지. 하지만 동일한 물질이라 하더라도 온도와 압력 변화에 의해 부피가 늘거나 줄어들면 밀도가 변하는 거지. 실제로 지구에서 일어나는 수많은 현상들이 밀도 차이에 의해 일어나. 땅만 그러냐고? 아니, 하늘도 바다도 그래. 밀도라는 개념이 얼마나 밀도 있게 나오는지 알면 놀랄걸?

조금 다른 얘기이긴 한데, 밀도 말고 또 수없이 나오는 용어가 있어. 속도. 속도가 뭐냐? '한 시간에 얼마의 거리를 갈 수 있느냐(km/h, m/h)' 또는 '1초당 얼마를 갈 수 있느냐(km/s, m/s)'를 나타내는 거잖아. 하지만 엄밀하게 말해 km/h, km/s은 속도가 아니라 속력이야. 속력은 크기만을 말하지만 속도는 크기와 방향을 모두 포함해. 얘들의 단위가 다르냐고? 아니, 같아. 앞으로 '지진파의 속도', '판의 이동 속도', '지구 탈출 속도', '자전 속도', '공전 속도', '빛의 속도' 하면서 계속 '속도'를 외칠 건데, 대부분은 이동 방향을 포함하고 있는 경우라서 그냥 다 '속도'라고 표현하기로 했어.

다시 마그마 바다인 지구로 돌아가면 지구가 식을 때 껍데기가 먼저 식잖아. 그리고 밀도라는 물질의 고유 성질에 의해 지구 표면의 암석들은 가벼운 산소와 규소를 많이 포함하고 있고, 지구 저 깊은 곳에서 만들어진 암석들은 알루미늄, 철, 니켈 등 상대적으로 무거운 원소들을 포함하고 있지. 즉, 밀도가 낮은 지표면이 먼저 식고, 지각이 맨틀을 덮어버려 식지 못한 밀도 높은 지구 내부는 뜨겁다는 거지. 물론 지구 내부에 방사성 에너지라는 열원이 있기도 해. 그렇게 우주에서 만들어진 원소와 암석들이 아주 운 좋게 골디락스 지역에서 충돌하고 모여 서서히 식으면서 몹시도 아슬아슬하게 생명체가 사는 행성이 된 거고.

미확인 비행물체(UFO), 이티(ET)와 같은 외계 생명체의 존재 여부는 모든 이들의 호기심을 자극하지. 너도 수도 없이 '외계인이 있을까?'라고 물어보고 생각해봤잖아. 그럼 만약 지구가 아닌 다른 행성에서 생명체를 찾는다면? 당연히 적당한 온도를 유지할 수 있는 거리에 있는 행성 중에서, 적당한 크기를 가진 행성을 먼저 선택한 다음에 생명체가 있는지 찾아봐야겠지. 우주에는 골디락스 지역이 엄청 많을 거고, 또 골디락스 지역에 존재하는 행성은 셀 수도 없이 많을 텐데, 생명체가 존재하는 행성이 지구 밖에 없다는 것은 이상하잖아.

어린 왕자는 새로운 행성에 도착할 때마다 새로운 사람들을 만났지. 어린 왕자는 이미 알고 있었는지도 몰라. 그런 골디락스 지역 중, 적당히 자리 잡은 행성에 가면 여러 사람을 만나고 그들이 어떤 모습으로 사는지 볼 수 있을 거라고. 그런데 슬플 때 의자를 돌려가며 44번이나 노을을 봤다는 어린 왕자가 사는 행성 B612는 그렇게 적당한 모든 조건을 가지기에는 너무나 작은 행성이 아니

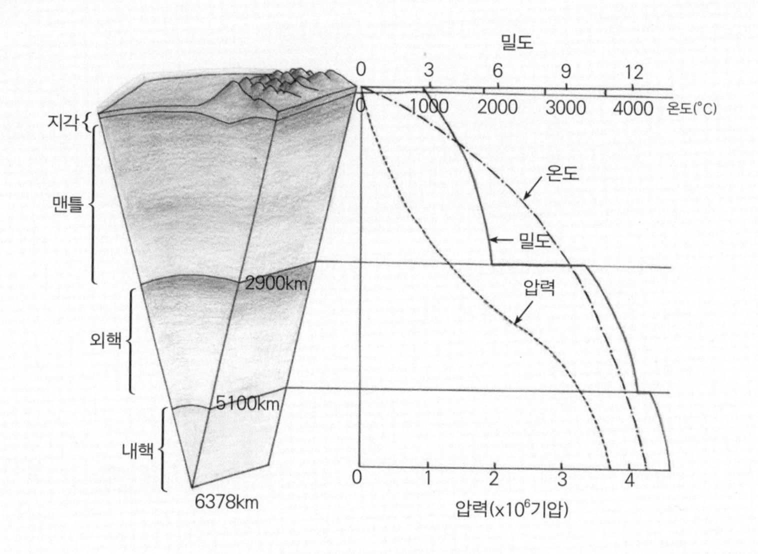

· 지구 내부 구조와 물리량 ·

었을까? 어린 왕자가 그 행성에서 우주 공간으로 튕겨나가지 않고 붙어 있었던 것 자체가 불가능한 일인 거지.

엄마의 이런 수다에는 시큰둥하더니만, 컴퓨터 비번을 풀려는 노력은 집요하더군. 또 컴퓨터 비번을 풀려고 노력했는지, 퇴근하고 들어서는 엄마를 보자마자 "인터넷도 검색해보고, 국어 선생님한테도 여쭤봤는데 '책임감'이래!" 하며 잘 알지 못하는 엄마를 비난하듯이 쳐다본다. '길들임'이라는 엄마에게서 튀어나오는 짧은 단어에 갑자기 머리가 멍해진 듯, '엄마 쫌 하는데~' 하는 표정을 짓더니 부리나케 컴퓨터 앞으로 달려간다. 그런 너의 뒤통수를 향해 '책 좀 읽었는데?'라는 흐뭇함을 날렸다는 것을 알까?

그래. 장미와 어린 왕자가 서로를 길들였고, 여우와 어린 왕자가 서로를 길들였듯이 앞으로 너와 나는 수많은 사람 사이의 관계에서 길들이고 길들여지겠지. 그런 길들임의 관계가 어디 사람과의 관계뿐이겠어? 너와 나는 둥근 지구의 자전이 만들어준 밤 덕분에 깊은 잠을 자고, 생명체가 사는 행성인 지구가 가진 물로 인해 생명을 유지하고, 가끔 저 멀리서 일어나는 엄청난 지진에 두려워하기도 하고, 흙으로 빚은 밥그릇에 밥을 먹고, 비오면 물 고인 웅덩이에서 첨벙거리고, 다이아몬드를 영원의 상징처럼 믿으며 살고 있잖아.

이미 우리는 그렇게 지구에서 일어나는 수많은 현상에 길들여져 있지. 그 길들임의 시작이 뭐겠어? 여우가 어린 왕자에게 '황금빛 밀밭을 볼 때마다 황금 머릿결을 가진 네가 생각날 거야'라고 그랬잖아. 그건 상대방에 대한 관심이잖아. 지구가 어떻게 너를 길들였는지 알기 위해서는 지구에 관심을 가져야지. 아니 더 원초적인 표현으로 지구에서 잘 먹고 잘 살기 위해서, 아니 지구와 더불어 공존하기 위해서는 지구를 알아야 하지.

하지만 지구가 우리에 비해 엄청나게 크고 오래되었기 때문에 한꺼번에 볼 수도 없고, 단숨에 알아내기 어려운 것들이 더 많지. 어쩌면 지금까지 인류가 지구에 대해서 알아온 것들은 아주 사소하고, 일부에 불과할지도 몰라. '지구는 둥글고, 지구에는 땅도 있고 물도 있고, 지구에는 사람을 포함한 수많은 생명체가 살고 있으며 그들이 숨 쉬면서 사는 공기가 있다. 지구도 우주에 있으니 지구 밖의 영향을 받는다' 등의 사소한 것들을 바탕으로 서로 어떻게 작용하는지 알아가겠지. 엄마식 표현이야 '땅', '공기', '물', '생명체', '지구 밖'이지만 좀 있어 보이는 용어로 바꾸면 지권, 기권, 수권, 생물권, 외권이 되잖아.

중요한 것은 각각을 완전하게 분리해서 얘기하기가 불가능하다는 거야. 너도 아는 것처럼 땅, 공기, 물과 생명체가 만나 땅에 있는 물질이 공기 중으로도 가고, 공기 중에 있는 물질이 물속으로 들어가고, 생명체로도 가고 또 땅으로도 가는 순환을 거치니까 말이야. 더욱 중요한 것은 네가 알고 있는 모든 것이 변해간다는 거야. 변해가는 방향이 지금까지 인류가 쌓아온 지식체계 안에서 해석할 수 있는 범주이면 좋겠지만 그렇지 않은 일들도 있지.

그게 지구나 지식체계만 그러겠어? 너와 나도 그러하지. 네 말처럼 엄마는 너를 너무나 잘 알고 있다고 생각했지만 그건 네가 엄마 껌딱지이던 시절의 이야기이고, 지금은 엄마가 알지 못하는 너만의 세계를 만들어가고 있잖아. 당연히 엄마는 너에게 관심이 많지. 네가 엄마의 관심에 대꾸를 안 해줘서 아쉽지만 시간이 해결해주겠지. 오랜 시간 아슬아슬한 지구가 너와 나를 길들여온 것처럼……. 그래서인데 지구가 우리에게 그러하듯이 지지고 볶으면서 서로를 길들여보자고.

차례

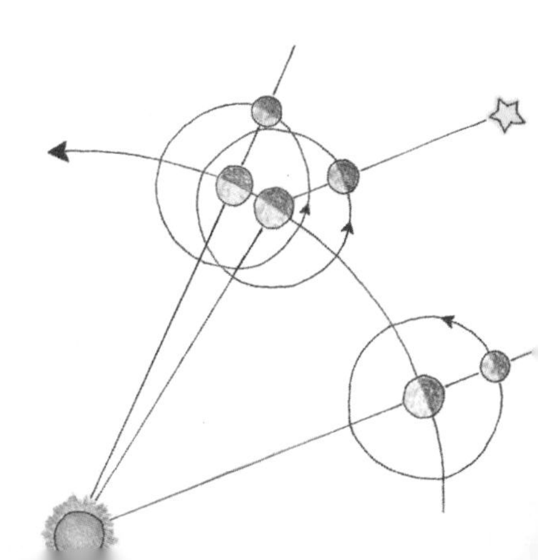

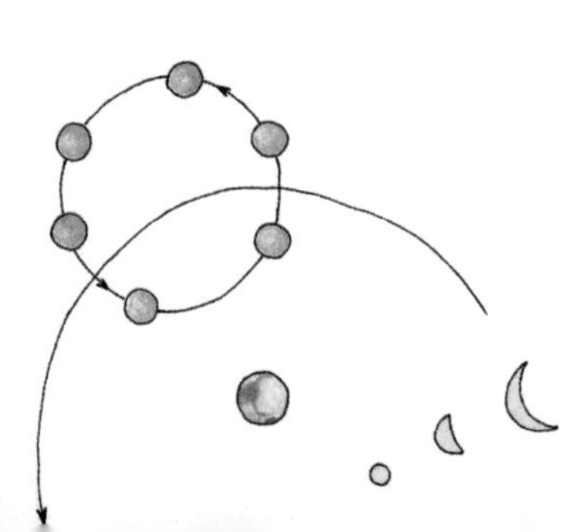

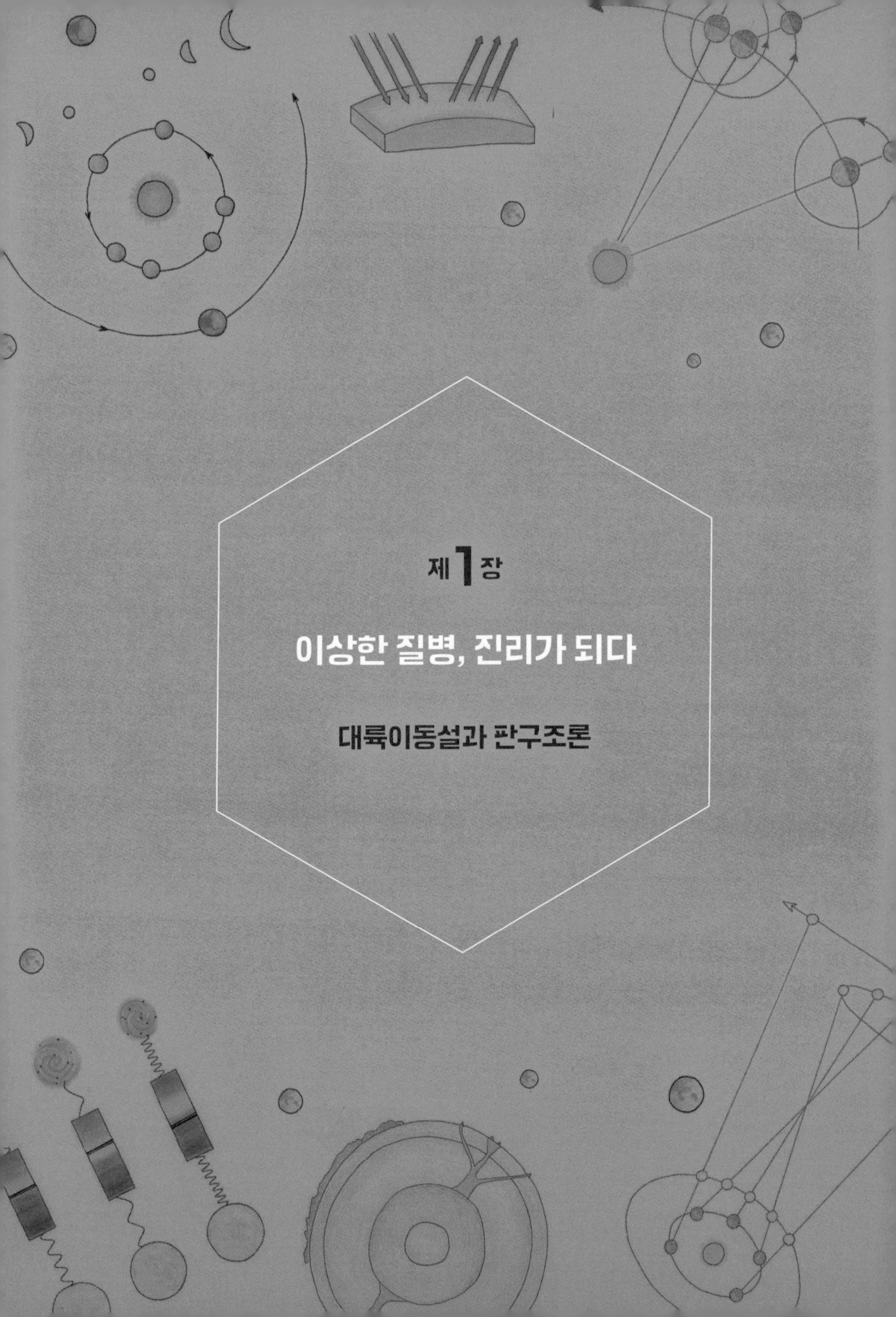

제 1 장

이상한 질병, 진리가 되다

대륙이동설과 판구조론

"엄마는 절대로 나를 이해 못해", "엄마가 뭘 알어?", "엄마는 나랑 생각이 너무 달라"와 같은 문장이 사춘기에 들어선 네가 엄마에게 하는 말의 90%는 될 거다. 엄마가 너를 이해하지 못하는 게 어디 엄마만의 문제겠어? 엄마는 엄마 시대를 살아왔고, 너는 너의 시대를 살고 있으니 다른 게 당연하고, 이해하려고 노력하지 않으면 당연히 이해 못하지. 그러니 너나 나나 서로 이해하기 위한 노력이 필요하지. 시대가 너무 빨리 변하고 사춘기에 들어선 너의 생각이 너무나 빨리 변하기 때문에 엄마가 그 속도를 따라가는 것은 쉽지 않아. 특히나 네가 여전히 껌딱지라고 착각하고 있다가, 어느 날 눈 떠보니 껌딱지가 아닌 완전히 다른 딸아이가 눈앞에 서 있는 것을 확인한 엄청 불쌍한 엄마 입장에서 보면 말이야.

그렇다고 너의 변화 속도를 따라가지 못하는 엄마를 구박한다고 굴하겠냐? 절대 아니지. 그래서 이 시점에서 너에게 반기를 들고자 한다. 너랑 생각이 너무 다르다고 말했냐? 그런 일이? 엄마는 절대로 아닐 거라고 생각하거든. 왜냐고? '네 머릿속을 지배하는 세상을 바라보는 생각과 엄마 머릿속을 지배하는 세상을 바라보는 생각의 큰 틀은 같다'고 강력하게 말할 수 있지. 이 무슨 뚱딴지같은 소리냐고? 지구가 둥글고, 해는 동쪽에 떠서 서쪽으로 지고 이런 큰 틀의 세계관은 너랑 나랑 똑같잖아.

"아니, 누가 그런 당연한 사실에 관해서 얘기하고 있는 거냐고~"

그래? 그게 왜 당연한데? 뭐 네가 당연한 사실이라고 얘기하니까 일부 인정해주마. 그럼 조금 당연해 보이지 않는 것에 대한 동일한 세계관을 찾아서 네 머릿속과 엄마 머릿속이 동일한 생각에 의해 지배당하고 있음을 보여주마. 그것도 우리가 느끼지 못하는 변화와 관련하여. 아니 사실은 가끔 너무나 명확하게 나타나는 움직임과 관련하여. 네가 아무리 '엄마는 절대로 나를 이해 못해!'라고 외쳐봐야 명확하게 나타나는 움직임으로 인해 두려움을 느낄 때는 엄마를 찾지. 그런 너의 '엄마 찾기'는 지금은 진리가 된 이상한 질병 때문이거든.

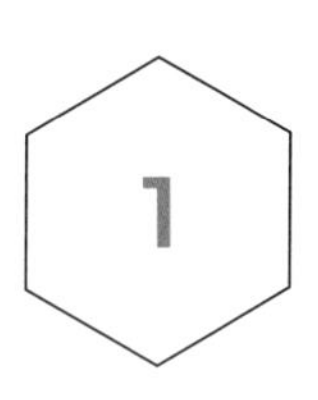

네 머릿속의 지배자들

희미한 새벽. 어둠 속에서 푹신한 것이 다리를 눌러 벌떡 일어났다. 엄마보다 더 큰 녀석이 껌딱지처럼 붙어서 자고 있다.

"엄마, 지진 났어." 눈도 못 뜬 상태에서 중얼거리는 딸아이. 멍한 상태에서 듣는 나. 그냥 그런가 보다 하면서 다시 누우려는데 이번에는 "엄마 지진 났어!" 하며 아들 녀석도 뛰어온다.

"어쩌라구? 건물 무너지지 않으니 빨리 자! 엄마 내일 또 출근해야 된다니까?"

이런 엄마의 단순무식한 반응에 둘은 기가 막힌다는 표정으로 물끄러미 쳐다본다. 알았다, 엄마가 졌다. 아들을 위해 바닥에 이불을 깔아주면서 생각했다. 엄마도 안다. 너희들이 생각하는 게 어떤 건지. 건물이 붕괴되고, 산이 무너지고, 도로가 이리 틀리고 저리 틀리고, 흙더미 속에 갇힌 사람들. 이런 장면들 아닌가? 그래서 건물이 흔들리는 지진에 놀라고 무서워서 안방으로 달려온 거 아닌가? 어둠 속에서 딸애가 묻는다.

"엄마는 흔들림이 안 느껴졌어?"

"그러게 엄마. 나는 책상 위의 스탠드가 흔들려서 깜짝 놀랐어." 라고 아들마저 대꾸한다.

불과 몇 초 사이에 일어난 일을 감지한 너희의 위대함에 경의를 표하며 결국 잠자는 걸 포기했다. 그래. 지진이 나긴 했는데, 이제 괜찮을 거야. 우리나라는 조산활동이 활발하게 일어나는 지역과 조금 떨어져 있어서 큰 규모의 지진이 일어날 확률이 낮아. 물론 그 누구도 100% 확신에 차서 '우리 땅에서 큰 규모의 지진이 일어날 확률이 제로입니다'라고 말할 수는 없어. 하지만 강한 지진이 일어날 확률이 낮고, 너희가 느낀 두 번째 지진이 처음보다 훨씬 약했다고 하니 아마도 끝났을 거라고 생각해.

그리고 진짜 위험한 상황이라고 생각되면 엄마한테 올 게 아니지. 엄마를 버리고 계단을 이용해 무조건 건물 밖으로 나가 벌판을 찾아야겠지. 이런 고층 아파트가 무너지면 대책이 없을 테니까. 만약 그 시간을 놓쳤다면 화장실로 가야지. 책상 밑이나 식탁 밑이 아니고 왜 화장실이냐고? 거긴 순간적으로 피할 공간일 뿐이지. 건물이 붕괴되는 마당에 책상 밑이나 식탁 밑이 안전하겠어? 그럴 때의 최선은 장기간 고립될 상황을 고려해 물을 확보할 수 있는 곳으로 피신하는 게 최선이라고 생각해. 적어도 물이 있으면 버틸 수는 있으니까.

그런데 너희가 느낀 지진이 어느 정도였는데? 지진이 일어나면 강도를 알기 위해 지진계로 계측하잖아. 지진계를 통해 계측되는 지진의 강도를 진도(I, Intensity)라고 해. 진도는 일반적으로 사람이 지진을 느끼는 정도와 땅 위의 피해를 기준으로 단계를 구분하는데, 나라마다 조금씩 다른 기준을 사용해. 하지만 지진에 관한 모든 기사에서는 진도에 대한 설명은 없고 규모(M, magnitude)에 대해서만 얘기하더라고.

규모. 지진의 절대 강도를 나타나는 개념인데 별을 사랑한 찰스 리히터(Charles Richter, 1900~1985)가 제안한 8단계를 사용하지. 규모는 측정한 값이 아니야. 측정된 지역에서의 진도를 기준으로 진원에서의 강도를 나타내는 계산된 값이야. 그러니 규모는 지진이 발생한 지점, 즉 진원에서의 진도인 거지. 스탠드가 흔들릴 정도의 지진이라고 하니 아주 가볍고 흔하며 피해가 없는 규모 3 정도의 지진이 아니었을까? 근데 왜 진원에서의 진도를 얘기하지? 중요한 것은 우리가 사는 곳의 진도인데.

그러는 사이에 놀란 신경이 진정되었는지 둘 다 잠속으로 빠져들어가는 게 보인다. 엄마가 얘기한 내용을 하나도 안들은 것인가? '그래도 덕분에 아주 오랜만에 온 식구가 한방에서 잠을 자는 행운이 주어졌지.'하면서 진짜 자려는데 딸아이가 마지막까지 잠속으로 끌려들어가는 걸 거부하는지 "엄마는 정말 이상해. 그걸 어떻게 못 느꼈지?" 하며 또 중얼거린다. 그래. 이 엄마는 지각 움직임병에 걸려서 지각의 움직임에 둔감하다. 어쩔래?

삐딱하게 지도 보기

흔들림. 그게 어떻게 일어나는지 보기 전에, 23.5° 삐딱하게 기운 지구본을 보자. 복잡한 대륙의 모양과 바다가 보이지. 이렇게 복잡한 대륙의 모양을 알게 된 것은 언제부터일까? 인류는 언제부터 저렇게 정교하고 복잡한 지도를 가지고 있었던 걸까? 왜 이렇게 구체적이고 자세한 대륙의 모양을 알려고 했을까? 여기저기 여행 다니기 위해. 아니면 그냥 보기 좋으라고. 그것도 아니면 대륙의 모양을 알고 싶어 하는 인류의 단순한 호기심 때문에? 뭐 그런 이유도 다 작용을 했겠지만 그게 전부라고 말하기에는 너무나 비현실적이잖아.

1492년 서인도 제도를 발견한 콜럼버스(Christopher Columbus, 1451~1506) 항해, 그리고 처음으로 세계 일주에 성공해 지구가 둥글다는 것을 증명한 1519년의 마젤란(Ferdinand Magellan, 1480~1521) 일행의 항해를 거치면서 강대국들이 혈안이 되어서 정확하게 잘 만들려고 한 것이 바로 지도야.

이 시대 유럽은 몇 가지 정치 · 경제적인 문제에 봉착해 있었어. 하나는 향신료에 대한 중독과 이를 이용해 돈을 벌려는 욕망이 만들어낸 문제였지. 우리집 식탁에 아무렇게나 놓여 있는 후추를 포함한 향신료가 그 출발점이 되었어. 스페인이나 포르투갈을 포함한 유럽은 오래전부터 아시아에서 생산되는 후추에 중독되어 있었지. 냉장고가 없던 그 시대에 후추는 약간 상한 고기를 맛있게 먹게 해주던 위대한 향신료였거든. 인도를 포함한 아시아에서 생산되는 후추가 유럽으로 넘어가는 통로는 중국의 시안(장안)에서 출발하는 실크로드였잖아. 그런데 아시아와 유럽을 잇는 지역에 있는 오스만투르크제국의 힘이 세지면서 '더 비싸게 사라. 안 그러면 안 판다'고 유럽을 위협한 거지. 오스만투르크제국은 유럽과 아시아를 연결하는 현재의 터키 일대야. 유럽 사람들은 처음에는 비싸게 사는 척하다가 나중에는 '에잇, 우리가 직접 후추를 사서 팔면 더 많은 이익을 남길 수 있잖아'라고 생각할 수 있잖아. 그리고 그 당시 유럽은 땅을 가진 영주들의 힘이 세지면서 내부적으로 누가 더 세냐를 자랑하던 시기였지. 그런 힘이 내부에서 부딪히면 자기들끼리 싸우는 전쟁이 되잖아. 그러니까 그 힘을 다른 곳으로 옮길 필요가 있었지.

이런 문제들을 해결하기 위해 바다를 통해 새로운 무역로를 개척하고자 했지. 콜럼버스 항해 이후 유럽 강대국들이 새로운 대륙의 존재를 확인하고, 마젤란의 항해로 지구가 둥글다는 것이 입증되면서 바다를 통한 항해는 점점 늘어나기 시작했어. 이게 바로 역사상 대항해시대(15세기 초~17세기 중엽)라고 부르는 시대야. 그 항해의 산물이 정교한 지도 제작을 통한 강대국의 식민지 건설이었다는 것은 아픈 세계사이기는 하지만.

지도는 단순한 지리적 정보의 총합, 그 이상의 의미를 가지거든. 우리나라도 1861년에 김정호가 '대동여지도'를 만들었는데 소위 말하는 간첩 취급을 받았지. 지도는 다른 나라가 우리나라를 침략할 경우 게릴라 전술을 펼칠 수 있는 협곡의 위치를 알려주고, 강의 위치를 알게 해서 미리 대비하게 만드는 등의 수많은 정보를 제공하기 때문이지. 지도는 전쟁에 있어서 아주 강력한 무기였지.

지금도 지도는 엄청난 위력을 가지고 있잖아. 1970년대 후반에 군사 목적으로 개발된 위성항법장치(GPS, Global Positioning System)를 상용화해서 시도 때도 없이 휴대폰으로 맛집을 검색하고 현재 위치 정보를 확인하기도 하지. 그것만 있나? 포켓몬고와 같이 지도를 기반으로한 증강현실 오락을 만들기도 하잖아. 휴대폰에는 인공위성으로부터 위치 정보를 받는 GPS가 내장돼 있어. 이 장치만 있으면 세계 어느 곳에 있더라도 내 위치를 정확히 파악하는 것은 물론이고, 처음 가는 곳도 헤매지 않고 갈 수 있잖아.

대륙이동설을 주장한 독일의 기상학자 알프레드 베게너(Alfred Wegener, 1880~1930). 이 사람은 지도가 주는 정보를 다른 관점에서 들여다봤어. 엄마가 '삐딱하게 지도 보기'라고 말했다고 불량한 의도로 지도를 봤다는 게 아니라, 그 시대의 사람들과는 다른 시각에서 지도를 봤다는 거 알지? 이 사람이 살던 1900년대에는 '육교설'이라는 이론이 있었어. '바다를 사이에 두고 멀리 떨어져 있는 두 대륙에서 같은 종류의 생물 화석이 존재한다'는 사실을 해석하기 위한 이론이야. 어떻게 해석했겠어? 과거에 생물들이 대륙과 대륙 사이를 잇는 가늘고 긴 땅인 '육교'를 통해 이동한 후 육교는 서서히 침강하여 물속에 가라앉았다는 거지.

1911년 가을, 독일 마르부르크 대학 도서관에서 남아메리카와 아프리카 사이의 지질 구조 연속성, 화석의 분포를 육교설로 설명하는 논문을 읽던 베게너는 육교설이 터무니없다고 생각했어. 그래서 마젤란 일행의 세계일주 이후 수많은 사람들이 300년이 넘는 시간 동안 정교하게 만들어놓은 세계지도를 다른 시각에서 들여다본 거지. 그가 지도를 들여다보면서 가장 처음 발견한 것은 남아메리카 동부 해안선과 아프리카 서부 해안선이 마치 퍼즐처럼 딱 맞는다는 사실이었어. 처음부터 붙어 있다가 쪼개져야지만 그렇게 우연의 일치처럼 맞아떨어질 수 있다고 생각했어. 그리고는 대륙이 이동해야지만 이런 일이 가능할 것이라는 생각을 했지만, 이것만 놓고 '대륙이 이동했습니다'라고 말하기에는 그 근거가 너무 빈약하잖아.

그럼 자신의 초기 가정을 보다 굳건히 해줄 새로운 증거들이 필요하잖아. 그 증거를 훔볼트(Alexander von Humboldt, 1769~1859)가 이룩해놓은 방법으로 찾았지. 훔볼트는 1799년 스페인에서 출발하여 5년이 넘는 기간 동안 남아메리카 대륙을 탐험하면서 지질구조에 따른 동식물의 분포와 지리적 요인과의 관계를 어떻게 설명하고 이해할 수 있는지 보여준 사람이야. 실질적인 지리학의 창시자라고 할 수 있지.

그래서 베게너도 생각했지. 정말로 남아프리카 동부 해안선과 아프리카 서부 해안선이 일정 기간 동안 붙어 있었다면 그때 살았던 생물 화석이 멀리 떨어진 두 지역에서 나타나야 하고, 그때 생긴 지층 구조가 같아야 한다는 가정을 한 거지. 이런 가정을 확인하기 위해 해안선이 퍼즐처럼 맞춰지는 서로 다른 대륙에서 식물 자료를 모으고, 화석을 채집하고, 지형을 분석하는 등 온갖 방법을 동원해서는 해안선 일치 지역에다가 대입시켜 본 거지.

그랬더니 놀라운 결과가 나온 거야. 유럽의 칼레도니아산맥과 북아메리카의 애팔래치아산맥 지층이 연결되어 있더라는 거야. 또한 고생대 말기에 살았던 글로소프테리스 식물 화석이 아프리카 남부, 인도 남부, 오스트레일리아와 남극 대륙에서도 발견되었지. 남극 대륙을 탐사했던 스콧(Robert Falcon Scott, 1868~1912) 탐험대가 조난당해서 죽은 뒤 시신을 찾으러 갔더니 16kg이나 되는 글로소프테리스 화석을 유물로 남겼다는 유명한 일화가 있어. 그건 아주 오래전 남극에도 식물이 자랐다는 얘기잖아. 스콧이 그 화석을 유물로 남긴 걸 보면, 그는 이 식물 화석의 중요성을 알고 있었던 거지. 그 외에도 대륙별 빙하의 흔적 분포를 하나로 모아봤지. 그랬더니 인도, 아프리카, 남아메리카, 오스트레일리아 대륙에서 발견되는 3억 년 전의 빙하 흔적과 암석 표면에 남아 있는 긁힌 자국 방향이 일치하더라는 거야. 그리고 빙하퇴적물이 해안선이 일치하는 대륙 간에 연결되어 나타나더라는 거지.

이런 수많은 자료들을 모아 1912년 「대륙이동(Continental

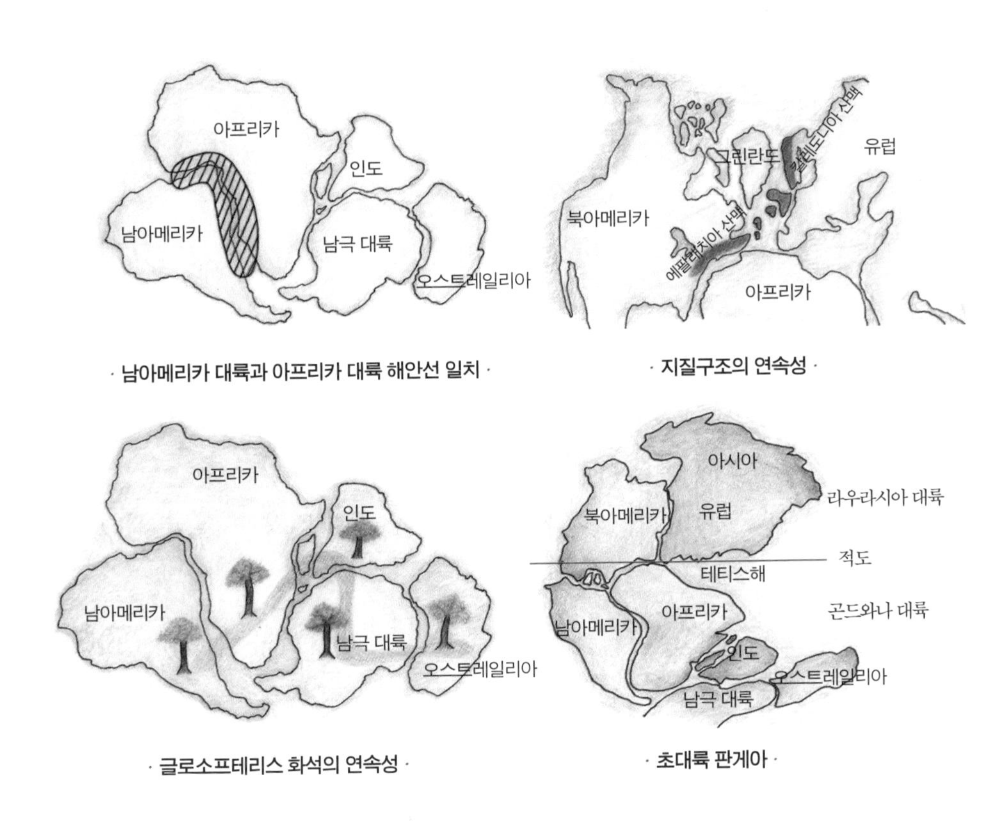

· 남아메리카 대륙과 아프리카 대륙 해안선 일치 ·

· 지질구조의 연속성 ·

· 글로소프테리스 화석의 연속성 ·

· 초대륙 판게아 ·

Drift)」이라는 논문을 통해 과거에 하나로 붙어 있던 대륙들이 이동했다는 이론을 발표하고 지속적으로 자료를 보강해가면서 1915년 『대륙과 해양의 기원』이라는 책을 발표했지. 그러면서 아주 과감하게 약 3억 년 전에 모든 대륙은 하나의 대륙인 판게아(Pangaea)였다고 발표했어. Pan은 '모든'이라는 의미고, Gaea는 그리스 신화에 나오는 대지의 여신 이름이야. 즉 하나의 거대한 대륙이 3억 년 동안 이동해서 지금과 같은 대륙을 형성했다는 거지. 거기서 끝난 것이 아니라 지속적으로 자신의 이론을 뒷받침해줄 새로운 증거들을 찾아 1929년까지 『대륙과 해양의 기원』에 대한 네 번의 증보판을 냈어.

하지만 당시 대륙이동설을 접한 그 시대 사람들의 반응은 한마디로 '감히 기상학자 따위가 대륙과 관련된 그런 말도 안 되는 상상을 한다'고 완전히 무시했지. 그 시대 사람들 머릿속은 '견고한 대륙은 동적으로 마구 움직이고 변할 수 없다'라는 생각으로 지배당하고 있었거든. 그런데 그냥 무시만 하면 괜찮은데 비난까지 했지. 그것도 아주 고상하게 비꼬아서. '지각 움직임병과 극지 이동병에 걸린 자의 정신 나간 헛소리'라고. 그 당시 과학자들이 그를 '지각 움직임병'에 걸렸다고 비꼰 건 대륙이동설 때문이고, '극지 이동병'에 걸린 사람이라고 부른 이유는 그가 기회만 되면 그린란드로 달려가 기상학 연구를 계속했기 때문이지.

베게너의 '대륙이동설'의 가장 난감한 문제는 대륙이 움직이는 것이 가능하냐는 거야. 하지만 아주 일부는 '그 말이 맞을지도 몰라, 내가 한번 그 원인을 찾아봐야겠어'라고 생각하는 사람도 있었지. 그런 생각을 가진 사람 중에 홈스(Arthur Holmes, 1890~1965)가 있었어. 그는 베게너가 살아 있을 때인 1928년 맨틀 내에서 열대류가 일어나고 열대류를 따라 지각이 움직인다고 주장했어. 물을 끓이면 밑에서 뜨거워진 물 분자들이 상승해서 좌우로 퍼지잖아. 그러면 그 위에 떠 있는 물체가 대류 방향을 따라 이동하는 것과 같은 원리라는 거지.

하지만 이 시기에 맨틀이 고체라는 확고한 증거들이 튀어나오고 있었는데 액체도 아닌 고체에서 대류 현상이 일어난다는 것을 쉽게 받아들였겠어? 절대 아니지. 맨틀이 고체라는 증거는 어디서 왔냐고? 지진파를 이용해 지구 내부를 연구하던 중 S파가 통과하지 못하는 액체로 구성된 부분이 있는데, 거기는 맨틀이 아니라 외핵이라는 거야. 이 연구 결과가 결정적으로 베게너의 '대륙이동설'을 받아들이지 못하게 하는 이유가 되었어. 왜? 지구 내부에서 자유로이 대류가 일어날 수 있는 부분은 오로지 외핵뿐이라는 거지. 이 결과는 역설적으로 맨틀은 '움직일 수 없는 고체'라는 사실을 더욱 견고하게 해준 거지.

이렇게 확실하고 견고한 결과가 제시된 상황에서 결국 베게너의 대륙이동설과 홈즈의 맨틀대류설은 묻힐 수밖에 없었던 거지. 실제로 1912년 베게너가 대륙이동설을 제안한 이후 거의 40년 가까이 묻혀 있었어. 하지만 그게 묻어둔다고 묻힐 일이었으면 그렇게 수많은 자료들이 전 세계 여기저기에서 나오지도 않았겠지. 그래서 서서히 한 사람씩, 한 사람씩 '지각 움직임병'에 걸리기 시작했어.

뜬금없는 자석 이야기

그런 상태에서 대륙이동설을 뒷받침하는 증거가 멈췄다면, 베게너나 홈스의 이론은 영원히 묻혀버렸을 거야. 하지만 지각 움직임병은 감염률이 높은지, 수많은 증거들이 쏟아져 나오면서 확산되었지. 그 증거를 얘기하기 위해 이 시점에 뜬금없는 자석 얘기를 하려고 해. 엄마 핸드폰 케이스가 자석이잖아. 너는 엄마가 무슨 얘기만 하려고 하면 정서불안에 걸린 사람처럼 엄마 핸드폰 케이스 자석을 '뗐다. 붙였다' 반복하면서 빨리 끝내라는 신호를 보내잖아. 그렇다고 빨리 끝내버리거나 그 움직임을 놓치면 불량엄마가 아니지.

자석. N극과 S극으로 구성된 자석은 서로 다른 극끼리 근처만 가도 '철석' 하고 달라붙는 애들이잖아. 왜 N과 S극이 서로 껌딱지처럼 달라붙느냐? 물질이 자석의 성질, 즉 자성을 띠는 기본 원리는 원자에서부터 출발해. 원자는 양성자와 중성자 그리고 전자로 구성되어 있어. 양성자와 중성자는 원자핵을 구성하고 전자는 원자핵 주위에서 궤도를 그리면서 운동을 하는데 이는 마치 원형 도선에 전류가 흐르는 것과 같은 효과를 나타내. 원형 도선에 전류가

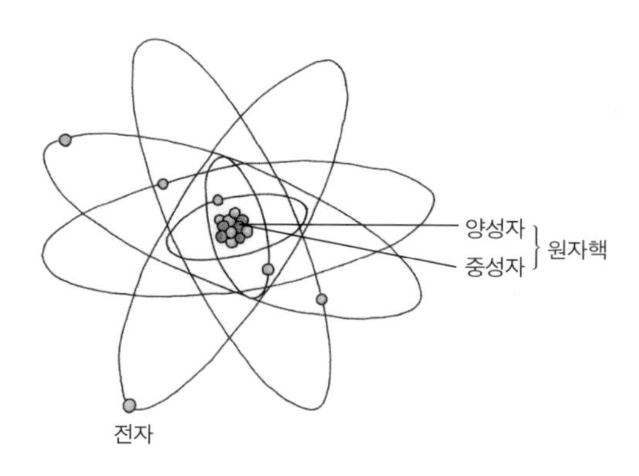

· 원자 구조 ·

흐르면 그 주위에 전류에 의한 자기장이 형성되지.

또 다른 원인은 파울리(Wolfgang Pauli, 1900~1958)의 배타원리에서 찾을 수 있어. 배타적이라는 말은 남을 밀어낼 때 쓰는 말이잖아. 원자 내에서는 뭘 밀어내느냐? 아주 아주 아주 좁은 공간에서 자기랑 똑같은 방향으로 자전하는 다른 전자를 용납하지 않고, 자기만 독점적으로 특정한 방향으로 자전하는 거야. 그럼 다른 애들은? 그와는 다른 방향으로 자전해야만 하는 거지. 이기적이라고? 아니 아주 좁은 공간에서 공존하기 위한 자연의 위대한 방법이지. 스핀이라는 이름에 이미 축을 중심으로 자전하는 전자의 모습이 담겨져 있잖아. 전자의 자전에 의해서 자기장이 형성되는 거지.

그럼 원자 그 자체를 매우 작은 하나의 자석으로 생각할 수 있잖아. 하지만 대부분 원자의 전자 궤도 운동에 의해 생기는 자기장은 '0'이거나 매우 작아. 원자 내에서 하나의 전자 궤도 운동에 의

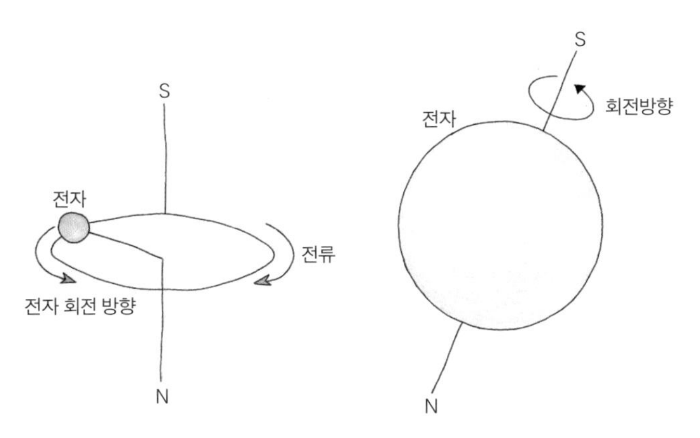

· 전자 궤도 운동(왼쪽)과 전자 스핀(오른쪽)에 따른 자기장 형성 원리 ·

해 형성되는 자기장은 반대 방향으로 궤도 운동을 하는 다른 전자의 자기장에 의해 상쇄되기 때문이지. 또한 여러 개의 전자를 갖는 원자에서 전자는 배타원리에 의해서 서로 반대 방향의 스핀을 갖는 전자와 쌍을 만들기 때문에 자성이 상쇄돼. 따라서 이렇게 자기장이 상쇄되는 조건의 전자들을 가진 원자는 자기장을 나타내지 않아. (+)1과 (-)1을 더하면 '0'이 되는 것처럼.

그런데 원자들 중에 이렇게 상쇄되지 않는, 자유로운 영혼의 전자를 가진 원자들이 있거든. 철(Fe), 코발트(Co), 니켈(Ni) 같은 애들은 자유로운 영혼의 전자를 많이 가지고 있어 강한 자성을 나타내. 이런 원자들을 강자성 원자라고 불러. 얘들은 그 자체로도 약간의 자성을 띠고 있고, 외부 자기장을 걸어주면 전자들의 자성이 더욱 커져서 외부 자기장을 없애도 계속 자성을 유지하는 특성을 나타내. 그래서 얘들을 일정한 방향으로 자기장이 배열되게 덩어리를 만들면 영구자석이 되는 거지. 영구자석에서 나타나는 것처럼 전자 자기장을 모두 더했을 때 나타나는 자기장을 알짜 자기장이라고 해.

반면에 아연(Zn)이나 마그네슘(Mg) 같은 금속들은 자기장의 방향이 무질서하게 배열되어 있어 알짜 자기장이 나타나지는 않지만 얘들도 외부에서 자기장을 걸어주면 자성을 나타내. 그런데 얘들의 전자는 철이나 니켈보다 덜 자유로운 영혼인지, 자성을 걸어줄 때만 자석인 척하고 말아. 외부 자기장을 제거하면? 다시 무질서한 자유로운 영혼의 전자로 돌아가 자성을 잃고 말지.

나침반은 이런 자성의 원리를 이용한 건데, N극 자침이 늘 북쪽만을 향하는 특별한 성질을 가지고 있잖아. 기억이 가물가물할지는 모르지만 막대자석이 떡하니 놓인 〈지구 자기장〉 그림(39쪽)은 익숙하지 않나? 그러면서 이런 얘기도 들었을 걸? N극 자침이 가리키는 북극을 자북이라고 하고, 얘는 지구 자전의 북쪽 축인 지리적 북극과는 다르다고. 나침반의 끊임없는 자북 열망으로 인해 어떻게 놓아도 N극 자침은 늘 북쪽을 가리키잖아. 자석의 N극은 S극에 철썩하고 달라붙으니까. 좀 이상하지 않니? 자석의 N극이 S극에 철썩 달라붙는다는 것은 북쪽이 S극이라는 거잖아. 지구의 북쪽이 S극이 맞나? 좀 더 근본적인 질문을 하면 지구가 자석인가?

당연히 자석이지. 원자들이 자성을 나타내는 원리를 지구라는 거대 시스템에 적용할 수 있지. 알잖아, 지구 외핵이 자유로운 영혼의 전자를 가진 철, 니켈 등으로 구성되어 있다는 것을. 지구 내부에는 철과 니켈과 같이 강자성을 띤 물질들이 많기 때문에 지구 자체가 하나의 거대 막대자석이 된다고 생각했어. 그런데 〈지구 자기장〉 그림(39쪽)을 자세히 보면 이미 말한 것처럼 조금 난감해. 지구를 막대자석으로 놓고 자기장의 방향을 알아봤더니 북쪽은 S극, 남쪽은 N극이라는 거지.

"엄마, 이거 정말 이상해. 우리는 지구 자전축을 중심으로 북쪽을 N극, 남쪽을 S극이라고 부르잖아. 지금까지 우리가 거꾸로 부르고 있었던 거야? 자침의 N극이 가리키는 방향이 북극이 아니라 남극이야?"

이렇게 된 결과에 대한 엄마의 생각은 이래. 사람들은 아주 오래 전부터 나침반의 N극 자침이 가리키는 쪽을 북극이라고 정하고, 얘가 가리키는 북쪽을 자북이라고 부르면서 잘 살아왔어. 그렇게 살아도 아무 문제가 없었거든. 그래서 사람들이 북쪽이라고 믿고 있는 하늘에 있는 별에다가 길잡이 하는 북극성이라고 이름도 붙였어. 그리고 적도를 중심으로 지리상의 북극이 있는 위쪽을 북반구, 아래쪽을 남반구라고 했지.

그런데 어느 날 갑자기 '당신이 믿고 있던 북극은 북극이 아니라 남극입니다'고 해봐. 수천 년 전부터 사용해오던 별의 이름, 나침반, 너와 나의 대화 그 모든 걸 바꿔야지. 얼마나 불편해. 너랑 나랑 대화하는데 새로운 지식을 배운 너는 지리적 북극을 남극이라고 하고, 새로운 정보에 둔감한 엄마는 그냥 예전에 어른들이 물려 준대로 북극을 북극이라고 하면 대화가 되겠어? 사람들이 오랫동안 사실로 알고 있던 것이 과학 발전으로 인해 사실이 아니라고 밝혀져도 옛날 것을 그대로 쓰는 이유는 지금까지 알아왔던 모든 사실을 바꿔야 하는 불편함과 후대의 똑똑함을 믿어서일 거라고 생각해.

그렇다고 틀린 상태로 둘 수도 없잖아. 방법은 새로운 용어를 만들어 정의하는 거지. 너와 같은 똑똑한 후대는 정의만 명확하게 해주면 나머지는 다 알아서 해석할 수 있으니까. 그래서 기존에 인류가 믿어왔던 지구 북쪽이 N극, 지구 남쪽이 S극이라는 사실과 사

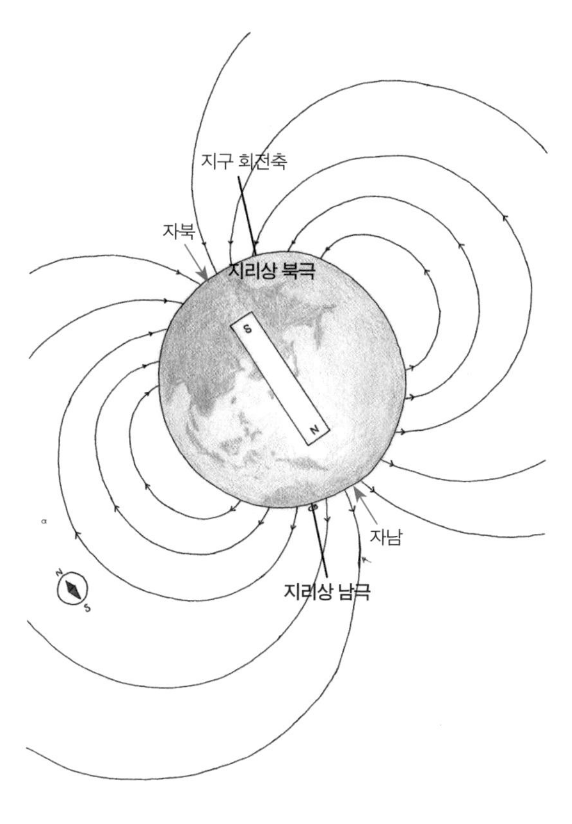

· 지구 자기장 ·

용하던 용어는 그냥 두고 '자기장이 들어가는 쪽을 북쪽, 자기장이 나오는 쪽을 남쪽이라고 하자'고 정의한 거지.

그런데 아주 중요한 문제가 발생했어. 마리 퀴리(Marie Curie, 1867~1934)의 남편인 피에르 퀴리(Pierre Curie, 1859~1906)가 밝힌 바에 따르면 철과 같은 강자성체를 특정 온도 이상으로 가열하면

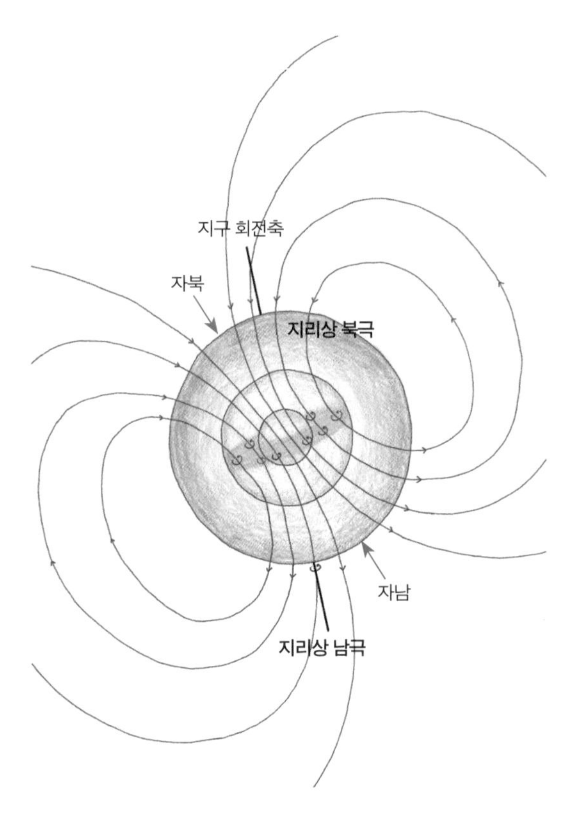

· 다이나모 이론에 따른 지구 자기장 형성 원리 ·

자성의 원인이 되었던 전자들이 무질서하게 재배치되면서 자석의 성질을 잃는다는 거야. 일반적으로 암석의 퀴리온도는 약 550℃ 정도야. 자성의 성질을 띠는 철이 많이 들어간 자철석과 같은 암석은 평소에는 자성을 띠다가 550℃ 이상으로 온도를 올려버리면 자성을 잃어버린다는 거잖아. 다시 20℃ 정도로 식히면? 원래의 자성을 나타내지.

그런데 왜 이게 문제가 되느냐? 지구 내부는 퀴리온도 550℃쯤은 아주 가뿐히 넘는 온도라는 거지. 외핵은 약 3500℃ 이상이나 된다고 하는데, 이런 조건에서 철이나 니켈은 액체가 되어버리거든. 그러니 영구자석과 동일한 원리에 의해서 지구가 자기장을 띤다는 건 맞지 않다는 거지. 그럼 지구가 지닌 자성을 설명하기 위한 새로운 이론이 필요하잖아.

그래서 나온 이론이 다이나모 이론(Dynamo theory)이야. 외핵의 상부와 하부의 온도차에 의해 대류가 일어나고 유도 전류가 만들어져, 지구 자기장이 형성된다는 거지. 이 이론이 명확하게 맞는지 안 맞는지는 잘 몰라. 지금까지 나온 이론들 중에 지구 자기장의 변화라든가 외핵이 액체라는 사실을 고려했을 때, 지구 자기장 형성의 원인을 가장 잘 설명하는 이론이라는 거지.

증거, 증거, 그리고 또 증거

1912년 베게너의 대륙이동설 그리고 1928년 홈스의 맨틀대류설은 맨틀이 고체라는 사실에 막혀 더 이상 논의도 되지 않고 묻혀버렸고, 과학자들은 각기 자기 분야에 집중하고 있었지. 이 시기에 활발히 연구되던 분야가 고지자기(잔류자기)에 관한 연구였어. 엄마가 그랬잖아. 지구는 자기장을 가진다고. 자력선의 방향을 봐봐. 자남에서 나온 자기장이 자북으로 들어가는 방향의 화살표를 보면 화살표가 가리키는 방향이 위도에 따라 조금씩 다르잖아. 나중에 기회가 되면 편각이니 복각이니 이런 얘기를 할 수도 있겠지만, 자력선의 방향만 봐도 위도마다 자기장 방향이 다른 건 쉽게 알 수가 있지.

그래서 만약 남위 20°에서 용암이 식어 자철석 암석이 만들어졌다면, 얘는 자신이 생긴 위도의 자기장 방향과 동일한 방향의 자기장을 가져. 왜? 뜨거운 마그마 상태에서는 퀴리온도보다 높아 자성이 없지만 식으면 다시 원래의 자성을 찾으니까. 자성을 찾을 때 아무렇게나 자기장방향을 갖는 게 아니라 자기가 만들어진 위치에서의 자기장 방향과 동일한 방향의 자기장을 갖는 거지. 외부에서 자기장을 걸어주면 그 방향에 따라 암석의 자기장이 형성되는 것과 똑같은 원리야. 이렇게 암석이 만들어질 때 생긴 자기장을 고지자기라고 해.

고지자기를 연구하던 사람 중에 영국의 키스 렁콘(Keith Runcorn, 1922~1995)이 있었어. 1950년대의 대다수 과학자들처럼 당연히 대륙이동설을 받아들이지 않았던 그의 관심사는 자북의 이동 방향이었어. 자북이 이동하냐고? 지구의 자기장이 막대자석처럼 영구자석이면 자북은 영원히 변하지 않지만, 다이나모 이론에 따르면 외핵의 대류가 바뀌면 자기장 방향이 바뀌고, 이에 따라 자북도 바뀌겠지. 그리고 그때 생긴 돌들은 생성 당시의 자북 방향을 기억하지. 이 이론을 바탕으로 렁콘은 영국과 유럽 대륙에서 연대별 암석을 모아, 그 암석에 기록된 자기장의 방향을 조사해서 약 10억년 전부터의 자북의 이동 방향을 지도에 표시해본 거야. 그랬더니,

10억 년 전부터 현재까지 자북이 약 2만km를 여행해왔다는 것을 알았지. 그런데 이 사람이 대륙이동설에 대해서 얼마나 반감이 심했던지, 연구 결과를 발표하면서 혹시나 다른 사람들이 자북 이동을 대륙이동으로 오해할까봐 선언을 해. '이건 대륙이동의 증거가 절대 아니다, 이건 자북 이동에 관한 증거이다'라고. 즉, 외핵의 대류 변화에 의해 자북이 바뀌어온 경로라는 거지.

그의 연구 결과는 엄청난 지지를 받았고, 흥분한 렁콘은 자신의 연구 결과를 다시 확인하기 위해 이번에는 북아메리카 대륙에 있는 암석을 가지고 동일한 조사를 했지. 그런데 아주 심각한 문제가 생겨버린 거야. 북아메리카 대륙의 암석에서 발견되는 자북의 이동 경로가 유럽에서의 이동 경로와 비슷하긴 한데 경도로 환산해보니까 유럽과 약 30° 빗나가 있다는 거야. 이 결과가 의미하는 바가 뭐겠어? 동일한 시대에 자북이 2개라는 얘기잖아. 이 결과를

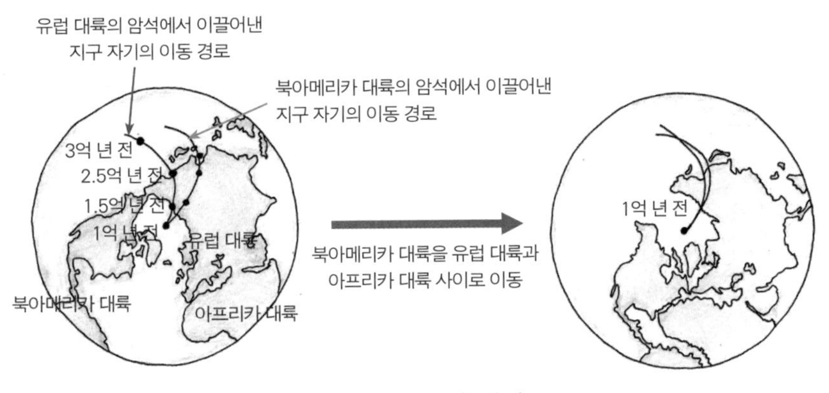

· 지구 자기의 겉보기 이동과 대륙의 이동 ·

본 렁콘 교수는 '이럴 수가……' 하고 탄식을 했을 거야.

지구과학을 잘 모르는 엄마나 너도 동일한 시대에 자북이 하나라는 것을 직감적으로 알 수 있는데, 자북이 두 개라는 게 말이 안 되잖아. 렁콘은 당연히 알아차렸지. 그리고 이걸 해석하기 위해 '해저확장'을 논한 해리 헤스(Harry Hess, 1906~1969)의 도움을 받아 은근슬쩍 북아메리카 대륙의 자북과 유럽 대륙의 자북을 겹쳐 본 거지. 겹쳐본다는 것 자체가 대륙이동을 의미하는 거지. 아이러니하게도 대륙이동에 대한 반감을 가지고 있었던 렁콘에 의해 묻혀 있던 대륙이동설이 수면 위로 올라오게 된 거야.

대륙이동설에 대한 증거들이 자북 이동 경로에서 끝났을까? 아니지. 다른 증거들이 육상도 아닌 바다에서 튀어나오기 시작했어. 제2차 세계대전을 전후하여 해양 연구에 대한 중요성이 대두되면서 미국을 중심으로 해양 연구에 대한 투자를 늘려나가고 있었어. 1941년 미국 우즈홀 해양연구소의 60명이었던 직원이 1946년 350명으로 불어날 정도였으니 연구비가 얼마나 급격히 팽창했는지 쉽게 알 수 있잖아.

모리스 유잉(Maurice Ewing, 1906~1974)은 이런 대외적 변화를 적절하게 이용한 사람이야. 이 사람은 당시 지진파 탐사의 최고 권위자로 1947~1953년까지 대서양 중앙해령 주변에 대한 지진파 탐사를 했어. 그랬더니 알지 못했던 사실들이 마구 쏟아져 나왔지. '해양지각이 대륙지각에 비해 엄청 얇은, 고작 6km 정도에 불과하다. 대서양 바다 속 산맥인 해령에서 암석을 채취해 봤더니 아주 오래전에 만들어진 퇴적암이 아니라 나이가 고작 1억 5000만 년에 불과한 젊은 현무암과 감람암이 변신한 사문암 덩어리더라. 대서양 깊은 곳에 있는 바다 속 산맥인 해령은 다른 부분보다 온도—지각 열류량이라고 해—가 높더라. 해령 한가운데 폭 20km의 깊~은 뜨거운 골짜기(열곡)가 있더라' 등등. 사람들이 기존의 이론으로는 설명할 수 없는 엄청난 자료들이 쏟아진 거야.

유잉의 이 결과들을 아주 특별한 방법으로 해석한 사람이 바로 렁콘에게 도움을 준 헤스였어. 사실 헤스도 처음에는 1950년대의 다른 과학자들처럼 대륙이동설을 받아들이지 않았지. 그런데 유잉의 결과가 눈을 번쩍 뜨이게 한 거야. 헤스가 운이 좋았거나 다른 이들보다 더 똑똑했거나, 아니면 둘 다이거나. 이 사람은 전혀 다른 것이라고 생각했던 유잉의 탐사 결과를 모아 대서양 중앙해령이 확장된다는 해석을 내놓았어. 운이 좋았던 측면도 있어. 헤스는 사문암을 가지고 학위를 받았는데, 사문암은 물 분자가 감람암 광물에 있는 다른 원자와 결합한 것으로, 맨틀에 많은 감람암이 아주 뜨거운 물을 만났을 때 생길 수 있거든. 그런 그에게 해령에 사문암이 많다고 하니 당연히 맨틀에 있던 암석이 올라온 것을 금방 알 수 있었겠지.

헤스가 어떻게 이론을 전개했는지 상상해보자. 대서양 해령에 있는 사문암은 맨틀의 감람암이 올라와 뜨거운 해수와 만나서 생긴 것이다. 그렇다면 감람암은 열곡에서 올라오는데, 맨틀 암석이

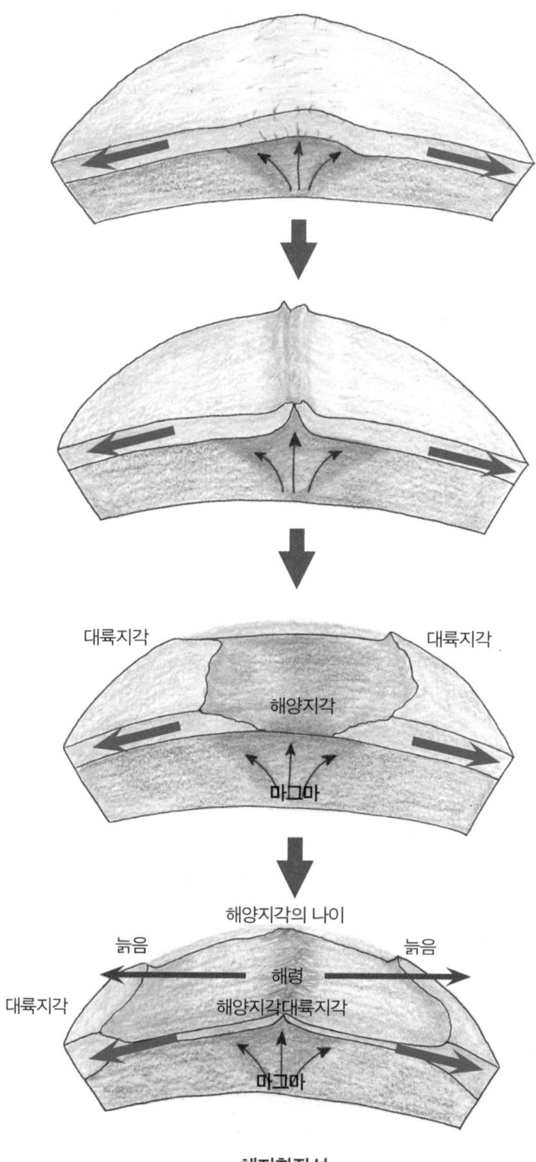

· 해저확장설 ·

올라올 정도면 마그마가 올라오는 것은 식은 죽 먹기다. 뜨거운 마그마가 올라와서 식은 게 해령이다. 이런 현상이 지속적으로 일어난다면 해령은 계속 양 옆으로 확장된다. 그 결과 해령에서 가까운 곳일수록 해저 지각의 나이가 어리고 그게 계속 옆으로 밀리면서 해저가 확장되는 것이다.

그리고 그의 이런 생각은 1962년 「해양 분지의 역사」라는 논문으로 발표되었어. 물론, 해저확장설이라는 용어 자체는 헤스가 아닌 로버트 디츠(Robert Dietz, 1914~1995)가 만들었지. 그래서 흔히들 해저확장설(Sea Floor Spreading Theory)을 '헤스와 디츠'의 해저확장설이라고 얘기하는 거고. 결국 헤스 자신도 처음에는 대륙이동설을 완전히 무시했다가, 해저가 확장된다는 생각을 통해 대륙이동을 사실로 받아들이고 대륙이동설을 확산시키는 데 앞장서는 사람이 되었지.

모두가 걸려버린 지각 움직임병

자기장과 관련된 대륙이동의 증거들을 또 얘기해보자. 전쟁 시에 강력한 전략은 상대방을 기습하는 거잖아. 바다는 아주 넓고 깊어 잠수함이 숨기에 아주 적당한 곳이지. 그렇게 숨었다가 상대방이 예측하지 못하는 시기에 기습을 감행하면 승률이 높지. 그러니 또 상대방의 잠수함을 탐지하기 위한 기술을 죽어라 개발하겠지. 그렇게 제2차 세계대전 때 획기적으로 발달한 기술 중 하나가 자력

· 지구 자기 줄무늬 ·

계로 깊은 바다 속에 있는 잠수함을 탐지하는 기술이야.

이 기술을 이용해 1950년대 말 무렵부터 과학자들은 상공에서 대서양 중앙 해령의 해양지각에 기록된 고지자기를 조사했어. 그런데 정말 뜻하지 않은 놀라운 결과를 얻었지. 놀랍게도 확장되는 해령을 중심으로 지구 자기가 역전되는 현상이 반복해서 나타나더라는 거지. 이것뿐만이 아니라, 홍해에서 시작하는 칼스버그 해령과 이스터 섬 남쪽에 있는 동태평양에서 자기장 역전 줄무늬를 발견했지.

문제는 이 자기장 역전 줄무늬를 어떻게 해석할지에 대한 거야. 칼스버그 해령에서 자기장 역전 줄무늬를 발견한 매튜스(Drummond Matthews, 1931~1997)는 제자인 바인(Fred Vine, 1939~)에게 학위 논문 주제로 이 현상을 해석하는 연구를 줬는데, 바인은

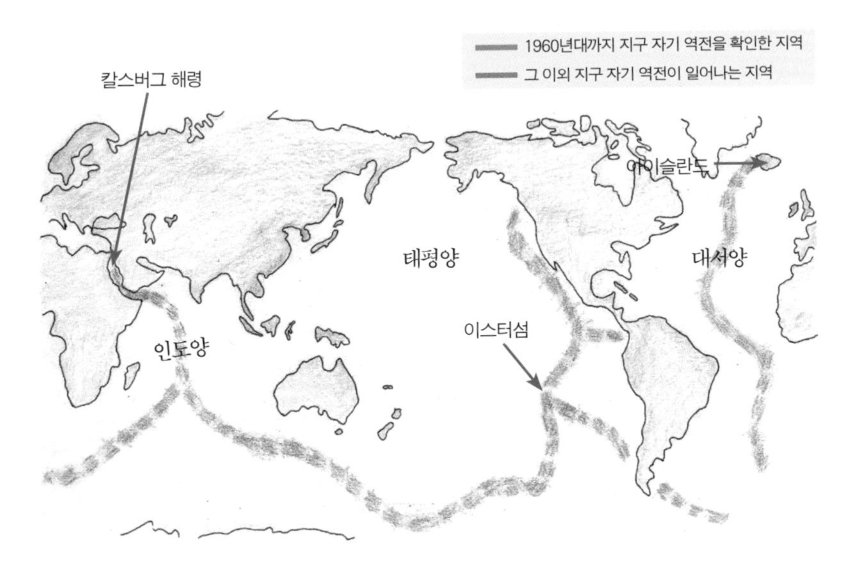

· 지구 자기장 역전 지역 ·

1962년 헤스의 강연을 듣게 되는 행운을 얻었지. 헤스의 강연 내용이 뭐였겠어? 당연히 해저확장이었겠지. 바인은 자신이 들여다보고 있는 칼스버그 해령의 자기역전이 결국 해저확장과 지구 자기장의 변화가 만들어낸 결과라는 결론을 이끌어낸 거야. 〈지구 자기 줄무늬〉 그림을 보자. 붉은색과 노란색으로 표시된 다른 방향의 자기장을 가진 지각은 생성 시기가 다르다는 거지. 결국 해저확장이 일어나고 있다는 것을 명확하게 보여주는 증거잖아. 헤스와 디츠가 주장한 해저확장은 대륙이동의 증거잖아. 따라서 해저확장의 명백한 증거를 통해 대륙이동설은 더욱 견고하게 된 거지.

베게너에서 출발한 대륙이동설을 홈스가 맨틀대류설로 지지해주고, 헤스와 디츠의 해저확장설이 뒷받침해줬지. 그것만 있나?

지구 자기장의 변화를 연구하는 과정에서 나온 여러 가지 증거들이 결정적으로 많은 사람들을 지각 움직임병 환자로 만들어버렸잖아. 물론 엄마가 얘기하지 않은 더 많은 증거들도 있어.

이쯤 되니까 '아니라고, 아니라고' 반박하고, 받아들이기를 주저하고 주저하던 수많은 과학자들이 자연스럽게 대륙이동설이 옳다는 것을 받아들이기 시작했어. 처음에 몇 사람만 대륙이동설이 옳다고 할 때는 그 사람들만 지각 움직임병에 걸린 별난 사람 취급을 받았지만, 모두가 똑같은 병에 걸리면 그 병이 사람을 죽이거나 혐오스럽게 만들지 않는 한, 더 이상 병이 아닌 자연스러운 진실이 되는 거지.

엄마가 구체적인 얘기를 하기 전에도 너는 이미 대륙이 움직인다는 것을 어디선가 들어는 봤을 거야. 그리고 막연하게 지진이라는 게 대륙이동 때문이라는 것도 알고 있었을 거야. 다만, 네가 베게너, 홈스, 매튜스, 바인 등의 생각에 의해 네 머릿속이 이미 지배당하고 있다는 사실을 몰랐을 뿐이지. 적어도 한 가지는 일치했네. 너의 머릿속과 나의 머릿속이 같은 생각으로 지배당하고 있으며, 대륙이 이동하니까 지진과 같은 흔들림은 당연히 일어날 수밖에 없다는 것.

진리가 배신했어?

네 머릿속을 지배하고 있는 베게너, 헤스, 매튜스와 바인의 생각이 정말 진리가 되었지. 하지만 이들만 있었던 것은 아니지. 이들이 찾은 증거는 대륙이 이동하고 해저가 확장된다는 것이지 대륙이 움직이는 원리를 찾은 것은 아니잖아. 일반적으로 고체인 맨틀이 대류하고 고체 위에 있는 또 다른 고체가 움직인다는 건 쉽게 와 닿지 않지. 그럼 어찌해야겠어? 맨틀이 어떻게 생겨먹었는지, 외핵과 내핵은 어떻게 생겨먹었는지 알아보기 위해 뚫어보면 되잖아. 서울에서 수직으로 지구를 뚫으면 아르헨티나가 나올걸? 어쨌든 지각에서부터 시작해서 저 반대편까지. 그래서 네가 서 있는 곳에서 낸 구멍에 대고 '임금님 귀는 당나귀 귀~' 하면 반대쪽에서

그 소리가 들리게 수직으로 구멍을 내보는 거지.

뚫어보는 게 가장 확실한 방법이긴 하지만 아주 곤란한 문제가 있어. 달 표면에 거대 운석이 부딪힌 커다란 구덩이(크레이터)가 있고, 태양계는 태양을 중심으로 수성-금성-지구-화성-목성-토성-천왕성-해왕성으로 구성되어 있고, 지구 중심으로부터 달 중심까지의 거리는 평균 38만 4400km로 지구 지름의 30배라는 것들을 알고 있지만 지구 내부가 어떻게 생겼는지 자세히 잘 알고 있을까? 아니, 잘 몰라. 그게 엄마처럼 지구과학을 공부하지 않은 사람들만의 문제이면 좋겠지만, 지구과학을 공부한 사람들도 우리가 태양계에 대해서 알고 있는 것보다도 지구 내부에 대해서 잘 알지 못해. 왜 그렇게 먼 우주보다도 지구에 대해서 잘 모르는 걸까?

우주야 일단 대기권을 벗어나는 것만 극복하면—물론 이 기술도 너무나 어렵지—그 다음은 지구를 뚫는 것에 비해 아무런 제약이 없다고 할 수 있을 정도야. 지각을 뚫으려면 깊이에 따른 압력과 온도를 극복하기 위한 수많은 기술이 필요해. 지구 내부의 온도는 지하 1000km 깊이에서 약 2000℃, 60만 기압 정도라고 추정되는데 연평균 14℃, 1기압에서 살고 있는 우리가 쉽게 접근할 수 있는 조건은 아니지.

인류가 심해 해저 석유자원이나 셰일가스 채굴을 위해 시추하는 지각의 깊이는 깊어야 2~3km 사이고, 야심차게 해양지각을 뚫어보리라고 돈 엄청 투자해 뚫어본 결과가 12km거든. 그것도 수십 년에 걸친 시행착오 끝에 얻은 결과물이지. 이런 기술적 한계를 가진 상태에서 어디를 뚫어야 더 깊이 지구 내부까지 들여다볼 수 있을까? 땅속으로 내려가는 것 자체가 엄청난 돈과 기술을 요구하니까 가장 효과적인 결과를 얻으면 맨틀까지의 거리가 짧은 곳을 골라서 뚫어야겠지. 맨틀까지의 거리가 짧은 곳이라는 것은 지각의 두께가 얇은 곳이잖아.

얇은 곳을 골라

이 순간에 아주 비겁하고 교묘하게 용어를 바꿨다는 사실을 알아차렸을까? 지금까지 계속 대륙이동설을 얘기하면서 대륙지각, 기껏해야 해저확장설 얘기하면서 해양지각이라는 얘기를 했는데, 지금은 통째로 '지각'이라는 표현으로 바꿨지. 물론 너는 엄마가 지각이라고 뭉뚱그려 말해도 찰떡같이 이게 대륙지각과 해양지각을 합쳐서 그렇게 말하는 것임을 알고 있잖아. 지각은 말 그대로 대륙지각과 해양지각을 합친 지구의 껍데기야.

네가 알고 있는 지각에 관한 사실들을 정리해보면 '대륙지각과 해양지각으로 구성되어 있고, 대륙지각은 두껍고 해양지각은 얇으며, 해양지각은 대륙지각보다 밀도가 높다' 이 정도 아니겠어? 이 2개를 구분하는 방법은 아주 쉽지. 바다 위에 있으면 대륙지각, 바다 속에 있으면 해양지각. 어떻게 이보다 명확할 수가 있어.

근데 진짜 그래? 해양지각이 어느 날 불쑥 올라와 대륙이 되면, 얘는 해양지각일까 아니면 대륙지각일까? 이런 유치한 질문은 왜 해양지각의 평균밀도가 3.0g/cm^{3}로 2.7g/cm^{3}인 대륙지각보다 더 높은지만 알면 간단하게 해결되는 문제야.

태초에 지각이 생길 때, 가벼운 원소들은 지각에 몰려 있고 무거운 원소들은 지구 내부로 가라앉았다는 얘기를 했지. 애초에 대륙지각에는 무거운 원소들이 거의 없었어. 그래서 규소 등의 가벼운 원소로 구성된 화강암이 대륙지각의 대부분을 이루고 있지. 반면에 해양지각은 무거운 지구 내부 암석이 마그마 상태로 녹았다가 위로 올라와 식은 거니까 철, 마그네슘을 많이 포함하고 있어 대륙지각보다 밀도가 높을 수밖에 없어. 이런 원소로 구성된 대표주자가 뭐냐고? 현무암이야.

그럼 밀도가 높은 해양지각이 대륙으로 올라온다고 대륙지각이 되냐고? 응, 대륙지각이 돼. 왜 그런 일이 생기냐 하면 그건 바로 비와 같은 물 때문이야. 해양에서 만들어져 높은 밀도를 가진 해양지각이 융기해 대륙이 되면, 철, 니켈과 같이 무거운 원소들이 빗물에 쉽게 쓸려가고, 규소처럼 가벼운 원소들이 더 많이 남아 밀도가 낮아지는 거지. 그럼 바다 속에 있는 해양지각에서는 밀도가 높은 원소가 안 빠져나가나? 당연히 빠져나가겠지. 하지만 이미 알고 있는 것처럼 해양지각은 계속 생기잖아. 그 전에 만들어진 해양지각에서 무거운 원소들이 다 빠져나가도 새로 생기는 해양지각은 지구 내부의 고밀도 원소들로 구성되니까 대륙지각보다는 높은 밀도를 가지는 거지. 해양지각의 나이가 어느 정도나 될 것 같아? 아주 오래돼봐야 2억 년이고 평균적으로는 약 1억 5천만 년밖

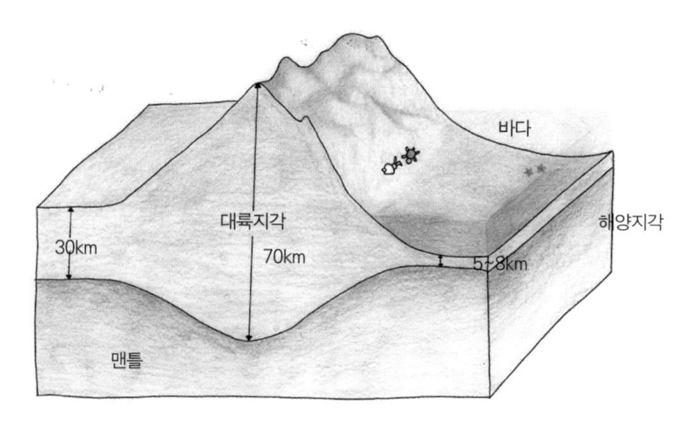

· 대륙지각과 해양지각 ·

에 안 되지. 그에 반해 대륙지각은 42억 년인 것도 있는 걸? 그 시간 동안 해양에서 올라온 해양지각은 점점 밀도가 낮아져 대륙지각이 되어가는 거지. 그렇다고 해양생물의 화석과 같은 해양지각의 흔적이 완전히 없어지는 건 아니고, 그냥 밀도만 놓고 보면 그렇다는 거지.

나중에 해양지각이 사라지는 과정을 좀 더 얘기하겠지만, 해양지각은 만들어지고 사라지는 순환을 반복하기 때문에 두꺼워질 시간이 없어. 지각의 두께를 어디서 재느냐에 따라 깊이가 들쭉날쭉하겠지만, 그냥 평균적으로 대륙지각은 30~70km, 해양지각은 5~8km라고 말하지. 그러니까 맨틀까지 뚫어보고 싶다면 해양지각을 뚫어야겠지. 일반적으로 3km를 뚫는다고 하면, 대륙지각은 껍데기만 뚫는 수준이지만 해양지각의 경우 절반은 뚫을 수 있다는 거지. 그래봐야 지구의 반지름이 약 6400km쯤 되는데 야심차게 뚫어본 결과가 고작 12km잖아.

그래도 사람들은 지각을 뚫어보려는 노력을 멈추지 않고 있어. 지금 우리가 알고 있는 사실과 접목된 이론을 끊임없이 확인하기 위해서 말이지. 1950년대 초기에 해양지각을 뚫기 위한 연구, DSDP(Deep Sea Drilling Project)가 진행되었는데, 지각을 뚫는 건 쉬운 일이 아니야. 엄청난 기술력을 필요로 하거든. 처음에는 해저 바닥에 쌓인 진흙과 같은 침전물을 채취하는 수준이었지. 그 정도의 기술력 밖에는 안 되었거든. 냇가에 가서 가장 쉽게 할 수 있는 놀이가 물속 모래나 돌들을 만지고 꺼내보고 하는 거잖아. 과학자들도 똑같았던 거지.

그랬던 연구의 수준이 획기적으로 발전하게 되는 계기는 바로 발음도 어려운, 동적위치유지시스템(DP : Dynamic Positioning System)을 가진 배를 만들기 시작하면서라고 할 수 있어. 가는 빨대를 가지고 요구르트병에 구멍을 뚫을 때, 수직으로 내리꽂아야 쉽게 뚫고 들어가 요구르트를 쪽쪽거리며 먹을 수 있는데, 빨대가 계속 움직이면 어찌 되겠어? 빨대가 삐딱해지면서 힘이 한 곳에 집중이 안 되고 헛손질만 하는 거지. 그 결과? 먹고 싶어 안달하는 너는 안타까움에 울음을 터트리겠지. 실제로 과학계에서 이런 헛손질이 있었어. 1960년대에 아주 야심차게 모호면을 뚫어보리라 하면서 시작한 계획이 모홀 프로젝트(Mohole Project)야. 모호면에 구멍(hole)을 뚫는다는 의미인데, 무려 600억 원의 연구비를 들였으나 고작 200m로 끝나고 말아서 '모홀'이 아니라 구멍도 못 뚫은

'노홀(No hole)'이라고 놀림 받았던 프로젝트였지.

흔히 줄여서 DP라고 부르는 동적위치유지시스템은 배가 해류에 따라 이리저리 흔들지 않고 일정한 위치를 유지할 수 있도록 해주는 건데, 빨대 꽂는 것과 동일한 원리야. 배가 정지해 있어야지만 한 곳에 힘을 모아 지각을 뚫을 수 있지. 배에서 긴 파이프를 내려 해저면까지 내려갔는데, 파이프와 연결된 배가 파도를 따라 이리저리 움직여봐. 계속 힘을 줘서 해저면을 뚫을 수 있겠어? 이 기술에 깊은 바다 속까지 안전하게 시추할 수 있는 장비를 내리고 직접 지각을 뚫는 라이저 시스템(Riser System)기술이 접목되면서 드디어 해저 지각을 뚫는 연구들이 본격적으로 시작되었지.

이런 해양시추 기술 발달로 2012년에는 지큐(Chikyu)호를 이용해 10km까지 뚫는 시도가 있었고 그 결과 12km까지 도달해서 드디어 인류는 고체인 맨틀을 직접 연구할 수 있게 되었어. 하지만 아직까지 갈 길이 멀지. 우리가 알고 있는 지각의 두께는 이보다 훨씬 두껍잖아. 물론 해양지각의 경우 10km까지 뚫으면 맨틀 상부의 시료를 채취할 수는 있지. 하지만 맨틀은 무려 2900km나 되잖아. 그것만 있나? 외핵, 내핵까지 가려면 아직도 멀고도 험난한 여정이지. 거기까지 뚫을 필요가 있는지는 의문이기는 해.

뚫어보는 것만이 정답은 아니지

직접적으로 뚫어볼 수 없다면? 다른 방법을 찾아야지. 그게 네가 학교에서 배운 지진파잖아. 이 또한 전쟁의 산물이지. 이놈의 제2차 세계대전은 엄청난 과학의 발전을 가져왔지. 제2차 세계대전 때 가장 강력했던 무기가 일본 히로시마와 나가사키에 투하된 핵폭탄이잖아. 오늘날의 세계는 두 개로 구분될 수 있지. 핵무기를 가진 나라와 그렇지 않은 나라로. 그만큼 핵무기는 엄청난 위력을 가진 거고. 그래서 그 이후 미국이나 소련 등은 다른 나라가 행여나 핵무기를 개발할까봐 서로를 감시하기 위해서 전 세계 여기저기 지진계측기를 설치했어. 핵폭발 실험을 하면 폭발로 인한 충격이 발생하기 때문에 지진계를 통해서 다른 나라가 핵실험을 하는지 감시할 수 있거든. 서로 감시하고자 개발한 기술의 부수적 결과물이 지구의 내부 구조를 좀 더 상세하게 알게 해준 거야.

들어봤지? '지진파에는 P파와 S파가 있는데, 두 파의 성질이 다르다. 이것을 이용해서 지구 내부의 구조를 밝혔다.' 이런 얘기들 말이야. 지구 내부 어딘가의 진원에서부터 시작된 지진파의 기록을 보면 P파는 진행 방향으로 매질을 진동시키는 종파이고, S파는 지진파의 진행 방향에 직각으로 매질을 진동시키는 횡파지.

종파, 횡파? 파도를 한번 보자. 파도가 저 멀리서 달려오잖아. 그걸 진행 방향이라고 하지. 파도가 달려오면 물이 위아래로 출렁이잖아. 이걸 진동 방향이라고 하지. 흔히 빛의 파동을 그리라고 하면 파도가 움직이는 것처럼 그리잖아. 맞아. S파와 빛은 모두 진행 방향과 진동 방향이 수직인 횡파야. 종파는 진동 방향이 진행 방향과 같아. 마치 앞뒤로 움직이는 것처럼 보이지. 이렇게 얘기하면

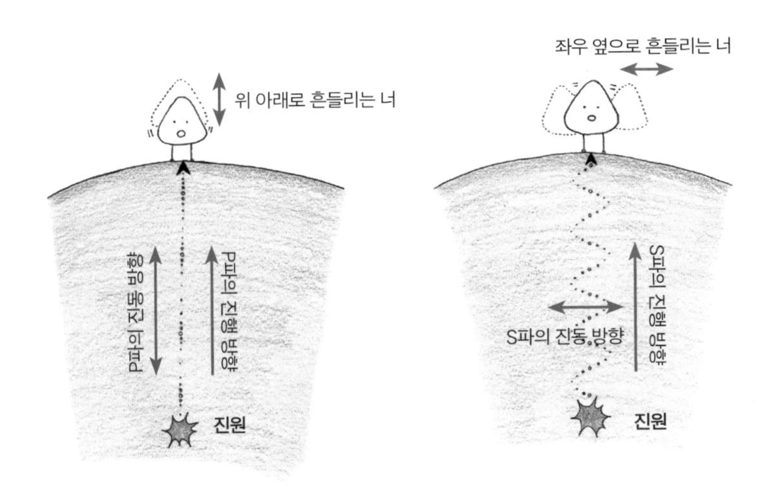

· P파와 S파에 의한 진동 방향 ·

헷갈리잖아. 그런데 애들이 도달해서 매질을 흔드는 방향을 보면 명확해. 옆인 횡 방향으로 흔들면 횡파, 위아래인 종 방향으로 매질을 흔들면 종파가 되는 거지. 그래서 S파가 오면 너는 좌우로 흔들리고 P파가 오면 넌 아래위로 흔들리지.

이거 말고도 표면파라는 것도 있어. 표면파는 지각 표면에서 활동하는 지진파지. 그런데 이 표면파는 어디서 어떻게 생겼을까? 당연히 출발은 진원에서 발생한 P파와 S파지. 지표면에 도달한 P파와 S파가 지층에 갇혀서 그 층을 따라 제한적으로 진행하면서 새롭게 변신하는데 그게 지각 표면에서 일어나는 일이라 표면파라고 해.

그런데 사람들이 아무런 의미도 없이 P와 S라는 이름으로 부를까? 절대 아니지. P가 S보다 빨라 먼저 도착한다고 해서 Primary wave(첫 번째 파동)의 약자를 써서 P라 하고, S는 Secondary wave(두 번째 파동)의 약자를 써서 S라고 해. 이는 두 개의 지진파 중에서 P파가 S파보다 빠르다는 걸 의미하지.

그런데 두 지진파는 단순히 속도의 차이만 있는 것이 아니라 통과하는 매질의 종류도 달라. 매질은 매개하는 물질이라는 뜻이야. 뭘 매개하느냐? P파와 S파 같은 파동을 전달하는 물질이지. 매질이 없으면? 이동하지 못해. 소리도 파동이거든. 소리는 종파인데 네가 아무리 돈 달라고 밥 달라고 진공상태에서 외쳐봐라. 그 소리의 파동을 전달해주는 공기가 없으면 엄마는 아무것도 못 들어. 아~ 애초에 진공상태에서 외칠 수가 없구나? 산소가 없으면 죽으니까. 그렇다고 모든 파동이 매질이 있어야 하는 것은 아니야. 빛은 매질 없이도 이동 가능한 특별한 파동이지.

어쨌든 P파는 우선되는 파동이라 그런지 고체, 액체, 기체의 모든 매질을 통과할 수 있는 반면에 S파는 고체만을 통과할 수 있어. 그리고 또 한 가지의 중요한 특징이 있지. 파는 매질의 상태에 따라 속도가 달라지고 성질이 다른 매질을 만나면 굴절하는 특성을 가지고 있어. 햇빛이 비치는 물속에 손을 담그면 손이 굽어보이잖아. 이건 공기 속을 달려오던 종파인 빛이 물을 만나서 굴절하기 때문이지.

지진파도 똑같아. 그래서 지각에서 지진파를 발생시킨 후 온 지구에서 지진파를 측정해보면 P파와 S파가 동시에 도달하는 지역, 아무런 지진파도 도달하지 않는 암영대가 있고, P파만 도달하는 세 곳으로 나눌 수가 있어. 두 지진파 모두 고체를 통과하니까 고체로 된 내부를 통과해서 도달하는 부분이 있다는 것에 대해서는 고개를 끄덕일 거야.

하지만 아무것도 도달하지 않는 부분이 있다는 건? 이는 두 가지를 의미하지. 하나는 S파가 통과하지 못하는 액체로 된 부분이 중간에 있다는 것이고, 또 다른 하나는 성질이 다른 매질에 의해 P파가 굴절되었다는 것을 의미하지. 이게 지구 자기장의 비밀을 쥐고 있는 액체로 된 외핵이지. 맨틀과 외핵의 경계, 그리고 외핵과 내핵의 경계에서 P파의 굴절이 일어나겠지. 그중 외핵과 내핵의 경계를 레만 불연속면이라고 하는데, 이 굴절을 처음 발견한 잉게 레만(Inge Lehmann, 1888~1993)의 이름을 따서 붙인 거지. 그런데 이 사람이 외핵과 내핵의 경계를 발견한 결과를 발표한 논문 제목은 역사상 가장 짧은 논문 제목일 걸? 논문 제목이 'P'야. 아마 앞으로도 이렇게 짧은 논문 제목은 없겠지?

이렇게 지진파의 연구 결과를 통해 지각, 맨틀, 액체인 외핵, 그리고 내핵의 존재를 확인했고, 각각의 경계를 발견한 사람들의 이름을 따서 지각과 맨틀의 경계를 모호면(모호로비치치 불연속면), 맨틀과 외핵 사이의 경계를 구텐베르크 불연속면, 외핵과 내핵 사이의 경계를 레만 불연속면이라고 하는 건 이미 알지?

그런데 엄마가 해저확장설을 얘기할 때부터 '맨틀, 맨틀~' 하고 노래를 불렀는데, 지금까지 한 번도 맨틀을 구체적으로 얘기하지 않았어. 한 가지는 얘기했었네. P파와 S파를 이용해 지구 내부 구조를 연구한 결과, 맨틀이 '고체'라는 것이 확실하다는 얘기. 그래서 대륙이동설이 받아들여지지 않았다는 얘기. 그 정도면 된다고? 이미 다 알고 있다고? 정말 그럴까?

맨틀은 지각 아래의 모호로비치치 불연속면부터 외핵의 경계인 구텐베르크 불연속면까지를 말하지. 이렇게 과학용어를 써서 얘기하긴 했지만, 맨틀은 지각 아래에 외핵을 덮고 있는 덮개라는 얘기고, 다르게 표현하면 지각과 외핵 사이에 샌드위치처럼 껴 있는 부분이지. 근데 그렇다고 말하기가 무색하게 지구 전체 부피의 80% 가량을 차지하고 있어. 뚫어보지 않은 상태에서 맨틀이 고체고 지각과 구분되는 성질을 가졌다는 것을 알게 된 것은 당연히 지진파를 통해 알아낸 결과야. P파와 S파가 다 통과하니까 고체고, P파와 S파의 속도가 급격하게 빨라지는 경계가 나오더라. 그 경계는 결국 모호로비치치 불연속면이었다는 거지.

우리가 흔히 지각, 맨틀, 핵이라고 구분하는 것은 지구 내부의 구성 물질에 따른 구분이야. 하지만 같은 물질로 구성되어 있다고 하더라도 물질의 상태, 즉 매개하는 물질이 액체냐 고체냐 등의 상태에 따라 지진파 속도가 달라질 수밖에 없거든. 맞아. 맨틀은 지구 부피의 80%나 되고, 깊이가 지표면으로부터 2900km에 달하는 범위에 분포하다 보니 깊이에 따라 물리적 성질이 조금씩 다를 수밖에 없어. 물리적 성질이 뭐냐고? 딱딱하냐 조금 덜 딱딱한지, 말랑한지, 아님 조금 더 말랑하다는 것처럼 측정 가능한 것이 물리

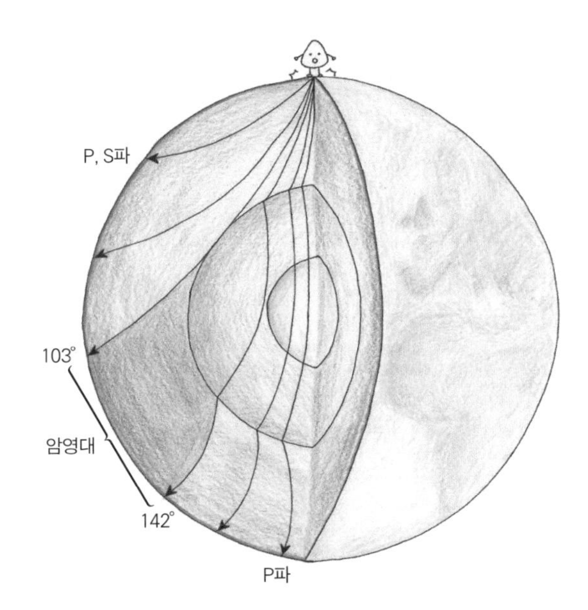

· 지진파의 암영대 ·

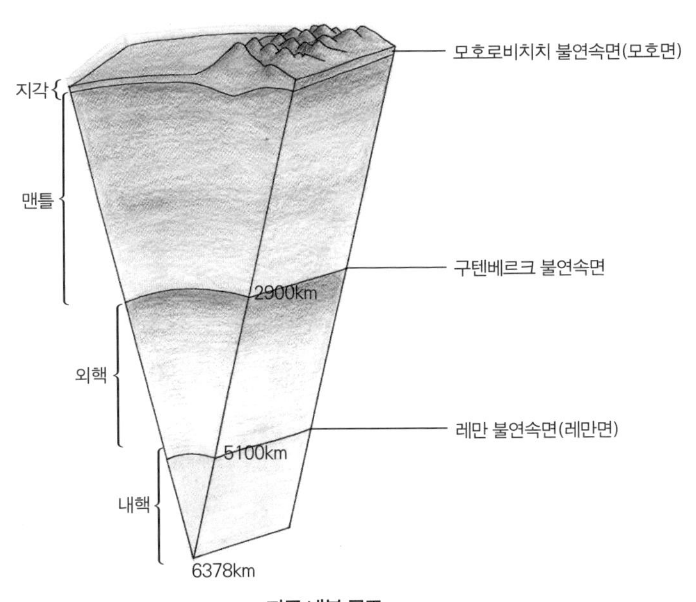

· 지구 내부 구조 ·

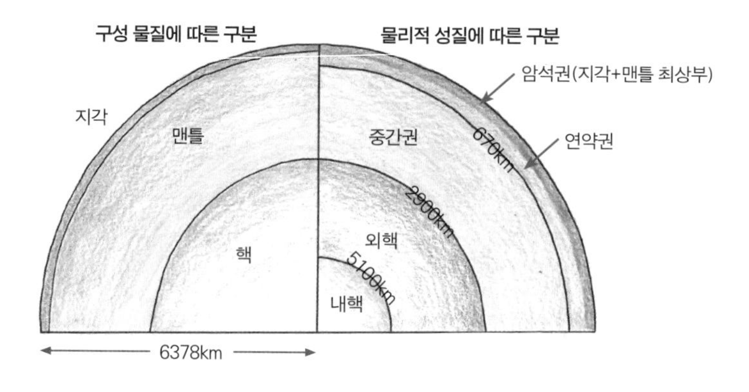

· 구성 물질과 물리적 성질에 따른 지구 내부 구조 구분 ·

적 성질이지.

그래서 조사해봤더니 지각과 맨틀 최상부가 떼어내려고 힘을 줘도 껌딱지처럼 붙어서 하나인 것처럼 행동하더라는 거지. 물론 지각과 맨틀의 최상부 사이에 있는 모호면을 경계로 지진파가 빨라지기는 하지만 물리적으로 둘이 안 떨어지는 거지. 그래서 지각과 맨틀 최상부를 같이 묶어서 돌이 많다고 암석권이라고 부르기로 했지. 암석권은 대략 100km 정도야.

또한 놀랍게도 암석권 아래 연약권이라고 부르는 층이 있더라는 거야. 연약권은 지표면으로부터 약 670km 깊이까지를 말하는데, 여기가 바로 문제야. 왜 연약권이라고 부르겠어? 연약하니까 연약권이지. 연약하다는 얘기는 쉽게 부서질 수 있는 상태라는 거잖아. 다른 부분에 비해 강도가 약하기도 하고, 이 연약권 상부의 약 10% 정도가 암석이 녹아 있는 마그마 상태야. 액체 비슷한 상태인 거지. 이런 상태를 한마디로 '유동성 고체'라 할 수 있어. 그리고 그 밑은 중간권으로 구성되어 있어.

맨틀은 단순히 맨틀이 아니라 약간은 복잡하게 구성되어 있지. 엄마가 '맨틀, 맨틀' 하면서도 이제 와서야 이렇게 진지하게 맨틀을 얘기하는 이유가 있지 않겠어? 바로 아무도 풀지 못한 대륙이동의 비밀을 짠~ 하고 내놓기 위해서지.

대륙이 움직이는 게 아니야?

엄마가 갑자기 맨틀을 구체적으로 설명하면서 암석권이 어쩌고, 연약권이 조금 더 말랑하고 이런 얘기를 하는 순간 눈치 챘지? 드디어 베게너의 대륙이동설과 관련된 대부분의 숙제가 해결되는 시점이 된 거지.

맞아. 홈스가 맨틀대류설을 얘기하면서 고체인 맨틀에서 대류가 일어난다고 했을 때, 고체인 맨틀에서 끓는 물처럼 대류가 일어난다는 것은 말도 안 되는 얘기에다가, 대륙이 그 위에 떠서 움직이는 것은 더 이상한 얘기라고 했지. 하지만 맨틀에 대해서 조금은 알게 되니까 대류가 일어날 수 있다고 생각 한 거지. 아니 어쩌면 당연히 일어날 수밖에 없다고 생각한 거지.

대류가 뭐냐? 열을 품은 물질이 직접 이동해서 차가운 물질한테 열을 전달하는 게 대류잖아. 그러니 위아래의 온도차가 있어야지. 맨틀의 온도가 얼마나 될 것 같아? 뚫어서 직접 측정한 적이 없으니 측정결과는 아니지만, 최상부는 100℃, 외핵과의 경계에서는 약 3500℃쯤이라고 생각하지. 맨틀의 상부와 하부가 무려 3400℃의 온도차가 나잖아. 이 온도차가 바로 대류의 근원적인 힘이 되지. 뭐 그것만 있는 것도 아니야. 압력도 엄청나겠지. 우리야 1기압에 살고 있지만, 맨틀과 핵의 경계는 약 120만 기압이나 돼. 이게 상상이나 할 수 있는 압력이야?

이렇게 상부와 하부의 엄청난 압력 차이에다가 온도차까지 겹쳐지면 당연히 위로 올라오겠지. 위로 올라오면? 맨틀 최상부는 100℃ 정도에 불과하니 식어서 바로 아래로 내려가겠지. 이게 바로 대류잖아. 그렇다고 물이 끓는 것처럼 기포가 마구 올라와서 물이 좌우로 퍼지는 것을 눈으로 바로 확인할 수 있을 정도의 대류가 일어나는 것은 아니야. 유리는 고체잖아. 중세시대에 만들어진 건물에 있는 유리는 고체임에도 불구하고 아주 천천히 흘러내려 아래는 두껍고, 위는 얇은 상태지. 그것처럼, 아니 유리보다는 조금 빠른 속도로 빠르면 1년에 16cm, 느리면 2cm 정도의 속도로.

"엄마, 그럼 맨틀에서 일어나는 대류에 의해 지각이 움직이는 거야?"

엄마가 여태 베게너의 '대륙이동설', '지각 움직임병' 이렇게 얘기했지만, 실제로 움직이는 것은 암석권이야. 지각과 맨틀의 최상부가 껌딱지처럼 붙어 있는 걸 암석권이라고 하잖아. 껌딱지처럼 붙어 있으니 같이 움직이겠지. 결국 대륙이 움직이는 게 아니라, 암석권이 움직이는 거고. 진리의 배신이라고? 그렇지는 않아. 베게너 시절에는 암석권이라는 용어도 없었고, 지각에 맨틀의 최상부가 껌딱지처럼 붙어 있었는지도 모르니까 그냥 대륙이라고 한 거지. 그리고 실제로 암석권에 대륙이 포함되니까 딱히 틀린 얘기도 아니지.

'암석권~' 이렇게 부르니까 감이 명확하게 안 오잖아. '권'이라는 것은 일정한 범위를 얘기하는데, 움직인다는 측면에서 봤을 때 딱 맞게 떨어지는 단위의 개념이 필요해. 그래서 판(plate)라는 용어를 사용해. '판'이라는 용어가 세상에 가장 처음 나온 것은 1967년 댄 맥켄지(Dan McKenzie, 1942~)의 「북태평양 : 구면 위에 표시한 구조 예」라는 논문에서야.

판이 맨틀의 연약권 위 전체를 덮고 있기는 한데, 하나가 통으로 덮고 있는 게 아니라 쪼가리로 쪼개진 상태야. 보통 크기에 따

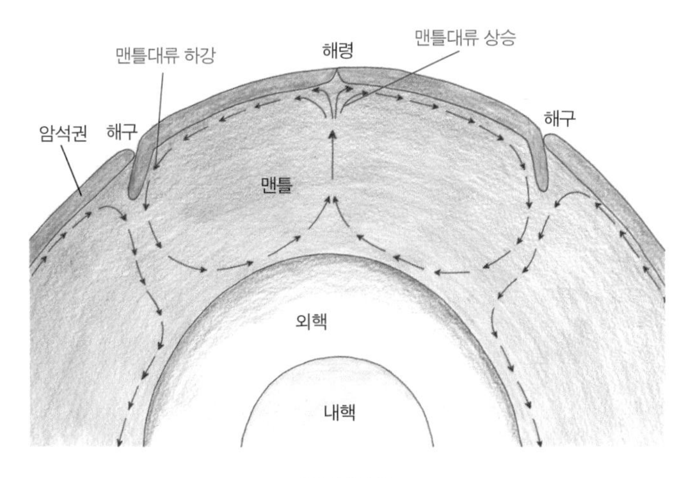

· 맨틀대류설 ·

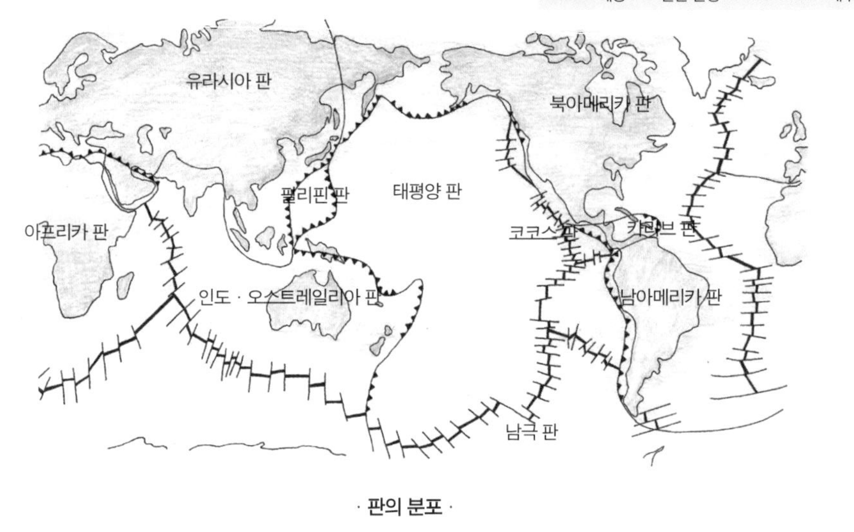

· 판의 분포 ·

라 대략 8~20개 사이라고 말해. 어떤 사람들은 더 잘게 나눠 50개라 하기도 하고. 이렇게 판으로 이루어진 지구 표면의 구조와 이동에 관한 이론을 판구조론(Plate Tectonics)라고 하지. 구조론의 영어 이름이 tectonics인데 얘는 원래 뜻이 '목수'야. 목수가 하는 집 짓는 일의 본질이 구조를 만드는 일이니 판구조론이라고 이름을 붙였지.

베게너의 대륙이동설과 홈스의 맨틀대류설 그리고 그 이후 고지자기 연구 결과와 해양탐사 결과가 마구 쏟아졌잖아. 그게 끝이 아니라 지구 내부 구조와 나중에 다시 얘기할 지진과 화산활동 지역에 대한 연구 결과가 하나로 모아졌지. 1912년 처음 세상에 나온 '대륙이동설'. 이 이론은 오랫동안 묻혀 있었지. 그런데 1962년 헤스의 해저확장설에 의해 다시 논의의 대상이 되었고, 매튜스와 바인에 의해 지구 자기 연구 결과와 연계되어 마침내 1967년에 이르러 '판구조론'으로 새롭게 탄생한 거지. 그래서 이제는 '대륙'이 아니라 '판'의 움직임이 당연하게 인식되었고, 그로 인한 지진이 당연하게 여겨지게 되었지.

우리의 머릿속을 지배하고 있는 여러 이론들이 있잖아. 코페르니쿠스(Nicolaus Copernicus, 1473~1543)의 지동설은 1543년 세상에 나왔고, 뉴턴(Isaac Newton, 1643~1727)의 만유인력법칙은 1687년 발표된 『프린키피아(Principia)』를 통해 세상에 나왔으며, 아인슈타인(Albert Einstein, 1897~1955)의 일반상대성이론은 1915년에 세상에 나왔어. 하지만 지금까지 엄마가 떠든 내용을 정리해보면, 판구조론은 1960년대 후반에 와서야 그 이름이 세상에 나온 이론이잖아. 짧은 시간 동안 과학자들이 얼마나 흥분해가며 토론했을지 상상할 수 있을까? 그 토론의 결과, 너와 나는 둘 다 젊은 판구조론에 지배당하면서 살고 있잖아.

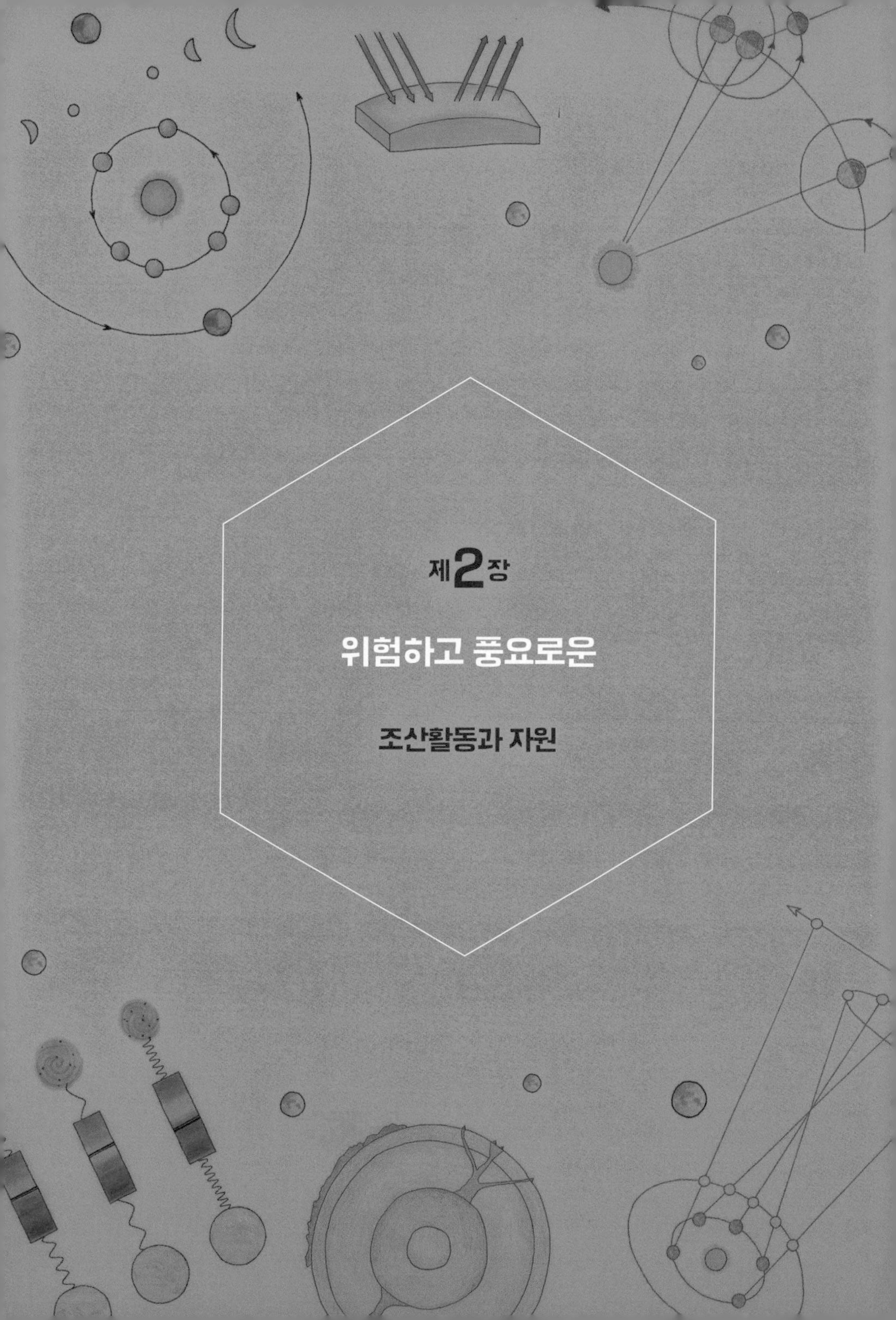

제2장

위험하고 풍요로운

조산활동과 자원

왜 하필 살인적인 물가로 악명 높은 노르웨이냐고. 아무리 엄마가 지구과학 공부하면서 여행지 골라 놀러가자고 했다고 노르웨이는 심하잖아. 그리고 엄마는 산꼭대기에 있는 큰 빙하가 산을 타고 내려오면서 생기는 U자 빙하계곡인 피오르드에 대해서는 한마디도 하지 않았다고. 앞으로도 할 생각이 별로 없다고. 베르겐에서 출발하는 배를 타고 송네 피오르드의 심장인 플람까지 가자고? 노르웨이의 물가가 얼마나 살인적인지 알고 하는 거냐? 라면 한 그릇에 3만 원, 오슬로 공항에서 시내 중심지 호텔까지 20분 정도 택시 타면 16만 원은 기본이야. 비행기 값도 비싸. 그렇게 비싼 비행기 값을 지불하고 거기까지 가서 하루 만에 돌아올 수는 없으니 최소한 열흘은 넘게 있어야 할 텐데…….

"왜 노르웨이는 물가가 비싸?" 엄마의 속 타는 마음을 알지 못하는 너는 천진하게 물어본다. "그거야 잘 사니까. 돈 많이 버니까. 우리나라는 아직까지 국민소득이 3만 달러가 안 되는데, 노르웨이는 10만 달러가 넘거든." "그니까 왜 잘 사냐고?" 노르웨이가 잘 사는 이유는 북해에 묻혀 있는 엄청난 석유와 천연가스 때문이지. 엄청난 자원을 수출해서 벌어들인 돈을 모든 국민들이 잘 먹고 잘 살 수 있도록 잘 관리해왔기 때문이기도 하고.

석유? 석유는 주로 중생대 백악기와 쥐라기 지층에서 발견되는 것으로 보아, 매몰된 생물체가 고온과 고압에 의해 분해되는 과정에서 생성되었다고 생각하지. 천연가스는 석유보다 조금 더 낮은 온도 조건에서 생성된다고 알려져 있어. 좋겠다고? 그러게. 하지만 꼭 좋은 것만은 아닐걸? 트롬쇠 대학에 계시는 어느 교수님은 나라가 잘 살아서 젊은 친구들이 일은 안 하고 마약에 절어 산다고 걱정하시더만. 풍요로움이 준 위험한 사회적 병폐지. 올더스 헉슬리가 『멋진 신세계』에서 논한 것처럼 이들은 통제가 아닌 쾌락에 의해 조종당하고 있는 거지. 아~ 이런 고전들은 한번쯤은 꼭 읽어줘야지. 어쨌든 엄마는 이런 현상을 1억 3500만 년 전에 생긴 백악기, 쥐라기 지층의 자원이 준 '위험한 풍요로움'이라고 정의할래.

‘위험한 풍요로움’말고 또 다른 종류의 ‘풍요로움’이 있어. ‘위험하고 풍요롭고’라고 표현할 수 있는 풍요로움. 자원이 석유와 천연가스만 있는 것은 아니잖아. 구리나 금과 같은 지하 광물자원도 있잖아. 네가 지진이 무섭다고 했나? 전 지구의 90% 이상의 지진은 판의 경계에서 일어나. 하지만 이 판의 경계는 그야말로 풍요로운 지하 광물자원의 보고거든. 그러니 위험하고 풍요로운 곳이지. 그곳에서 살아가는 사람들은 늘 아슬아슬한 줄타기를 하는 것인지도 모르지. 그래 어쩌면 아주 특별한 행성 지구에 생명체가 살아간다는 것, 그 자체가 아슬아슬하게 아름다운 일인지도…….

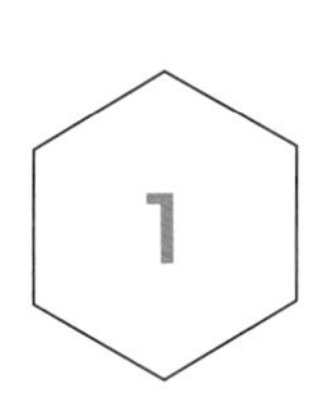

우리 조상은 바보야?

"엄마, 왜 우리나라는 석유나 천연가스는 고사하고 철광석이나 희토류같이 산업에 필요한 자원이 없어서 맨날 수입해? 중국이 희토류 수출을 제한해서 우리나라 반도체 산업이 영향을 받는대. 우리 조상들은 바보였어?"

희토류(Rare Earth Elements)도 튀어나오고 징조가 좋네. 희토류는 희귀하다고 해서 붙인 이름인데, 말 그대로 흔하지 않은 원소들이지. 이름처럼 희귀하고, 반도체에 들어갈 때도 아주 소량이 들어가기 때문에 양적으로는 그렇게 많이 필요하지 않아. 꼭 비타민 같은 원소들이지. 소량 필요하지만 꼭 있어야 하는. 네가 말하는 주요 자원이 거의 없는 땅에 자리 잡은 우리 조상은 바보인가?

1860년대에 러시아가 돈이 없어서 미국한테 아무짝에도 쓸모없어 보이는 알래스카를 고작 720만 달러에 팔았어. 이 시대만 해도 온통 얼음으로 덮인 알래스카를 그렇게 비싼 돈 주고 사는 미국이 이상해 보였지. 심지어 미국 국민들조차도 알래스카를 사는 것은 바보짓이라고 뜯어말렸을 정도니까.

하지만 집 지으려고 땅 파니 금이 나오고, 도로를 닦고 수도관을 묻으려고 땅을 파면 석탄과 석유가 쏟아져 나오니……. 고작 720만 달러에 샀는데, 알래스카에서 금을 채굴하기 시작한 이래로 한 해에 채굴된 금값만 720만 달러가 넘었으니……. 불쌍한 러시아는 그 얼어붙은 땅 속에 뭐가 들었는지 알 수 없으니 당시의 정치 · 경제적 어려움을 해결하기 위해 팔아버린 거지. 이게 1867년에 일어난 일이야.

하물며 청동기시대 이전부터 이 땅에 살아온 우리 조상들이 오늘날에 중요하게 된 자원의 존재여부와 필요성을 알기나 했겠어? 처음 이 땅에 자리 잡고 살기 시작할 때 땅 파보고 '자원이 많구나. 나는 여기서 살아야겠다' 그러지는 않았겠지. 한반도에 사람이 살기 시작할 무렵에는 적당히 따뜻하고, 마실 물이 있고, 먹을 게 많고, 더불어 농사를 짓기에 적합했으니 모여서 살기 시작했겠지. 어느 곳이던지 사람이 모여 산다는 것은 살기에 적당한 환경을 가지고 있었기 때문 아니겠어? 오늘날에 와서 자원의 중요성이 엄청 커졌지만, 조상들이 자리 잡을 무렵에는 우리가 귀중하게 여기는 자원이 중요한 것은 아니었을 테니까. 어쩌면 우리 조상들은 위험한 풍요로움보다는 적당함과 안락함을 선택할 줄 아는 현명함을 가지고 있었는지도 몰라.

경계를 가다

경계를 가보자. 경계가 어디냐고? 판의 경계. '경계'라는 말은 참으로 다양한 울림을 주는 말이지. 사전적으로는 사물이 어떠한 기준에 의해 분간되는 한계를 말하거나 지역이 구분되는 한계를 뜻하지만 그런 사전적 의미보다는 '변화', '불안감', '위험' 등의 의미로 사용하는 경우가 더 많지. '오늘은 뭘 먹을까?'라는 일상적인 사소한 선택의 경계에서부터 네가 지금 직면하고 있는 청소년과 성인이 되어 가는 사춘기라는 경계까지. 그 경계는 새로운 의사결정을 위한 고민과 새로운 시도가 일어나는 불안정한 상태라고 볼 수도 있지만, 변화가 일어나는 역동의 자리이기도 하잖아. 경계의 역동과 불안정함이 너에게만 있는 특별한 일은 아니야. 우리가 무임승차해서 살고 있는 지구도 그런 경계를 가지고 있잖아. 판과 판이 만나는 곳이 바로 경계지.

〈판의 분포와 이동 속도〉 그림(79쪽)을 보자. 무지 복잡하고 어려워 보이나? 저 안에 있는 수많은 숫자와 화살표가 머리를 아프게 한다고? 그게 전혀 그렇지 않다는 것을 보여주마. 판의 이동 방향을 화살표로 표시하고, 판이 확장되는 곳에 생기는 해령과 충돌하는 곳에 생기는 해구 등을 한꺼번에 표시하니 복합한 바느질 자국같이 보이기는 하네.

맨틀을 덮고 있는 판은 정의하는 방법에 따라 그 숫자가 들쭉날쭉하지만 여기서는 12개 정도만 얘기하려고. 이 판 이름을 다 외워야 하냐고? 외울 것까지야……. 판의 위치를 보면 대충 어떤 이름을 가질 것이라는 걸 쉽게 알 수 있어. 이미 유라시아 대륙, 북아메리카 대륙, 남아메리카 대륙, 아프리카 대륙, 남극 대륙과 오스트레일리아 대륙을 알고 있잖아. 판도 결국은 대륙의 일부를 포함하니까 이 이름들을 그대로 사용했지. 그래서 유라시아 판, 북아메리카 판, 남아메리카 판, 아프리카 판, 남극 판이 되지. 대륙은 대륙지각만을 말하지만 판은 대륙지각과 해양지각과 맨틀의 최상부를 포함한 것이니 대륙보다는 훨씬 커. 세계지도 위에 판을 그리다 보면 엄마가 지금 말한 판들이 어디에 위치할지 감이 오지 않아?

문제는 그게 전부가 아니라는 거야. 지금까지 언급한 대륙을 중심으로 판을 그리다보면 지도에 채워지지 않는 부분이 있어. 대륙을 포함하지 않은 넓디넓은 태평양 판이 있잖아. 그리고 조금 특이한 판이 하나 있어. 인도는 유라시아 대륙에 붙어 있는데 판을 보면 유라시아 판이 아니라 인도-오스트레일리아 판이라고 구분해놓은 거야. 인도는 오스트레일리아 판에 붙어 남에서 북으로 이동하고 유라시아 판은 반대로 이동해 서로 충돌하고 있거든. 눈으로 보기에는 유라시아 대륙에 붙어 있지만 이동 방향이 유라시아 판과 반대라서 오스트레일리아와 묶어서 이름을 붙인 거지.

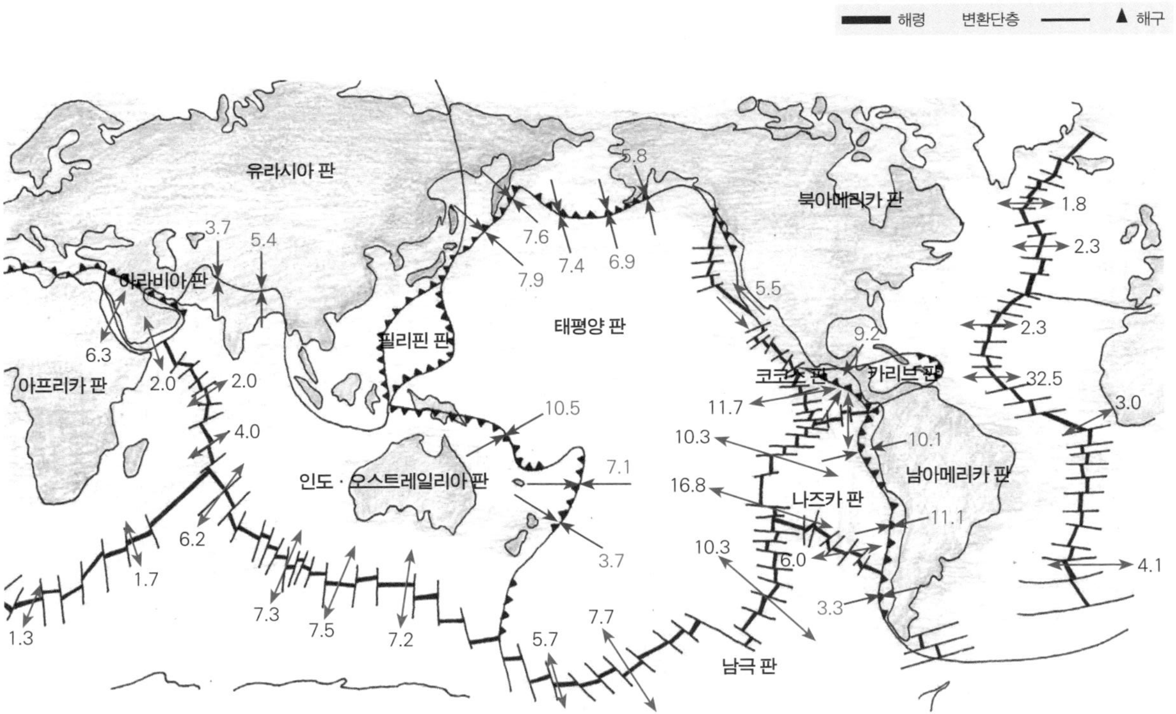

해령
변환단층
해구
유라시아 판
아라비아 판
아프리카 판
필리핀 판
태평양 판
인도 · 오스트레일리아 판
북아메리카 판
코코스 판
카리브 판
나즈카 판
남아메리카 판
남극 판
3.7
5.4
6.3
2.0
2.0
4.0
6.2
1.7
1.3
7.3
7.5
7.2
5.8
7.6
7.9
7.4
6.9
10.5
7.1
3.7
5.7
7.7
5.5
9.2
11.7
10.3
16.8
10.3
6.0
10.1
11.1
3.3
1.8
2.3
2.3
32.5
3.0
4.1

· 판의 분포와 이동 속도 ·

그 다음은 이렇게 큰 판들의 중간 중간 연결부위에 위치하는 판이 있어. 유라시아 판과 아프리카 판이 사이에 낀 요즘 지질학계의 엄청난 주목을 받고 있는 아라비아 판, 유라시아 판과 태평양 판 사이에 낀 필리핀 판, 북아메리카 판과 남아메리카 판을 잇는 카리브 판과 코코스 판, 그리고 엄마가 특별히 따로 얘기할 태평양 판과 남아메리카 판 사이에 낀 나즈카 판까지. 이 판들은 대륙을 포함하는 다른 판에 비해 작은 조각판에 불과하지만 원래 작게 조각난 애들이 더 큰 문제를 일으키지. 왜냐? 경계가 넓어지니까.

엄마가 12개 판 이름을 나열했는데, 문제는 이 판들이 다 다른 속도와 다른 방향으로 이동한다는 거야. 맨틀대류가 강한 부분은 판의 이동 속도가 빠르고 맨틀대류가 약한 부분은 판의 이동 속도가 느리겠지. 그것만 있느냐? 아니지. 같은 판이라고 해도 이동 속도가 부분적으로 달라. 왜 다르겠어? 지구가 완전한 평면이면 판 어디서 이동 속도를 측정하든지 같을 거야. 하지만 지구는 평면이 아니라 구형이거든. 그러니까 같은 맨틀대류의 영향을 받는다고 하더라고 위도에 따라 이동 속도가 달라지는 거지.

한마디로 자기 멋대로 움직이는 거지. 비록 엄마가 '자기 멋대로'라고 했지만 판의 경계를 중심으로 일어나는 현상들을 보면 그렇게 복잡하지가 않아. 판과 판이 반대 방향으로 이동해 멀어지는 발산형 경계, 동일한 수평 방향으로 이동해 충돌하는 수렴형 경계, 그리고 하나는 판과 판이 비껴가는 변환단층(보존형 경계). 이렇게 세 종류밖에 없거든. 더불어 경계에 있는 지각의 종류에 따라 해양지각을 포함하고 있으면 해양판, 대륙지각을 포함하고 있으면 대륙판이라고 해. 그런데 이 경계에서 아주 특별한 일이 일어나거든.

이별하는 발산형 경계

이미 발산형 경계는 알고 있어. 해저확장이 일어나고 지구 자기 역전이 기록되는 곳이 발산형 경계야. 판이 멀어지는 지역은 맨틀대류가 상승하는 곳이지. 판이 맞붙은 곳에서 서로 멀어지면 어떤 일이 벌어지겠어? 그 틈을 뚫고 맨틀에 있는 마그마가 올라와 서서히 식으면서 바다 속에 거대한 산맥, 해령을 만들지.

그런데 화산과 관련된 영화를 보면 용암이 지각을 녹이면서 넓게 퍼지는 모양이 되는데 발산형 경계에서는 산 모양이 만들어져. 이것 또한 밀도 차이 때문이야. 또 밀도? 역시 밀도지. 밀도는 질량을 부피로 나눈 값(질량/부피)이잖아. 동일한 질량인데 밀도가 낮으면 부피가 크잖아. 처음에 마그마가 솟아나오면 온도가 높으니까 부피가 크지만 시간이 지나면서 처음 쌓인 마그마는 중심에서 멀어져 계속 차가워지면서 부피가 줄어들지. 그러면 마그마가 솟아나는 중심에서 멀수록 높이가 낮아지는 산 모양이 나타나는 거야.

현재는 태평양과 인도양, 대서양의 큰 바다에서 판이 벌어지고 있는 걸 볼 수 있지. 그러면서 계속 확장된다고 하잖아. 계속 확장된다는 것은 점점 바다가 넓어진다는 거고. 그럼 거꾸로 생각해보

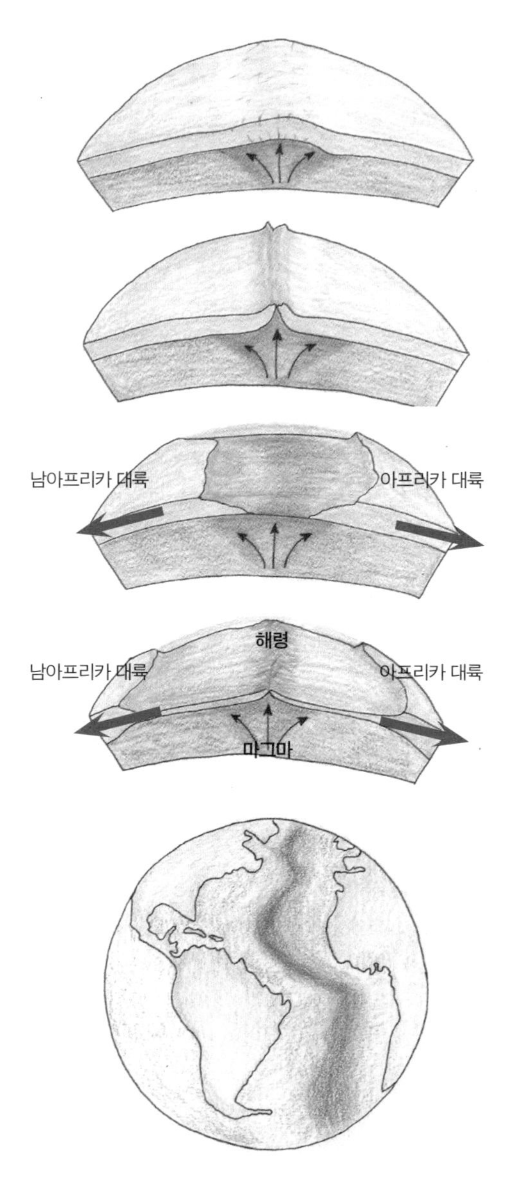

· 발산형 경계에서의 해저 확장을 통한 대서양 생성 모식도 ·

면 아주 오래전에는 대륙과 대륙이 붙어 있었겠네? 맞아. 처음에는 대륙이 붙어 있었는데 해저확장이 일어나니까 판 위에 있는 대륙들도 덩달아 멀어지면서 그 틈새로 바닷물이 들어와 점점 넓어져 태평양, 인도양, 대서양의 큰 바다가 만들어졌을 거라는 거지.

"엄마, 그럼 지금은 큰 바다가 아닌데 판이 멀어져 먼 미래에 큰 바다가 만들어지는 곳도 있을 수 있어?"

당연히 있지. 엄마가 12개 판 이름을 얘기하면서 요즘 특별히 주목받는 판이 아라비아 판이라고 했잖아. 그건 바로 아라비아 판과 아프리카 판이 멀어지고 있고, 그로 인해 언젠가는 그 사이에 있는 홍해는 엄청나게 거대한 바다가 될 거니까. 이미 증거를 찾았다는 것을 알고 있잖아. 칼스버그 해령에 나타나는 자기역전. 이게 해저가 확장되고 있는 증거잖아.

현대의 과학자들은 과거에 어떤 일이 일어났는지 직접 볼 수가 없어서 끙끙거리면서 온갖 증거 자료를 찾아내느라고 고생하고 있잖아. 그러니까 미래에 큰 바다가 생길 것이라고 예측되는 홍해에 가서 인증샷을 찍어가지고 타임캡슐로 후대를 위해 남겨주자. 이미 인공위성으로 다 찍어서 남기고 있다고? 우리가 가서 사진 찍어봐야 그게 홍해인지, 태평양인지 알 방법이 없다고?

어찌되었든 판의 이별로 인해 해령이 만들어지는 이곳에 수많은 과학자들이 몰려들기 시작했어. 지질을 공부한 사람들, 해양생물을 전공한 사람들, 광물을 전공한 사람들 그리고 탐사 장비를 개발하는 사람들까지. 이곳은 지구 지각이 탄생하는 곳이잖아. 탄생의 현장에서 무슨 일이 일어나는지 얼마나 궁금하겠어. '그곳은 어떤 환경일까, 그곳에는 생물이 살까' 하는 수많은 의문들을 가지고 깊은 바다 속으로 내려가 보았겠지.

그런데 어떻게 내려갈까? 잠수정이지. 해양 탐사 초기에 탐사용 잠수정이 없어 해군 잠수정을 사용했는데 해군 잠수정은 이미 군사용으로 목적이 정해져 있잖아. 다른 용도로 쓰기가 어렵지. 그러다가 해양 탐사의 중요성이 지속적으로 논의되면서 1970년대 초에 해군 잠수정인 알빈(ALVIN)에 과학자들이 탑승할 수 있는 특별 권한이 주어졌어. 그 후 불과 몇 년 지나지 않은 1977년 알빈 잠수정을 타고 태평양 판과 나즈카 판의 해저확장 지역에 있는 갈라파고스를 탐사하던 팀이 놀라운 걸 찾아냈어.

무려 2.6km나 되는 깊이 속에 20℃가 넘는 온천이 있으며 그 부근에 대형 생물 군락이 있다는 것을 알아냈지. 얼마나 매혹적이냐? 빛 한 줌 들지 않고 수온이 2℃ 정도밖에 안 되는 곳이라 생명체가 거의 없을 것이라 생각하고 있었는데 온도는 20℃나 되고 3m가 넘는 갯지렁이가 꿈틀거리고, 30cm가 넘는 조개가 살아 있었으니.『해저 2만 리』가 현실이 된 거지.

이런 것을 처음 발견했을 때 전 세계가 술렁거렸을지도 몰라. 그런데 단순히 해저 2만 리의 현생이라는 호기심을 충족시키기 위해 그 당시 돈으로 하루에 약 5000만 원이 넘는 돈이 드는 잠수정을 계속 바다 속에 집어넣을까? 아니라는 거지. 말이 하루에 5000

만 원이지. 이건 배 값만 그렇다는 거고, 연구를 위한 장비와 연구비까지 합하면 엄청난 돈이 들지. 그러니 뭔가 인류에게 이익이 될 수 있는 적당한 목적을 뽑아내야지. 그게 바로 심해 광물 탐사야. 판들이 이별하는 곳에서 일어나는 '위험하고도 풍요로운' 작용에 의해 해양 저~ 깊은 곳에 손쉽게 꺼내 쓸 수 있는 광산이 만들어지거든. 열수광상 같은…….

이별하는 해양판의 확장 축을 중심으로 열곡에서는 마그마가 올라오고 확장 축 주변을 따라 수많은 해양지각의 균열이 생길 수밖에 없잖아. 이런 특별한 환경에서 일어나는 일들에 대해 상상해 보자. 확장 축에서 마그마가 올라와. 하지만 그게 끝은 아니겠지. 균열된 해양지각 틈으로 해수가 들어가고, 해수는 확장 축 아래 뜨거운 마그마에 의해 뜨거워지고, 뜨거워진 해수 속으로 무거워서 땅속으로 가라앉았던 금속들이 녹아들겠지. 그렇게 금속 광물을 품은 뜨거운 해수(열수)가 지하 깊은 곳에 가만히 있을 수 있어? 아니지. 분출하겠지. 분출하면 놀라운 변신이 일어나.

뜨거운 열수는 강한 산성(pH 3)인데, 차가운 염기성(pH 8) 해수와 섞이면서 뜨거운 열수에 녹아 있던 아연, 납 등이 황화물로 석출되거든. 이 모습이 마치 검은 연기를 내뿜는 것처럼 보여 검은 굴뚝(블랙 스모커, Black Smoker)라고 해. 그런데 열수의 온도가 어느 정도나 될 것 같아? 380℃까지나 올라가. 물은 100℃면 끓는데 안 끓냐고? 끓을 수가 없어. 물이 끓는다는 것은 액체 상태의 물 분자가 압력을 이기고 기체가 되는 현상인데, 2.6km 바다 깊은 곳에서

· 우리나라 인도양 해저열수광상 탐사광구에 있는 열수광체 ·

260기압이 누르는데 어떻게 그 힘을 이기고 끓을 수가 있겠어.

'석출'이라는 용어를 썼다고? 금속의 용해도가 변해 녹아 있던 금속이 결정화되는 현상이 석출이잖아. 산성의 뜨거운 열수가 염기성의 차가운 해수를 만나니 열수에 녹아 있던 금속의 용해도가 낮아지는 거지. 이런 과정을 통해 지표면에서는 흔하지 않은 금, 은, 구리, 아연 등이 고농도로 해저에 쌓이는데 이걸 열수광상이라 해. 열수광상을 어디서 쉽게 찾을 수 있을까? 광물을 품은 열수가 솟아오르는 주변을 살펴보면 쉽게 찾을 수 있지. 지금까지 동태평양과 인도양에서 200개가 넘는 열수광상을 찾았는데, 대양의 확장 축을 따라 나타나는 열수구 주변에 주로 나타나더라는 거지.

열수광상 말고 해양 깊은 곳에 있는 또 다른 노다지로 망간각과 망간단괴가 있어. 망간각은 이름처럼 망간을 많이 포함하고 있

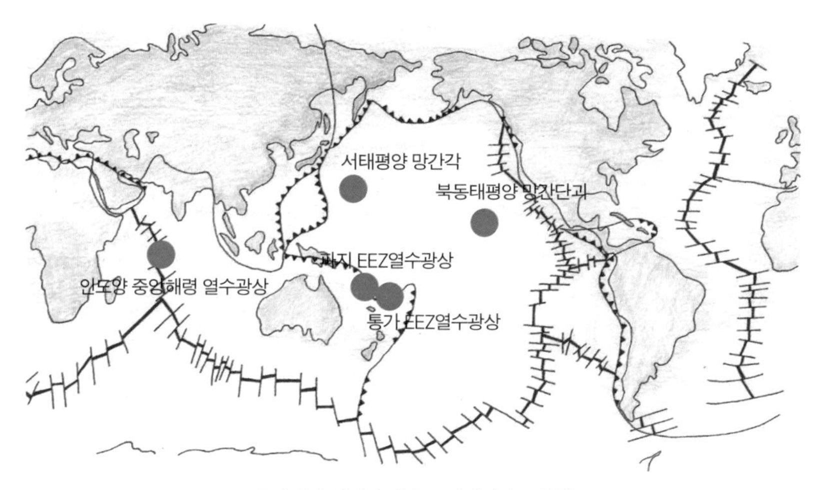

· 우리나라 심해저 광물 독점탐사광구 현황 ·

을 거잖아. 열수에는 산소가 거의 없거든. 그런 열수 속에서 망간(Mn)은 이온 상태(Mn^{2+})로 녹아 있어. 그러다가 열수가 분출해 산소를 포함한 해수를 만나면 망간 이온이 산소와 격렬하게 반응해서 MnO_2로 석출되는 거야. 열수광상과 망간각은 수심 2000m 정도에서 주로 발견되는데, 망간단괴는 약 3000~5000m 수심의 해저 평원에서 발견되는 경우가 많아. 발견되는 곳의 환경이 다르다는 것은 생성 원리가 다르다는 것을 의미하잖아. 망간단괴는 금속 이온의 침전과 박테리아의 상호작용에 의해 만들어졌다는 주장이 신빙성 있게 받아들여지고 있지.

아주 오래전에 황금의 땅 '엘도라도'를 찾아 떠났던 인류가 현대에 이르러 바다 깊은 곳에서 새로운 황금의 땅을 찾았으니 얼마나 흥분되는 일이었겠어? 그러니 소유권이 없는 공해에다가 선을 그어서 여기는 독일 독점탐사광구, 여기는 프랑스 독점탐사광구하면서 소유권을 가지려고 하는 거지. 우리나라도 이 흥분의 도가니에 편승해 여기저기 독점탐사광구를 가지고 있지.

해양판과 해양판의 충돌

바다 속의 노다지 광산을 발견한 흥분이 발산형 경계에서만 끝났을까? 아니 수렴형 경계에서도 일어났지. 수렴형 경계는 발산형 경계와는 달리 맨틀대류가 하강하는 곳이잖아.

천조각들을 누덕누덕 기워놓은 것 같은 판의 경계에서 어느 한쪽이 발산형으로 멀어지면 그 반대편은 당연히 충돌하지. 판이 만나 충돌하는 경계를 수렴형 경계라고 하는데, 수렴형 경계에서 충돌하는 판의 종류와 이동 속도에 따라 조금씩 다른 현상이 나타나. 어떤 판이 있냐고? 두 개밖에 없지. 해양지각을 포함한 해양판과 대륙지각을 포함한 대륙판. 그럼 이런 조합이 가능하지. 해양판과 해양판이 만나는 곳, 해양판과 대륙판이 만나는 곳, 그리고 대륙판과 대륙판이 만나는 곳. 세 가지 형태로 판이 부딪칠 때 조금씩 다른 현상이 나타나는 가장 근본적인 이유는 대륙판과 해양판의 밀도 차이와 판의 이동 속도의 차이 때문이야.

엄마가 그랬지? 지구상에서 일어나는 거대한 현상들의 가장 근본적인 원인은 밀도 차이라고. 또 밀도? 역시 밀도라니까. 해양판과 대륙판의 밀도 차이가 왜 생긴다고? 이미 얘기했잖아. 지각이 만들어질 때 규소 중심의 가벼운 원소들은 지표면에 떠 있고 무거운 원소들은 지구 내부 깊숙한 곳으로 가라앉았다고. 그래서 대륙 지각은 가벼운 원소들로 구성된 화강암이 대부분을 이루고, 해양 지각은 무거운 원소들로 구성된 현무암으로 이루어져 있다고.

밀도가 같은 해양판끼리 충돌하는 경우를 먼저 보자. 밀도가 같으니까 이 경우는 밀도가 아닌 이동 속도에 의해서 충돌한 판의 운명이 좌우돼. 해양판과 해양판이 부딪히는 곳. 필리핀 판과 태평양 판이 부딪히는 지점이 대표적인 곳이지. 일단 부딪혔으니 충돌 부분이 접히고, 성질 급한 빠른 태평양 판이 느린 필리핀 판 지각 밑으로 끌려 들어가면서 깊은 해구를 만들어.

태평양 판이 땅속으로 들어가면 당연히 물도 같이 들어갈 수밖에 없잖아. 물이 들어가면 암석의 녹는점이 낮아지거든. 그렇게 압력과 마찰과 물이 뒤엉켜 마그마를 만들지. 이런 현상을 섭입이라고 해. 그런데 지표면에서 가까운 곳에서 만들어진 마그마와 들어가서 뜨거워진 해수가 가만히 있겠어? 지각을 뚫고 삐져나와 식으면서 해구와 나란하게 배열되는 섬들을 만들어. 이렇게 배열된 섬들을 호상열도라고 하지. 마리아나 해구 왼쪽에 위치하는 마리아나 군도가 이렇게 만들어진 호상열도야. 이런 지역은 판의 충돌에 의해 섭입이 일어나고, 마그마 형성이 일어나는 곳이니 지진대인 동시에 화산활동 지역이 되겠지.

마리아나 해구는 엄청 유명해. 왜 그렇게 유명하냐고? 여러 이

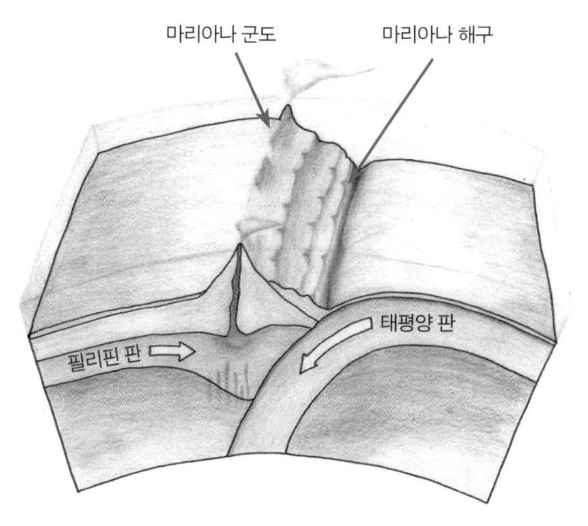

· 해양판과 해양판의 충돌에 의한 마리아나 군도 생성 모식도 ·

유가 있겠지만, 가장 깊은 해구이기 때문이지. 그 깊이가 무려 11km에 이른다고 해. 인류가 최초로 허접한 유인잠수정을 만들어서 내려간 곳이기도 하고. 사람들은 '최고', '최대', '최초' 이런 단어를 좋아하잖아.

1960년에 미국 해군의 돈 월시(Don Walsh) 대위는 세계 최초로 마리아나 해구로 내려갔었어. 그 결과는? 세계 최초로 세계 최대 깊은 곳까지 내려가 봤다는 것 말고는 아무것도 없지. 고작 20분 정도 있었는데 다른 뭔가가 있으면 이상하지. 그 깊은 곳에 빛이 들겠어? 그 사람이 타고 내려간 잠수정에 전구라도 하나 달려 있었다면 아주 가까이에서는 뭔가를 볼 수 있었겠지. 하지만 자기 혼자 보고 온 것으로 끝인 거지. 사진 한 장도 남기지 못하는……. 그리고 내려간 사람은 얼마나 무서웠겠어. 어느 누가 잠수정이 그 깊

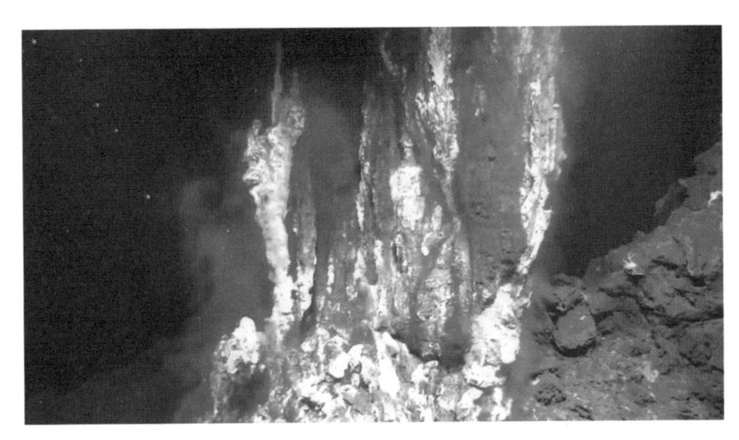

· 마리아나 해구 주변에서 있는 열수구 ·

이에서의 압력을 견딜 수 있을 거라고 확신을 준 것도 아니고, 무사히 위로 올라갈 수 있을 거라는 보장도 없었으니 얼마나 두려움에 떨었겠어. 그 이후 인류가 다시는 안 내려갈 줄 알았지만 심해의 무궁무진해 보이는 자원과 과학적 발견에 대한 유혹을 뿌리치기는 힘들었겠지. 그래서 다양한 탐사선과 잠수정을 개발했는데, 지금은 무인 잠수정(ROV : Remotely Operated Underwater Vehicle)을 만들어 배 안에서 조종하고 있지.

우리나라도 수심 6000m까지 내려가는 '해미래' 무인잠수정을 가지고 있어. 최근 해미래가 마리아나 해구를 탐사한다는 소식이 들리더라고. 약 수심 1400m까지 내려가서 수많은 사진들을 찍고, 마리아나 해구 주변에 생기는 검은 연기가 솟아나오는 열수구도 확인하고, 빛 한줌 들지 않는 뜨거운 온천수 속에 장님 새우와 심

· 마리아나 해구 주변 열수구 근처에 서식하는 생물들 ·

해 달팽이가 행복하게 사는 것도 확인했지.

해구 주변도 판의 충돌에 의해 해양지각에 균열이 생길 수밖에 없지. 해구가 생성되는 섭입 과정에서 따라 들어간 해수가 마그마 주변에서 뜨거워질 수밖에 없잖아. 그럼 어떻게 되겠어? 해구 주변의 균열된 틈을 타고 솟아오르는 거지. 이런 현상은 발산형 경계에서 일어나는 열수구와 비슷하잖아.

그런데 사람들은 이게 끝이 아닌가봐. 어느 나라가 더 뛰어난 기술력을 보유하고 있는지 보여주기 위해 6000m급 유인잠수정을 만들었지. 무인잠수정과 유인잠수정은 기술력 자체가 달라. 무인은 사람이 탑승하지 않지만 유인잠수정은 사람이 타고 내려가는 거니 훨씬 더 고도화된 기술력을 필요로 하지. 2012년 중국이 만든 유인잠수정인 자오룽호가 마리아나 해구 7km까지 내려갔고 앞으로 더 깊은 곳까지 내려갈 수 있는 유인잠수정이 세계 곳곳에서 만들어질지도 몰라.

해양판과 대륙판의 충돌

섭입이 일어나는 또 다른 곳이 있어. 바로 해양판과 대륙판이 충돌하는 경우인데, 나즈카 판과 남아메리카 판이 만나는 곳이지. 엄마가 나즈카 판을 특별한 조각판이라고 얘기한 거 기억해? 왜 이 판이 특별한지 보자고.

판과 판이 충돌할 때 두 가지 요인이 판의 운명을 결정한다고 했잖아. 밀도와 이동 속도. 그런데 해양판과 대륙판은 밀도가 다르잖아. 그래서 밀도? 역시 밀도가 제일 요인이 돼. 그러니 당연히 밀도가 큰 해양판이 아래로 내려가면서 깊은 해구가 생기고, 해수가 스며들어 암석의 일부가 녹으면서 마그마가 생기지. 이는 판의 충돌에서는 동일하게 일어나는 현상이야. 그럼 여기도 마그마가 지각을 뚫고 뛰쳐나오겠지. 그래서 대륙에 거대한 화산 산맥이 만들어져.

나즈카 판과 남아메리카 판이 만나서 칠레 해안을 따라 깊은 페루-칠레 해구가 형성되었고, 대륙인 칠레에는 엄청난 화산활동이 일어나는 안데스산맥이 생성되었어. 안데스산맥은 해양판과 대륙판의 충돌에 의해 생긴 화산 산맥인 거지. 생각해보면 호상열도랑 별반 다를 게 없잖아. 바다에서 만들어지면 호상열도고 육지에서 만들어지면 산맥인 거. 그래서 해양판끼리 충돌한 경우와 동일하

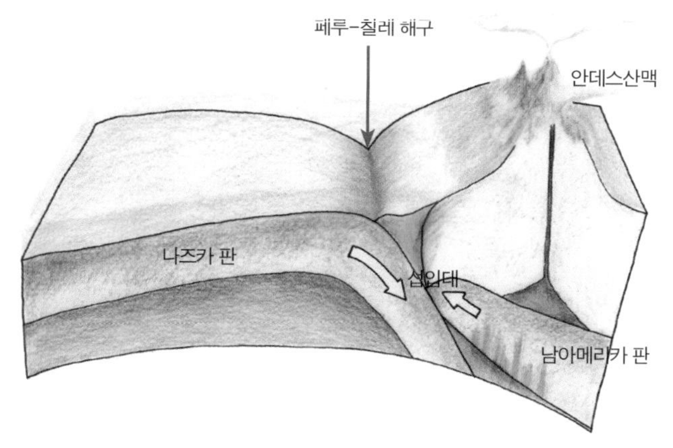

· 해양판과 대륙판 충돌에 의한 안데스산맥 형성 모식도 ·

게 화산활동 지역인 동시에 잦은 지진이 일어나는 곳이지.

나즈카 판과 남아메리카 판의 충돌이 특별한 이유는 잉카제국을 탄생시킨 판이기 때문이야. 남아메리카의 북쪽은 적도에 인접해 있기 때문에 매우 더워. 그런데 나즈카 판과 남아메리카 판이 만나 안데스산맥이라는 서늘한 고산지대가 생겼잖아. 사람들이 살기에 그리 나쁘지 않은 조건이라는 거지. 그래서인지 남아메리카에 형성된 대부분의 고대 국가는 고산지대에 세워졌어.

그중에서도 찬란했던 잉카제국은 1531년에 멸망해. 잉카제국이 멸망하게 된 여러 가지 이유가 있겠지만, 그중 하나를 뽑아보면 화산 산맥에 세워진 제국이기 때문이야. 화산폭발에 의해서 제국이 멸망했냐고? 아니. 화산폭발에 의해 제국이 망한 게 아니라 화산에 힘센 나라가 눈독 들이는 지하 광물자원이 많아서 멸망했다는 거야. 잉카제국이 멸망한 건 스페인 침략 때문이지. 스페인이 누구야? 콜럼버스의 항해를 지원하고, 가장 먼저 지구가 둥글다는 것을 증명한 마젤란 일행의 항해를 지원했던 나라잖아. 마젤란 일행의 항해 이후 다른 대륙으로 빠르게 눈을 돌린 스페인은 황금의 땅을 찾아온 바다를 헤집고 다니면서 여기저기 정복하기 시작했지.

그중 스페인의 피사로(Francisco Pizarro, 1471?-1541)는 친척인 코르테스(Hernán Cortés, 1485~1547)의 아스텍제국 정복을 옆에서 지켜보면서 자신이 제2의 코르테스가 되겠다고 결심해. 그리고는 1531년 180명의 병사와 27마리의 말을 끌고 아타우 알파(?-1533)가 지배하고 있던 잉카제국으로 쳐들어갔어. 만약 그곳에 아무것도 없으면 아주 실망하고 거기 사는 사람들만 괴롭히고 말았을 거야. 그런데 가보니 황금의 땅이었던 거야. 결론은 정복이었지. 그 과정은 참담해. 화려한 금 장신구로 치장한 황제를 5만의 병사가 호위하고 있었는데, 고작 180명의 스페인 정복군이 총으로 5만 병사를 모두 죽여버렸지. 그리고 황제를 인질로 잡아서는 엄청난 양의 금을 요구했지. 그런데 비겁하게 금을 받고도 황제를 처형해버렸어.

안데스산맥의 '아주 흔한 금'이 불러일으킨 인간의 욕망으로 인해 제국이 멸망한 거지. 금만 있느냐? 아니라는 거지. 안데스산맥을 따라 마그마를 타고 올라오는 구리, 철, 은, 유황 기타 등등의 주요 광물자원이 쉽게 채굴할 수 있는 깊이에 매장되어 있어.

최근에 주목받는 광물 중 리튬이 있어. 혹시 볼리비아의 우유니

· 안데스산맥에서 생산되는 주요 지하 광물자원 ·

사막이라고 들어봤어? 남아메리카 대륙 전체가 보이게 축소한 구글지도에서도 보이는 곳으로, 해발고도 약 3.6km의 산꼭대기에 있는 거대한 소금 사막이야. 워낙 넓다보니까 어디는 완전한 소금 사막이고 어디는 가끔 물이 고여 있기도 한데, 물이 고여 있는 호수에 놀랍게도 리튬전지의 원료인 리튬이 그냥 눈에 보일 정도로 많다는 거지. 산꼭대기 염호에 있는 이 리튬은 태평양의 바닷물에서 온 거야. 태평양 판과 나즈카 판이 충돌하면서 태평양의 바닷물이 스며들었다가 마그마가 나올 때 같이 올라온 거지.

발산형 경계뿐만 아니라 해양판과 해양판이 충돌하는 곳, 해양판과 대륙판이 충돌하는 모든 곳이 지하 광물자원의 곡창지대라고 할 수 있지. 필리핀 판, 인도 · 오스트레일리아 판과 태평양 판

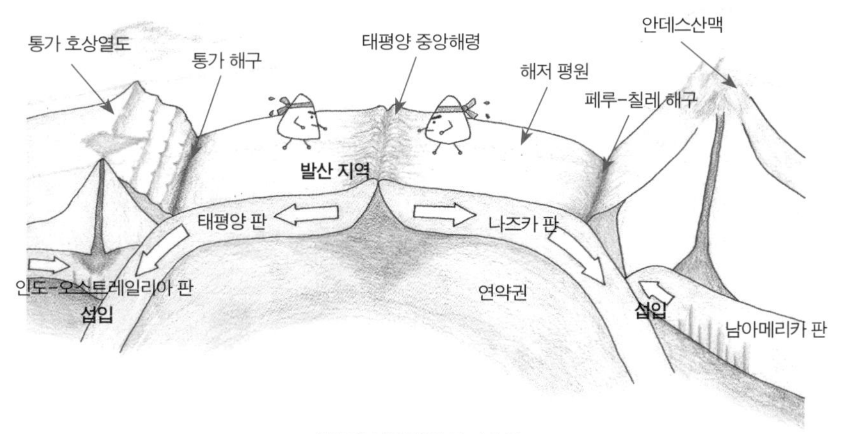

· 섭입에 의한 발산의 가속화 ·

이 만나는 곳에 있는 인도네시아와 일본은 황뿐 아니라, 구리와 금을 수출하는 나라들이지. 그런데 일본의 경우 너무 많은 육상 자원을 채굴한 결과 1970년대 이후 자국에서 생산되는 구리, 아연, 금, 은 등의 생산량이 급격하게 줄어들어 수입에 의존할 수밖에 없는 상황이 되었어. 그런데 최근 필리핀 판과 태평양 판, 그리고 유라시아 판이 만나는 삼각지대에 위치한 오키나와현 구메지아 앞바다의 수심 약 1400m 해저에서 금, 은, 구리, 아연 등이 풍부한 해저 광산을 발견했지. 바다 깊은 곳에 있어 못 찾고 있었던 거지. 판의 경계 어딘가에서 엄청난 광상이 만들어지고 있었는데 그걸 과학기술이 발달한 지금에 와서야 찾은 거고.

발산과 수렴. 이 두 가지 작용으로 인해 판의 경계에서는 화산 활동과 지진이 활발하고, 그 경계를 따라 광맥이 만들어지잖아. 두 현상을 한꺼번에 놓고 보자. 태평양 판의 왼쪽을 보면 인도 · 오스트레일리아 판과 만나서 섭입이 일어나고, 오른쪽을 보면 나즈카 판과의 사이가 점점 이별하는 해저확장이 일어나잖아.

그런데 말이지, 섭입에 의해 마그마로 녹아들어가는 건 해양판이잖아. 해양판의 소멸이지. 결국 섭입현상은 해양판의 소멸을 통해 해저확장을 가속화시키는 원동력인 거야. 런닝머신을 상상해보자. 뒤쪽은 벨트가 안으로 말려들어가고 앞쪽은 계속 올라오잖아. 그것과 똑같아. 판의 한쪽 경계에서 섭입이 되면서 판을 끌어당기면 반대쪽은 점점 멀어지는 거지.

대륙판과 대륙판의 충돌

또 다른 종류의 수렴을 생각해보자. 대륙판과 대륙판이 부딪히는 상황. 지도상에서 명확하게 보이는 곳은 인도 · 오스트레일리아 판과 유라시아 판이 만나는 곳이잖아. 동일한 밀도를 가지고 있는 두 판이 만나면 충돌로 나타날 거잖아. 일단은 충돌로 땅이 쭈그러들겠지. 그렇게 인도와 중국의 경계가 되는 히말라야산맥이 만들어졌어. 지각 얕은 곳에서 마그마가 생기는 원인으로, 물이 들어가서 암석의 녹는점이 낮아지기 때문이라는 얘기를 했어. 그런데 대륙판과 대륙판이 부딪히는 곳은 물이 스며들 수가 없잖아. 그래서 이런 지역에서는 마그마가 만들어지지 않으니까, 화산활동은 거의 없고 지진만 활발하게 일어나지. 보통 이렇게 얘기하고 끝내는데 엄마는 조금 다른 얘기를 해보려고 해.

대륙판과 대륙판이 만나 히말라야산맥이 만들어졌다고 하지만, 그건 대륙과 대륙이 만나는 것처럼 보이는 현재에 국한된 얘기일지도 몰라. 히말라야산맥의 최고 봉우리인 에베레스트 산의 높이는 현재 8850m나 되지. 엄마가 '현재'라고 말했잖아. 이건 높이가 변한다는 거지. 인도 · 오스트레일리아 판과 유라시아 판이 충돌해서 계속 높아진다는 주장이 일반적이야. 1년에 5~6mm씩 북동쪽으로 이동하고 있으니까 판의 충돌에 의해 당연히 높아진다고 생각하는 거지. 다른 주장도 있냐고? 높아지는 게 아니면 낮아지는 거겠지. 정말로 산의 높이가 낮아지는 것은 아니고, 높이를 재는 기준점인 해수면이 높아지기 때문에 나온 주장이지. 해수면이 왜 높아지냐고? 지구온난화에 의해 빙하가 녹아서 해수면이 높아진다는 거지.

그럼 과거에도 대륙판과 대륙판이 만났을까? 엄마가 발산형 경계에서 해저가 확장되면서 대륙도 덩달아 멀어지고 그 사이로 물이 들어와 바다가 생겼다고 했지. 그렇게 태평양이라는 거대한 바다로 변신했다고 했잖아. 대륙과 대륙이 충돌하고 있는 히말라야산맥은 그 반대가 되는 거지. 인도 · 오스트레일리아 판과 유라시아 판 사이에 바다가 있어서 해양판과 해양판이 충돌했는데, 그 간격이 점점 좁아지면서 끝내는 대륙판과 대륙판이 충돌하는 현재의 상황이 된 거지. 그 과정에서 사이에 끼었던 해양판의 융기가 일어나 같이 쭈그러들었고.

정말로 히말라야산맥의 일부가 해양판이 솟아 쭈그러진 거라면 해양지각의 흔적이 남아 있어야겠지. 가장 쉽게 확인할 수 있는 해양지각의 특징은 해양생물의 시체가 쌓여서 만들어진 퇴적암인 석회암이잖아. 히말라야산맥 곳곳에 판자를 구부려놓은 것 같은 석회암 퇴적층이 형성되어 있어. 히말라야산맥을 경계로 남쪽에 위치한 인도 북부와 네팔 지역은 종교적으로 힌두교를 믿는 사람들이 많은데, 이 사람들이 특별히 여기는 돌이 있어. 세상과 우주를 유지시키는 '유지의 신'의 화신이라고 하는 검은 돌, 살리그램(Shaligram)이야. 네팔 서부 칼리 간다키(Kali Gandaki) 강에 가서 둥글고 검은 돌을 주워서 살살 깨보면 놀랍게도 중생대 쥐라기 시대 바다에서 번성했던 암모나이트 화석이 나오는 경우가 많아. 이거 말고도 히말라야 암염은 아주 유명하잖아. 히말라야산맥의 일부가 아주 오래전 해양지각이었다는 거지.

엄마가 심쿵한 뇌섹남 중에 약간은 무모한 사람이 있었어. 한니발(Hannibal Barca, BC 247-BC 183?) 장군이 살던 고대 카르타고는 한때 이집트를 포함한 아프리카 북부와 지중해의 여러 섬 그리고 스페인까지 점령한 해양 강국이었어. 그런데 장화 모양으로 생긴 풍요로운 로마가 지중해 쪽으로 점점 세력을 확장해 오니 두 세력의 충돌은 불가피한 일이었지.

카르타고에서 좁은 지중해만 건너면 되는 로마는 막강한 해군으로 무장한 나라였기 때문에 해군을 데리고 싸우러 가는 것은 무모한 일이었지. 이미 한 번 패배한 적도 있었고(1차 포에니 전쟁). 그런 상황에서 한니발이 더 무모한 계획을 냈어. 그 당시 로마 사람들은 북쪽에는 거대한 알프스산맥이 버티고 있었기 때문에 그 산을 넘어 로마로 쳐들어오는 일은 걱정할 필요가 없는 일이라고 신경도 안 쓰고 있었거든. 한니발은 로마인들이 알프스산맥의 험난함을 믿고 신경도 안 쓰고 있는 북쪽을 겨냥한 거야. 아주 오래전 일이라 정확한 기록은 찾기 어렵지만, 분명한 건 한니발이 프랑스의 피레네산맥을 넘고, 알프스산맥을 넘어 로마 심장부로 쳐들어가는 시도를 했다는 거지. 2000년에 가까운 로마제국은 끊임없는 전쟁으로 세력을 확장해갔는데 로마 본토가 전쟁터가 된 것은 이 무모한 뇌섹남의 침공이 유일해. 나머지는 다 남의 땅에서 싸웠지.

'어떻게 한니발은 한 번도 길을 내서 가본 사람이 없는 그 높은 알프스산맥을 엄청난 군대를 이끌고 넘을 수 있었을까' 하고 엄청 궁금해했지. 알프스산맥을 넘는 과정과 관련된 야사가 하나 있어. 야사라는 건 사실과는 무관하게 떠도는 얘기지. 그 당시 로마인들은 초산을 묽게 타서 피로회복제로 마셨는데, 석회석에 초산을 부으면 초산칼슘염, 물, 이산화탄소가 생기거든. 한니발이 이런 원리를 이용해 거대한 석회암 또는 대리석 바위를 녹여 알프스산맥을 넘었다는 거지.

$CaCO_3$(석회석)+$2CH_3COOH$(초산) → $(CH_3COO)_2Ca$(초산칼슘염) + H_2O(물) + CO_2(이산화탄소)

한니발이 알프스산맥을 넘기 위해 정말 초산을 사용했는지에 대한 사실 여부는 너무 오래되어 따지기도 어렵지만, 분명한 건 알

· 고대 해양지각을 포함하는 북위 30°~40° 부근의 대륙지각 ·

프스산맥이 해양생물이 퇴적해서 생긴 석회암 또는 석회암이 높은 압력에 의해 변성된 대리암이 많은 산이기 때문에 사람들이 그런 야사도 만들어낼 수 있었던 것이 아닐까? 여기만 그러냐고? 아니, 그 옆 동네인 피레네산맥 북쪽에 있는 파리도 그래. 파리라는 이름은 석고를 뜻하는 플라스터(plaster)에서 유래되었는데, 이게 모두 바다 속에 퇴적된 석회암이 솟아올라 생겼기 때문이지.

해양지각을 품고 있는 땅이 히말라야산맥, 알프스산맥, 피레네산맥이 전부일까? 터키 남부의 토로스산맥 자락에 있는 안탈랴(Antalya)에 가면 불타는 바위를 볼 수 있어. '야나르타쉬'라고 부르는 영원히 꺼지지 않는 이 불은 바위를 뚫고 나온 천연 메탄가스가 타는 거야. 메탄가스는 해양식물이나 플랑크톤의 유해가 140℃의 온도 조건에서 약 3~4km 깊이에 묻혔을 때 분해되어 생길 수 있거든. 이렇게 만들어진 메탄가스가 올라와 불붙은 거지. 해양생물이 이보다 더 깊게 묻혀, 더 높은 압력과 온도를 받으면?

석유가 되는 거지. 터키의 옆 동네인 이란은 해양지각이 융기한 거대한 자그로스산맥이 관통하고 있는데 이 동네에서 석유가 엄청 생산되잖아.

엇갈려가면서 보존할래~

다시 〈판의 분포와 이동 속도〉 그림(79쪽)을 보자. 엄마가 얘기한 발산형 경계를 자세히 보면, 얘기하지 않은 구조가 있어. 바로 변환단층이야. 발산형 경계와 변환단층이 서로 반복해서 되풀이되어 나타나잖아. 변환단층은 두 개의 판이 다른 판과 만나는 옆면에서 수평으로 엇갈려 가는 곳에 생기지. 이런 변환단층 지역에서는 마그마에 의한 화산활동은 거의 없고 주로 지진만 일어나. 마그마가 없다는 것은 암석이 생성되지도 녹지도 않는다는 거잖아. 이렇게 엇갈려가기만 해서 지각이 생성되거나 소멸되지 않고 보존된다고 보존형 경계라고도 하지.

그런데, 얘는 해양에서는 너무나 흔한 현상이야. 너무 흔해서 변환단층을 사람들한테 각인시킬 만한 이야깃거리가 없을 정도지. 그런데 떡하니 육지에, 그것도 사람들이 130만 명이나 모여 사는 샌프란시스코가 이 변환단층 위에 세워진 도시라는 거지. 해양에서 너무 흔해서 특별한 이야기꺼리를 찾지 못한 과학자들에게 샌프란시스코는 아주 특별한 도시가 되었지. 왜냐? 얘기할 게 많거든. 여기가 위험하다고 말하면 들어줄 사람도 많거든. 그래서 변환단층 얘기만 나오면 샌프란시스코 얘기를 하는 거지.

샌프란시스코가 세워진 변환단층은 산안드레아스 단층으로 무지 길어. 엄마 예전 꿈 중 하나가 이 단층을 따라 세워진 도시를 연결하는 1번 국도를 타고 푸른 절벽을 맘껏 감상하면서 운전해보는 거였지. 엄마는 이 단층이 만들어낸 멋짐을 감상하고 싶었어.

하지만 샌프란시스코에 사는 사람들은 변환단층의 예로 산안드레아스 단층이 언급되는 걸 싫어할 거라는 생각이 들었어. 이 단층을 경계로 태평양 판은 북쪽으로 이동하고 북아메리카 판은 남쪽으로 이동하지. 문제는 이동하고자 하는 두 판이 엇갈려가기 위해서는 엄청난 힘이 작용하는데, 그 힘이 조금 모자라 움직이지 않을 때는 두 판의 경계에 있는 지층이 휘어진다는 거야. 그렇게 계속 힘이 쌓이다 보면, 어느 순간 고정되었던 경계부가 끊어지면서 엄청난 지진이 발생할 수 있잖아.

실제로 샌프란시스코에서는 아주 큰 지진이 여러 번 있었어. 1906년에 발생한 지진으로는 3000명이 사망했다고 해. 큰 지진을 겪고 난 뒤 사람들의 관심사는 또 언제 지진이 일어날 거냐는 거잖아. 그래서 현재의 태평양 판과 북아메리카 판이 서로 비껴가는 속도와 이에 따른 힘의 축적을 계산해서 100년 뒤에 다시 엄청난 지진발생을 예측했었어. 하지만 100년 뒤인 2006년에 지진이 일어나지는 않았어.

과학자들이 힘의 주기를 찾으려고 열심히 노력하고는 있지만, 단순히 판의 속도에 따른 힘의 축적만으로는 설명하지 못하는 수

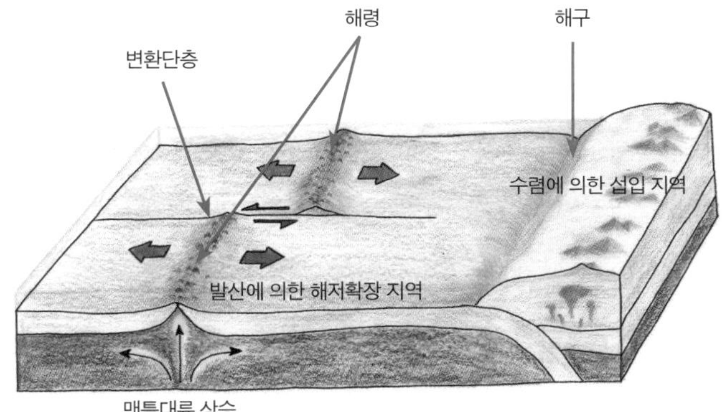

· 변환단층이 생성되는 모식도 ·

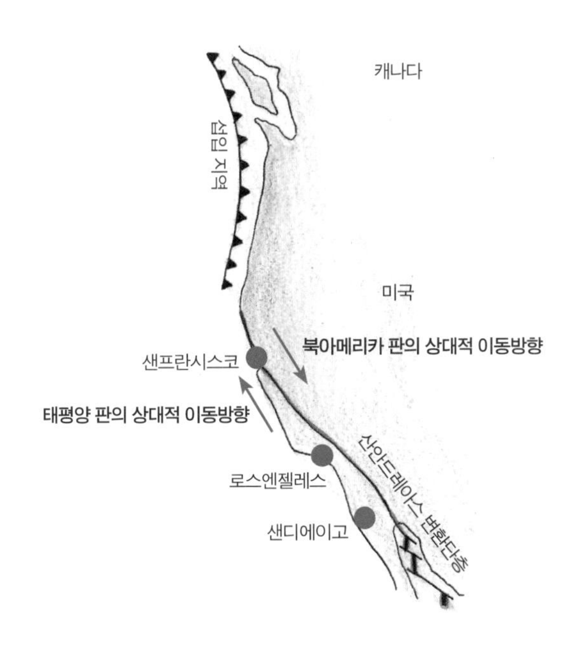

· 산안드레아스 변환단층 ·

많은 이유들 때문에 예측이 명쾌하게 맞아떨어지기는 힘들지. 이런 현상을 보고 미국의 지진학자 찰스 리히터는 '나무판을 무릎에 대고 구부리면 언제, 어느 부분이 먼저 갈라질까 예측하려는 상황과 비슷하다'고 했어.

'I left my heart in San Francisco~~~' 이게 뭐냐고? 아주 오래된 노래인데, 샌프란시스코의 로맨틱함을 절절히 표현한 노래야. 앞쪽에는 파리, 로마, 맨해튼 다 별로라는 얘기가 있고 뒤에 가면 '나는 내 심장을 샌프란시스코에 남겨뒀어요(I left my heart in San Francisco) 언덕 위 높은 곳~~~(High on a hill~~)' 하는 노래지. 이 노래가 전 세계인의 사랑을 얼마나 받았으면 샌프란시스코의 유니온 스퀘어에 하트 모양의 조형물이 설치될 정도겠어? 그렇게 내 심장을 남겨놓을 만큼 멋지고 아름다운 도시인데, 언젠가 무시무시한 지진이 발생할 거라고 한다면 사람들이 살려고 할까? 아닐 거라는 거지. 그래서 여기서 일어난 지진의 피해는 늘 축소되어서 보도되곤 했대. 쉬쉬하는 거지.

땅에 구멍이 뚫리고 대륙이 갈라지고

네가 좋아했던 〈릴로 앤 스티치〉가 하와이를 배경으로 하고 있잖아. 멀리 솟아오르는 화산을 배경으로 지구 꼬마 릴로와 외계인 스티치가 하나의 가족이 되어가는 것을 그린 영화지. 너에게 중요한 건 스티치의 놀라운 능력이겠지만 엄마에게 중요한 건 저 멀리 보이는 화산과 릴로 언니의 남자친구가 생계를 위해 불쇼를 하는 장면이지. 그에게는 생계지만 여행 온 이방인에게는 달달함 그 자체잖아.

하와이제도는 오하우, 몰로카이, 마우이, 하와이 등의 비교적 큰 8개 섬과 100개가 넘는 작은 섬들이 북서쪽에서 남동쪽으로 완만한 호(弧)를 그리면서 600km에 걸쳐 이어져 있어. 아마 〈릴로와 스티치〉의 배경은 남동쪽에 있는 섬일 거야. 가장 남쪽에 있는 하와이 섬에 화산활동이 활발한 마우나 로아와 킬라우에아 화산이 있거든.

누구나 다 당연하게 생각하는 하와이의 화산. 하지만 당연하지가 않아. 왜냐면 하와이는 판의 경계가 아니라 태평양 판 한가운데 있는 지역이거든. 화산활동은 주로 판의 경계에서 일어나는데 판의 경계도 아닌데? 엄마가 판의 경계에 대해서 얘기하면서 발산과 수렴, 그리고 변환단층에 대해서 얘기했는데, 어디에도 판 가운데서 일어나는 화산활동을 설명할 수 있는 과학적 근거는 없었잖아.

그래서 판 가운데서 화산활동이 어떻게 일어나는지 과학자들이 찾아봤지. 그리고는 그 이유를 열점(hot spot)이라고 이름 붙였어. 판의 이동으로는 딱히 설명할 방법이 없으니 판에 구멍이 뚫려서 연약권에 있는 마그마가 올라오는 곳이라는 거지. 근데 왜 거기만 구멍이 뚫려? 둘 중 하나 아니겠어? 판이 만들어질 때부터 얇아서 맨틀 연약권 상부에 있는 마그마가 쉽게 뚫고 나올 수 있거나, 아니면 또 다른 이유가 있거나.

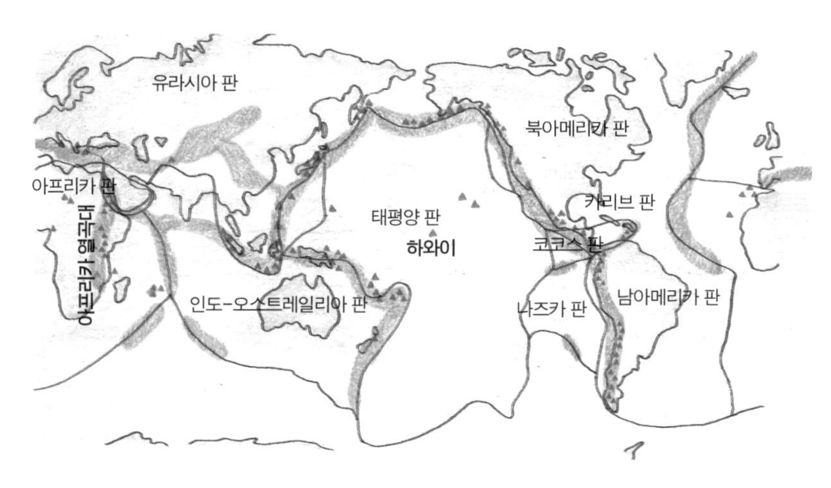

- 세계 지진대와 화산활동 지역 -

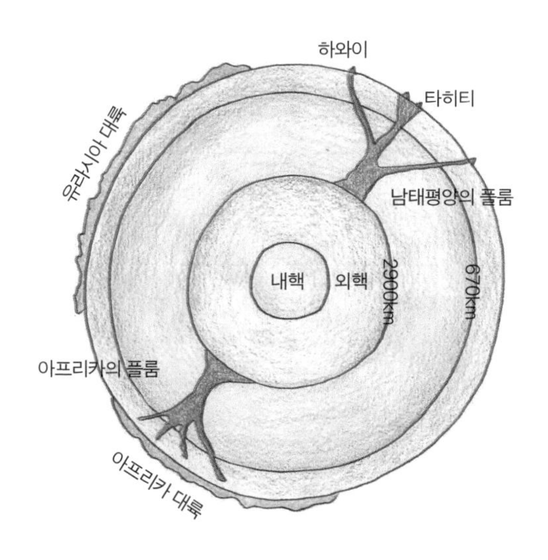

- 플룸설 -

엄마가 어느 시점에 얘기하려고 생각하고 있었는데, 여태 적정 한 시점을 찾지 못한 내용이 하나 있어. 아프리카 판을 한 번 볼래? 판의 경계가 아닌 아프리카 판을 남북으로 가로지르는 거대 지진대가 있고, 활화산이 마구 표시되어 있잖아. 판의 경계도 아닌데……. 판의 경계가 아니면 열점이냐고? 열점이라고 하기에는 6000km의 범위는 너무 넓잖아. 그리고 가만히 보면 아프리카 판이 쪼개지게 생겼잖아. 여기를 특별히 '뜨거운 계곡'이라는 뜻의 열곡대라고 불러. 지금까지 맨틀대류에 의해 상승기류가 일어나는 곳에서는 해저가 확장되는 발산이 일어나고, 하강기류가 일어나는 곳에서는 판이 부딪힌다고 했지. 그럼 도대체 이 열곡대는 거기에 해당하는 지역도 아닌데 어떻게 설명할 거냐고?

그걸 설명하는 새로운 이론이 플룸설(Plume theory)야. 말 그대로 뜨거운 외핵 근처에서 생긴 불기둥이 맨틀 상부까지 솟아올라와 판을 녹이기 때문에 플룸의 양쪽으로 판이 쪼개질 수 있다는 거지. 더불어 하와이에 열점이 생긴 것도 외핵에서 엄청난 불기둥이 솟아올라 지각을 녹였기 때문이라고 해석될 수 있잖아

"그럼 맨틀대류가 틀린 거야? 불기둥이 상승해 맨틀 최상부에 와서 퍼지면 다른 쪽에서는 하강기류가 일어나니까 플룸설로 다 설명되는 거 아니야?"

지금까지 맨틀 상하의 온도와 압력 차이에 의해 대류가 일어나고 액체 상태의 마그마가 많은 유동성 고체인 연약권 위에서 판이 대류를 따라 움직인다고 얘기를 해왔지. 그런데 플룸도 결국 맨틀

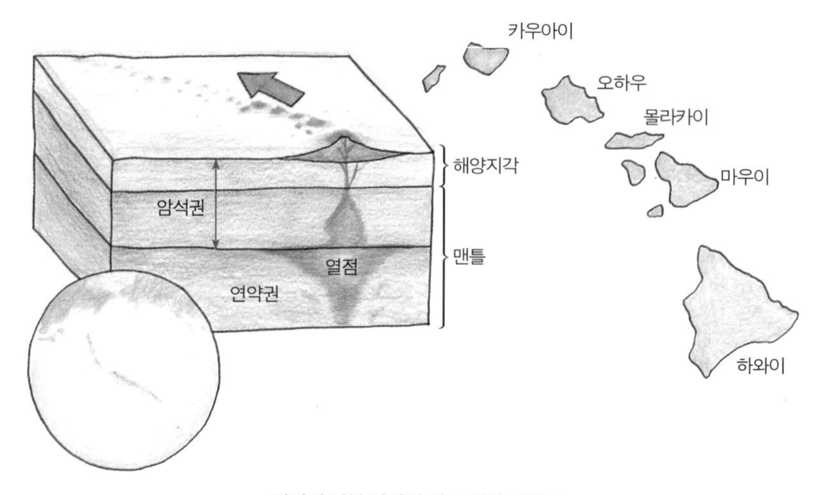

· 열점에 의한 하와이 제도 생성 모식도 ·

에서 일어나는 대류 현상이잖아. 지금까지 알아왔던 맨틀대류와 조금 다른 게 있다면, 외핵 근처에서 엄청난 불기둥이 솟아올라 다른 구역보다 훨씬 강한 대류를 일으킨다는 것이지. 플룸설은 맨틀대류설을 보다 상세하게 설명해주는 확장된 이론이라 할 수 있지. 지구 전체의 맨틀 내부를 상세하게 다 알 수 있는 것은 아니잖아. 구체적으로 구역별로 맨틀의 어느 부분에서 뜨거운 불기둥이 솟아오르는지, 그 불기둥이 판의 이동에 어떤 영향을 미칠 것인지는 과학자들이 밝혀내야 할 숙제지. 이렇게 수많은 숙제들이 산재해 있으니 죽을 때까지, 그리고 수많은 세대를 거듭해서 할 일이 있는 거잖아. 그리고 알면 알수록 모르는 게 늘어날걸?

그것 말고 이상한 게 또 있어. 열점에 의해 생긴 하와이를 한번 봐봐. 지각 어딘가에 구멍이 뚫려 마그마가 올라오는 곳이 열점이니까 그 자리에 똥 싸놓은 것 마냥 마그마가 식으면서 화산을 만들어야 하는데, 얘는 왜 이렇게 일렬로 섬들이 배열되어 있는 것일까? 그리고 왜 남쪽으로 내려갈수록 화산활동이 활발해질까? 지각 여기저기에 구멍이 나서? 뭐 그럴 수도 있겠지. 그런데 아닐 거라는 거야. 지각에 구멍이 난 곳은 하나인데 판이 움직이다 보니까 움직이는 방향과 반대방향으로 마그마 분출이 활발하게 일어나는 거지. 남쪽에 위치한 섬에서 화산활동이 더 활발하니까 판은 북쪽으로 이동하고 있다는 거지.

휘거나 부러지거나

전 세계적으로 매일매일 지진이 일어나. 판도 매일매일 이동하지. 그런데 한 지역을 놓고 생각해보면, 매일매일 판이 이동해서 매일매일 그곳에서 지진이 일어나는 것은 아니잖아. 그래도 판은 매일매일 이동하잖아. 그럼 어떤 일이 생기겠어? 판의 경계 부위를 계속해서 조금씩 밀어봐. 처음에는 잘 안 밀리다가 어느 순간 훅하고 움직이잖아. 맞아. 모인 힘을 견디다 못해 어느 순간 판의 약한 부분이 움직여 '훅!'하고 지진이 일어나는 거야.

그런데 이 과정에서 처음 힘이 가해질 때는 버티지만 그 한계를 넘어가는 힘이 쌓이면 결국 휘거나 부러지거나 둘 중 하나 아니겠어? 휘어지면? 히말라야산맥이나 알프스산맥처럼 습곡이 생기는 거지. 휘어질 때 새우처럼 등을 둥글게 마는 모양의 배사 구조와 아

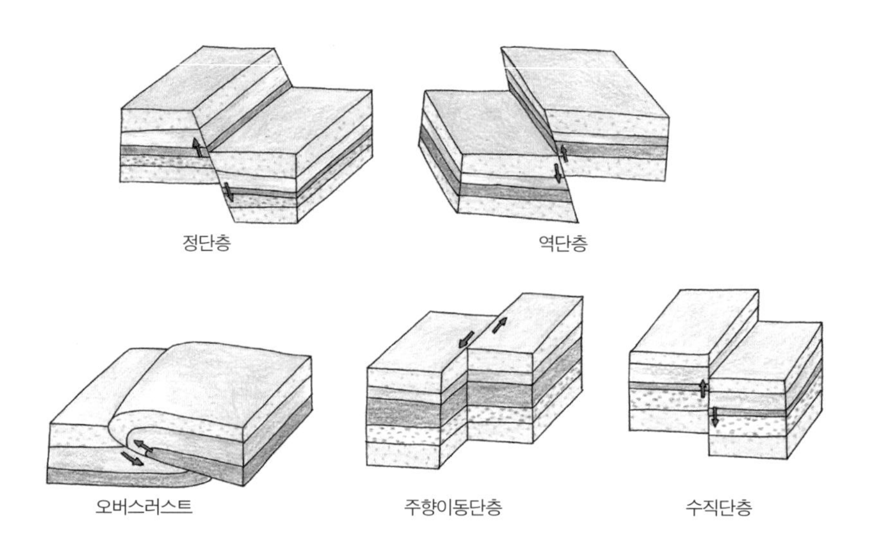

· 단층의 종류 ·

래로 향하는 구조인 향사가 반복되어서 나타나는 거지.

휘지 못하면? 부러져야지. 이렇게 부러져 끊어진 녀석들을 단층이라고 해. 단층은 영어로 fault라고 하는데, fault는 '잘못'이라는 뜻이잖아. 지층이 똑바로 만나야 되는데 잘못 만난 거지. 잘못 만난 결과가 사람들이 보기에 조금 더 안정되어 보이는 것을 정단층, 조금 더 불안해 보이는 것을 역단층이라고 하지. 이걸 조금 어려운 말로 풀면 '지층의 잘린 면을 단층면이라고 하는데 이 단층면을 기준으로 위에 있는 지각을 상반이라고 하고 아래 있는 지각을 하반이라고 한다. 단층면을 따라 상반이 아래 있으면 정단층, 상반이 위에 있으면 역단층이라고 한다'는 거지. 이거 말고 다른 형태도 있는데 그중 하나는 이미 얘기했어. 수평 방향으로 이동하는 변환단층 말이야.

이렇게 만들어진 단층은 언제 다시 끊어질지 모르는 상태야. 한 번 부러진 플라스틱 자를 접착제로 붙여놓았을 때, 작은 충격에 의해 다시 부러지는 부위는 결국 연결한 부위잖아. 부러지면 주변에 큰 충격이 가해지겠지. 이처럼 규모가 아주 큰 지진은 주로 단층에서 발생하는 경우가 많아.

판의 경계에는 수많은 단층이 있거든. 인도양, 대서양에서 발산에 의한 해저확장이 일어나면서 동시에 변환단층이 반복해서 나타나는 걸 이미 봤잖아. 지층이 서로 만나긴 했는데 부실하게 서로 기대고 있다가 가중되는 힘을 견디지 못하면 어느 순간 주저앉거나 어긋나서 조금이라도 움직이면 그게 엄청난 지진으로 나타나는 거지.

아슬아슬한 행운에 관하여

네 말처럼 우리나라 조상들이 석유와 천연가스도 거의 없고, 철광석과 구리 등 주요 광물자원도 별로 없는 땅에 나라를 세웠지. 그게 꼭 나쁜 일인가? 오늘날의 산업적인 측면에서 보면 매우 나쁘지. 일례로 우리나라는 반도체 산업이 발달했음에도 불구하고 매우 중요한 희토류가 생산되지 않아 전량을 중국에서 수입하고 있으니까. 희토류만 놓고 보면 일본도 비슷해. 중국과 일본이 희토류 때문에 영토전쟁 비슷한 것을 한 적이 있어. 동일한 지역을 놓고 일본은 센카쿠 열도라고 부르고 중국은 댜오위다오(조어도, 釣魚島)라고 부르는 해역이 있어. 아직 어느 나라 영해인지 결정되지는 않은 상태야. 이런 상황에서 2010년 일본 해양경찰이 이 중첩 해역에서 조업하던 중국 어선을 나포한 거야. 이유는? 자기네 영해를 침범했다는 거지. 중국은 거기가 자기네 영해라고 주장하고 있는데, 일본이 자기 나라 어선을 나포했으니 얼마나 화가 났겠어? 그래도 처음에는 조용히 말로 중국 어민과 어선을 풀어달라고 했지. 그런데 일본이 꼼짝도 안 한 거야. 결국 일본을 압박할 수 있는 카드를 꺼내 들었지. '일본한테 희토류 안 팔아!'라고. 일본이 어떻게 나왔냐고? 반도체 공장이 전부 마비되어 2주도 못 돼서 중국 어선을 풀어줬지. 그만큼 자원이라는 것은 대단한 위력을 지녔지.

엄마가 발산형 경계와 수렴형 경계를 얘기하면서 '안데스산맥에는 금과 구리가 많이 난다, 인도네시아도 금과 구리가 많이 난다'고 했잖아. 그런데 태평양을 중심으로 이어지는 화산대를 '불의 고리'라 부를 정도로 경계에서는 화산활동도 많고 지진이 많이 일어나지. 이렇게 얘기한 내용들을 모아서 지도에 표시해보자. 이 둘이 우연처럼 척~하고 일치하잖아. 꼭 일치하지는 않는다고? 화산활동이 매우 활발히 일어나고 있는 태평양 일부에서는 아무런 자원도 없다고? 아니. 아주 많이 매장되어 있을 가능성이 높아. 단지 바다 속 깊이 있어서 못 찾았거나, 찾았다고 하더라도 아직까지 육상에서 채굴하는 것보다 비싸기 때문에 안 캐고 있을 뿐이지. 현재 주요 지하 광물자원을 생산하는 지역은 땅속 깊이 숨어 있던 지하

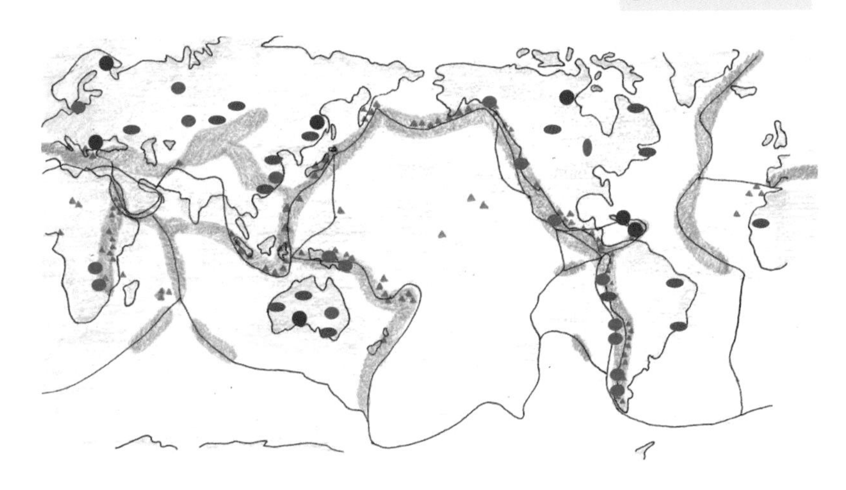

· 판의 경계, 세계 지진대 그리고 주요 지하 광물자원 생산 지역 ·

광물자원들이 지각 근처로 올라와 쉽게 채굴이 가능한 곳이잖아. 덕분에 그 땅에 사는 사람들은 지하 광물자원을 수출해서 먹고 살 수 있게 된 거고.

지하 광물자원이 많다고 꼭 부강한 나라가 되는 것도 아니잖아. 힘이 없는 상태에서 가지고 있음으로 인해 힘센 나라한테 뺏기고 짓밟히는 일도 비일비재했지. 스페인이 안데스산맥에 있는 무한해 보이는 금과 구리가 탐나 쳐들어가서 위대한 잉카제국을 멸망시킨 것처럼 말이야. 스페인만 그리했나? 포르투갈과 영국, 프랑스, 네덜란드와 미국 등 세계열강이라고 불리는 나라들이 모두 그렇게 했지. 남아메리카만 놓고 보면 안데스산맥을 따라 남쪽으로 에콰도르, 페루, 볼리비아, 칠레 모두가 정복국가였던 스페인의 언어를 사용하고, 포르투갈의 지배를 받았던 브라질은 포르투갈어를 사용하고 있잖아. 역사적으로 보면 지키지 못하는 가치는 약탈의 대상이 될 뿐이었지.

침략의 역사 말고 또 있지. 불의 고리, 화산활동, 지진들로 인해 늘 불안에 떨면서 살고 있잖아. 전 세계에서 일어나는 지진의 90% 이상이 판의 경계에서 일어나잖아. 우리야 그리 많은 지하 광물자원을 보유한 나라는 아니지만, 판의 경계에 있는 것은 아니라서 '불의 고리'에 위치한 나라들보다는 훨씬 안전하게 살고 있잖아.

위험 없는 풍요로움을 찾아

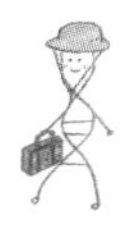

"엄마 때문에 창피했잖아~"

저녁을 먹으며 딸아이가 볼멘소리를 한다. 이유인 즉, 엄마가 열심히 떠든 얘기를 듣고 학교에 가서 '우리나라는 판의 경계에 위치한 나라가 아니라서 지진이 잘 안 일어난다. 우리나라는 지진의 안전지대다'라고 했다가 모든 아이들이 아니라고 해서 곤욕스러웠다는 거다. 엄마 말을 잘 들었어야지. 약간의 두려움에 찬 너희에게 '어느 누구도 우리나라가 지진으로부터 100% 안전하다고 말할 수는 없지만~'이라고 얘기한 걸 기억했어야지. 아니다. 엄마가 잘못했다. 위험한 상황에 처한 사람은 듣고 싶은 말만 듣는다는 것을 간과했네.

전 세계적으로 보면 지진의 90% 정도는 판의 경계에서 일어나고 나머지는 판의 내부에서 일어나. 하지만 아무리 '전 세계적으로~' 또는 '통계적으로 보면~ '라고 얘기해봐야, 단 한 번의 지진이 너와 내가 살고 있는 우리나라에서 일어나면 저런 통계는 아무 의미가 없어지지. 왜냐고? 그건 당장 너와 내가 피해를 입을 가능성이 매우 크기 때문이잖아.

우리나라를 비롯한 캐나다, 아프리카, 호주의 동부, 남아메리카의 동쪽 모두 지구과학 시간이나 사회 시간에 세계지도를 펴놓고 순상지라고 배웠잖아. 순상지는 모두 판 내부에 있는 늙은 땅이라서, 젊은 땅인 중생대 · 신생대 조산대보다 지진이나 화산활동으로부터 훨씬 안전한 땅이라고…….

훨씬 안전하지만 지진이 전혀 없지는 않아. 판의 경계가 아닌 곳에서는 왜 지진이 일어날까? 멀리 떨어진 판의 경계에서 일어난 지진 여파가 전달되어서? 맞는 얘기지. 우리나라에서 일어난 많은 지진이 태평양 판과 필리핀 판의 충돌 혹은 인도 판과 유라시아 판의 충돌이 원인이었지. 하지만 가끔 진원이 우리나라인 경우도 있어. 1978년 9월 16일 충북 속리산 지진, 2004년 5월 29일 울진 해역에 일어난 규모 5.2의 지진, 2007년 1월 20일 강원도 평창군에서 발생한 오대산 지진. 모두 진원이 우리 땅 내부였어. 그러니까 판끼리 충돌하거나 변환단층처럼 비껴가는 경우 말고도 지진이 일어나는 다른 원인도 있다는 거지. 특히나 순상지처럼 안전하다고 생각하는 땅에서 일어나는 지진이라면 말이야. 또 다른 원인이 있을 수 있지 않을까? 지금까지 순상지라고 알고 있었는데 사실은 순상지가 아닌 것은 아닐까?

지구의 고무줄 나이

순상지가 오래된 땅이라고 하는데, 얼마나 오래된 땅일까? 오래되었다고 지구 나이와 같을까? 먼저 지구 나이를 찾아보자. 이미 알고 있다고? 지구 나이를 46억 년이라고 엄마가 말하는데 어떤 사람은 45억 년, 어떤 사람은 45억 5000만 년, 45억 7000만 년이라고 말하거든. 1억 년 정도의 차이는 무시해도 되는 나이일까? 지구의 나이 추정에 대한 시작은 종교에서부터 출발했지. 성경에 따르면 약 6000년 가량 되었다고 하지만, 엄마는 과학적으로 지구의 나이 추정이 시작된 시점부터 얘기하려고.

17~18세기 열역학의 개념이 발달하면서 '자연에서 일어나는 모든 반응은 자연스러운 방향으로 가고 있다'는 생각이 자리를 잡았어. 이 생각은 자연스럽게 뜨거운 것은 차갑게, 불안정한 것은 안정된 방향으로 간다는 거야. 그럼 태초의 지구는 뜨거운 마그마 바다였다가 식으면서 뜨뜻한 암석이 되고, 이 암석이 식어 오늘날에 이르렀을 테니, 지금과 같이 식기 위해서는 얼마의 시간이 필요할지 거꾸로 계산해볼 수 있잖아. 그래서 열심히 계산을 한 거지. 특히 뉴턴은 지구 크기만 한 쇳덩이가 식으려면 적어도 5만 년 정도가 걸릴 것으로 예상했지. 뉴턴이 제시한 숫자는 실험에 의한 결

과가 아니라 이론적 계산에 따른 결과였어.

사람들의 호기심은 가끔 새로운 실험을 고안하게 만들잖아. 지구 나이에 엄청난 호기심을 가지고 있던 뷔퐁(Comte de Buffon, 1707~1788)이라는 사람이 있었어. 뷔퐁은 제철소를 운영하던 사업가이자 과학자였는데 호기심 충족을 위해 자신의 제철소에서 1539℃에서 철을 녹인 후 식어가는 과정을 관찰했어. 그 결과, 뜨거운 쇳덩이가 지금과 같은 온도가 되려면 96670년이 걸린다는 것을 알아냈지. 그리고 이를 지구 크기의 암석에 적용해 지구 나이가 7만 5000년에서 16만 8000년 정도라고 결론을 내렸어. 거의 두 배 가까이 차이나는 숫자에다가 아직 1억 년도 안 되는 나이잖아.

이랬던 지구의 나이가 위대한 열역학의 대가인 윌리엄 톰슨(William Thomson, 1824~1907)에 의해 1억 년이 돼. 이 사람은 지구가 형성되었을 때의 온도를 화산에서 분출되는 마그마의 온도 정도로 생각하고 지구와 같은 물체가 서서히 식어가는 과정을 조사했어. 그래서 약 1억 년이라는 숫자를 내놓았지. 그런데 마그마의 온도는 약 600℃~1200℃로 들쭉날쭉하고 이 온도가 지구 생성 당시의 온도라는 근거는 어디에도 없잖아. 실제로 지구 내부는 자체 열원인 방사능 물질이 많거든. 애초에 가정이 틀릴 가능성이 너무 높잖아. 본인도 확신은 없었던지 후배들이 암석의 열전도율을 정확하게 측정하여 제시한 2500만 년을 열렬이 지지해준 거지. 이 숫자는 윌리엄 톰슨 자신이 내놓은 숫자보다도 작잖아.

그런데 이 생각을 깬다는 것은 쉬운 일은 아니었어. 왜냐고? 이

걸 이해하려면 윌리엄 톰슨이 누구인지를 알아야 해. 이 사람은 1866년 영국 빅토리아 여왕으로부터 남작의 작위를 받아 '켈빈 경(Baron Kelvin)'이라는 칭호를 받았는데 절대온도의 단위로 사용하는 켈빈(K)은 이 사람의 작위에서 온 거야. 절대온도(K)는 섭씨온도(℃)에다가 273℃를 더한 것으로 정의해. 섭씨온도로 잘 사용하고 있는데 굳이 절대온도라는 것을 만들어서는 헷갈리게 한다고? 절대온도 0K(-273℃)가 중요한 이유는 모든 온도의 기준이 되기 때문이야. 이론적으로 모든 기체의 부피가 '0'이 되는 0K는 현실적으로 도달할 수는 없지만, 절대권위를 가진 위대한 기준이거든. 여왕으로부터 작위도 받고 위대한 절대온도 0K라는 기준을 만든 사람이니 그 시대에 얼마나 저명한 과학자였겠어.

생각해봐. 저 아저씨의 엄청난 권위로 인해 지구 나이는 1억 년에서 2500만 년으로 한참을 후퇴한 거잖아. 하지만 지질학자들과 고생물학자들에게 지구 나이가 고작 2500만 년이라는 건 받아들이기 힘든 숫자였어. 특히 생명체가 오랜 시간 진화했다는 이론을 체계화해 1859년 『종의 기원』을 출판한 찰스 다윈(Charles Darwin, 1809~1882)에게는. 하지만 그 숫자는 '켈빈 경'이라는 이름의 권위가 실린 숫자이기 때문에 아주 특별한 근거 없이 반박하기 힘들다는 거지.

똑같은데 질량만 다른 원소

이런 상황에서 1억 년도 안 되었던 지구 나이가 획기적으로 늘어나. 20억 년, 그리고 30억 년으로. 이렇게 늘어나게 된 결정적 계기는 방사성 원소에서 시작되었어. 방사성 원소들은 두 가지 특별한 재주를 가지고 있거든. 하나는 방사능과 함께 열을 내는 거고, 다른 하나는 시간이 지나면서 방사능이 줄어드는 재주를 가지고 있다는 거야. 지구 나이가 20억 년이 되고, 30억 년으로 늘어나는 것은 우라늄의 반감기를 이용해서 얻은 결과야.

그런데 46억 년까지로 늘어나는 것은 쉬운 일이 아니었나봐. 방사성 원소만으로는 해결이 안 된 거지. 이때 새로운 방법론이 등장해. 그 방법론은 생긴 건 똑같은데 질량만 다른 '동위원소'의 발견에서 출발했어.

방사성 원소를 먼저 보자. 원자는 전자와 원자핵으로 구성되어 있는데, 원자핵을 다시 쪼개보니 양성자와 중성자로 구성되어 있다고 얘기했지. 원자의 구조와 성질을 밝히고자 하는 많은 과학자들의 노력으로 원자번호는 양성자 수에 의해, 질량을 의미하는 원자량은 양성자 수와 중성자 수의 합인 질량수와 거의 같다는 것을 알았지. 엄밀하게 말하면 원자량과 질량수는 다르지만 두 개념이 정의되는 과정을 자세히 들여다보면 얘들이 거의 같을 수밖에 없거든. 그래서 흔히 질량수와 원자량을 구분하지 않고 사용해. 전자는 질량이 없냐고? 양성자나 중성자에 비할 수 없을 정도로 작기 때문에 그냥 무시하는 거지. 그리고 전자는 원자핵의 주위를 돌면서 주로 화학반응 시 반응하는 원자의 특성을 결정한다는 것을 알아냈지. 이거 이외에도 전자는 (-)전하를 띤 입자이고 양성자는 (+)전하를, 그리고 중성자는 이름처럼 전하를 띠지 않는 입자라는 것도 밝혀냈지. 엄마가 원소와 원자를 마구 섞어서 사용하고 있지? 원소는 원자의 '종류'를 말할 때 쓰는 추상적인 용어이고, 원자는 숫자를 세거나 구조를 얘기할 때, 그리고 원소 하나하나를 일컬을 때 사용하는 구체적인 용어야.

지구에는 원자번호 1번인 수소(H)부터 인간이 합성해서 만든 103번 로렌슘(Lr)까지 100개가 넘는 원소들이 존재하지. 물론 오늘날 인간은 새로운 원소를 계속 만들어내기도 하지만, 자연적으로 존재하는 원소는 92개 정도인데 우라늄이 바로 92번째 원소야. 우라늄과 같이 원자번호가 엄청 큰 원소들은 워낙 불안정하기 때문에 자연적 붕괴를 통해 엄청난 에너지를 방출하면서 안정된 원소로 변신하지. 이 녀석들이 바로 방사성 원소들이고, 지구 내부의 열원이야.

그런데 왜 원자번호가 커지면 불안정하냐고? 원자핵이 어떻게 만들어지는지 생각해보자. 원자핵은 양성자와 중성자로 구성되어 있는데, 일반적으로 같은 전하를 띤 입자들은 서로 밀어내잖아. 원자핵에서 (+)전하를 가진 양성자끼리 반발력이 생겨 밀어내야 되는데, 이상하게도 여러 양성자가 공존하면서 원자핵을 구성하잖아. 이게 어찌 가능하냐고? 비록 같은 전하를 띠고 있다고 하더라도 아주 아주 짧은 거리에서는 전기적 반발력보다 양성자 간에 서로 당기는 힘, '강한 핵력'이 훨씬 크게 작용하기 때문이야. 중성자는 말 그대로 중성이라서 전기적 반발력이 없잖아. 이런 중성자가 양성자 사이사이에 존재함으로써 양성자 간의 반발력을 줄여주는 역할을 하는 거지. 동시에 얘들 간에 강한 핵력이 작용해 원자핵이 안정될 수 있어. 그런데 양성자와 중성자가 점점 늘어나면 원자핵은 점점 커질 수밖에 없잖아. 이게 무거운 거대 원소들이지. 원자핵이 커지면? 양성자와 중성자 간의 거리가 멀어지니까 강한 핵력은 점점 줄어들고 상대적으로 전기적 반발력이 점점 커지는 거지. 그래서 불안정한 상태가 되어 양성자나 중성자를 붕괴해 안정한 상태로 돌아가려고 하는 거지. 이게 붕괴, 핵분열이잖아.

$E=mc^2$(에너지=질량 × 빛 속도의 제곱)이라는 아인슈타인의 단순한 식에 의하면, 그 붕괴 과정에서 질량이 에너지로 전환되는 거지. 행여나 아인슈타인이 엄마의 '단순한'이라는 표현을 보면 경을 칠지도 몰라. $E=mc^2$라는 위대한 방정식을 단순하다고 표현하다니. $E=mc^2$를 모른다고? 상관없네요. 질량이 있는 물질은 모두 에너지를 가지고 있다는 얘기고. 질량이 줄어들면 에너지도 줄어들지. 이 말은 질량이 줄어들면, 질량으로 저장되어 있던 에너지가 방출된다는 얘기야. 그 에너지의 정체는? 방사능이야.

방사성 원소의 존재가 밝혀진 초기에 과학자들은 원자의 자연적인 핵분열은 우라늄이나 라듐과 같은 아주 아주 불안정한 거대 원자들에서만 가능한 일이라고 생각했어. 그런데 이렇게 무거운 원자들만 에너지를 내면서 붕괴하는 게 아니라 가벼운 원소에서도 이런 일이 일어난다는 것을 알아냈지. 그건 자연에 존재하는 원자가 흔히 생각하는 것처럼 하나의 형태로만 존재하는 게 아니기 때문이야.

우라늄은 보통 $^{238}_{92}U$(U-238)로 표시하는데 원자번호 92번, 원자량 238을 저렇게 표현하자고 약속했지. 100개가 넘는 모든 원소를 저렇게 표시해놓으면 척 보기만 해도 양성자 92개, 중성자 146개라는 것을 금방 알 수 있지. 왜냐고? 질량수는 양성자와 중성자의 상대적 질량을 각각 1이라고 했을 때 양성자 수 + 중성자 수이고, 질량수는 거의 원자량이니까. 그런데 우라늄-238($^{238}_{92}U$)말고 우라늄-235($^{235}_{92}U$)도 있더라는 거지. 그리고 얘들은 동일한 양성자 수를 가지고 있기 때문에 원자번호가 같아서 주기율표에서 동일한 위치에 있거든. 그래서 동일한 위치를 가진다는 의미로 동위원소라고 하지. 동위원소들은 양성자 수는 같지만 중성자 수만 다른 녀석들이야.

생명체를 구성하는 기본 원소인 탄소(C)는 $^{12}_{6}C$(C-12)가 대부분인데 아주 극히 일부 $^{13}_{6}C$(C-13)와 $^{14}_{6}C$(C-14)도 있고, 수소(H)는 가장 안정된 원자량 1의 수소 말고 원자량이 2배인 중수소($^{2}_{1}H$), 원자량이 세 배인 삼중수소($^{3}_{1}H$)도 있더라는 거지.

문제는 더 많이 가진 중성자로 인해 불안정해질 확률이 높다는 거야. 불안정한 상태의 원자들은 질량을 줄여 안정된 다른 원자가 되려는 성질을 가지고 있거든. 즉, $E=mc^2$에서 질량이 에너지로 바뀌는 거지. 이렇게 우라늄-235, C-14와 삼중수소처럼 방사능을 내면서 붕괴하는 동위원소를 '방사성 동위원소'라 하고, 중수소같이 붕괴되지 않는 동위원소를 '안정 동위원소'라고 해.

히로시마에 64kg의 우라늄-235 핵폭탄을 투하했을 때 우리가 상상하지 못한 피해가 발생했잖아. 이는 방사성 원자의 핵분열 결과지. 하지만 핵분열이라고 해서 다 위험한 건 아니야. C-14처럼 아주 약한 에너지를 내는 핵분열도 있어. C-14는 C-12의 동위원소인 동시에 방사능을 띠고 있는 방사성 동위원소인데, 얘는 공기 중에 그냥 있는 걸? 단지 그 농도가 워낙 낮고, 붕괴되면서 방출되는 에너지가 아주 약하기 때문에 생명체에게 피해를 주지 않는 거지. 일반적으로 대기 중에 존재하는 C-12와 C-14의 비율은 일정해.

혹시 주기율표에서 탄소의 원자량이 얼마인지 찾아본 적이 있을까? 엄마가 12라고 하지만 그건 그냥 가장 안정된 탄소(C-12)의 원자량만을 말하는 것이고, 탄소의 원자량은 12.011라고 표시되어 있어. 이건 극히 미량으로 존재하는 C-13과 C-14의 존재비율에 따른 평균 원자량으로 탄소의 원자량을 표시했기 때문이야.

${}^{14}_{6}C$와 ${}^{14}_{7}N$(질소)은 원자량은 같은데 원자번호가 다른 특징을 가지는 게 보이지? ${}^{14}_{6}C$는 붕괴되어 ${}^{14}_{7}N$로 변신하는데 원자핵 붕괴에 의해 N-14가 될 때 C-14의 양성자와 중성자 수가 어떻게 바뀌었는지 추측할 수 있을까? C-14의 중성자 1개가 양성자로 변신하잖아. 이런 변신을 β-붕괴라고 하는데, 중성자가 양성자로 변신

할 때 전자와 미립자가 튀어나와. 그럼 실제로는 질량이 줄면서 에너지가 튀어나오는 거잖아. 하지만 줄어드는 질량이 아주 작기 때문에, 원자량 얘기할 때는 무시하는 거지. 얘들을 원자량이 같다고 해서 동중원소라고 부르기도 해.

생명체가 탄소로 구성된 영양분을 먹고 살 때는 생명체를 이루는 C-12와 C-14의 비율도 대기 중 비율과 같지. 하지만 죽으면 상황이 달라져. 생명체가 더 이상 활동하지 않으니까 더 이상 C-14를 이용한 새로운 생명체 구조는 만들어지지 않는 상황에서 C-14의 붕괴만 일어나지. 그래서 죽은 후 시간이 지날수록 C-14의 양이 줄어들 수밖에 없어.

그런데 자세히 관찰해보니까 동위원소들마다 마구잡이로 붕괴하는 것이 아니라 일정한 규칙이 있더라는 거야. 그 규칙이 바로 붕괴하는 데 걸리는 시간이야. 초기에 100개의 C-14가 스스로 핵분열을 통해 50%의 N-14가 되는 데 걸리는 시간은 약 5730년이라는 거지. 이렇게 초기 양이 절반으로 줄어드는 데 걸리는 시간을 반감기라고 해. 즉, 어떤 놈은 붕괴되고, 어떤 놈은 붕괴되지 않는다는 거지. 그렇다고 영원히 사라지는 건 아니야. 계속 절반씩 줄어드는 거지. 이 반감기를 이용하면 돌이 태어난 절대연대를 알 수 있다고 교과서나 인터넷 등에 수많은 사람들이 써놨더라고. 절대연대? 이건 서로 비교해서 A가 B보다 오래되었다가 아니라 A는 언제 만들어졌다고 말하는 게 절대연대지. 그럼 이에 대응하는 용어는 뭐겠어? 상대연대겠지.

근데 엄마가 든 의문이 뭘까? 초기 양을 어떻게 아냐는 거지. 초기 양을 알아야지만 화석에 남아 있는 C-14의 양을 가지고 1/2로 줄었으니 5730년 전에 만들어진 화석이고, 1/4로 감소했으니 얘는 11460년 전에 만들어진 화석이라고 할 수 있잖아. 그런데 엄마가 예를 든 탄소는 크게 문제가 되지 않아. 왜냐면 반감기가 5730년으로 비교적 짧기 때문에 현재 대기 중에 있는 C-14의 양과 생물체가 죽을 때 가지고 있던 C-14의 양은 대략 같다고 하면 되거든.

즉, 조개껍질이나 생물체가 만들어낸 화석에 존재하는 C-14와 C-12의 존재비율(C-14/C-12)을 확인해서 현재와 얼마나 다른지 비교해보면 그 생물체가 언제 죽어서 화석으로 만들어졌는지 알 수가 있어. 예를 들면 이런 거지. 현 대기 중 C-14/C-12가 10^{-12}인데, 발견한 화석을 조사해보니 2.5×10^{-13}이야. 이 화석은 현재 대기 중 C-14/C-12에 비해 C-12는 그대로지만 C-14가 1/4로 감소했으니 2번의 반감기를 거친 11400년 전에 만들어진 화석이라고 할 수 있지.

그런데 이 시점에서 질문 하나 해줘야 하는 거 아닌가? 대기 중 C-14는 반감기를 거치면서 점점 줄어드는데 어떻게 현재 대기 중의 C-14 농도가 기준이 될 수 있는지? 답은 간단하지. 계속 생기면 되는 거지. 어떻게 만들어지냐고? 지상 9km 이상의 대기권에서 우주선에 의해 생성되는 중성자 N-14가 핵반응을 해서 만들어져.

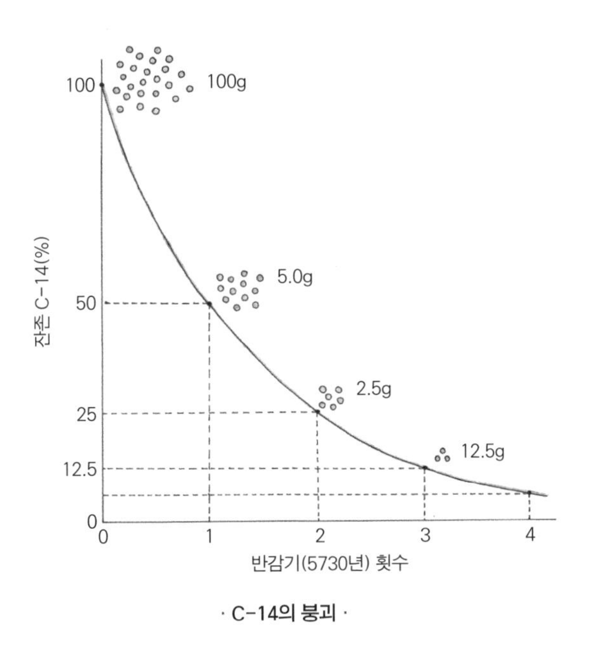

· C-14의 붕괴 ·

그런데 네가 알고 있는 지구는 몇 살? 46억 년. 그런데 반감기가 고작 5730년밖에 안 되는 C-14를 이용해 암석의 나이를 측정하는 게 맞을까? C-14/C-12를 이용한 방사성 동위원소법은 주로 인류가 살기 시작한 이후에 생성된 화석이나 유물의 연대측정에 사용하고, 지구 나이는 반감기가 훨씬 긴 우라늄(U), 토륨(Th), 스트론튬(Sr) 등 다양한 원자의 붕괴를 이용해서 측정해. 우라늄의 경우, 우라늄-238이 납-206으로 붕괴되는 데 걸리는 반감기는 약 45억 년이고, 우라늄-235가 납-207로 붕괴되는 데 걸리는 반감기는 약 7.1억 년이야.

이렇게 반감기가 긴 원소를 이용해서 지구 나이를 측정할 때도 동일한 문제가 생기잖아. 그게 뭐였어? 우라늄과 납의 초기 양을 다 알아야 하는 거잖아. 이런 문제를 여러 과학자들이 달려들어 해결을 하지. 특히, 클레어 패터슨(Clair Patterson, 1922~1995)은 초기 우라늄의 양과 상관없이 납의 동위원소 비율(Pb-206/Pb-207)만으로 나이 측정하는 방법을 찾아냈어. 더불어 이 과정에서 지구 나이가 대충 45억 년쯤 되었다는 것은 알고 있었어.

하지만 확실한 것은 지구가 만들어질 때 생긴 암석을 찾아 측정해봐야 되는 거잖아. 그런데 지구가 태어날 때 만들어진 암석을 찾는 일이 가능할까? 현실적으로 거의 불가능해. 그건 판이 섭입되면서 암석이 사라지기 때문이고 지구 내부의 상상할 수 없는 엄청난 온도와 압력에 의해 변성되기 때문이지. 그래서 아무리 열심히 오래된 지각을 뒤져도 끝내는 못 찾을 확률이 크다는 거지. 결국 암석의 절대연대를 측정하는 방법은 찾았지만 태초에 만들어진 암석을 찾을 수 없으니 지구의 진짜 나이를 알 수 없다는 거지. 그래도 운이 좋아 오래된 순상지에서 찾은 암석의 나이가 42억 8000만 년이라는 것까지는 확인했어. 하지만 그 숫자가 정말 지구 나이인지는 확인할 수 없는 거잖아.

내부에서 문제를 해결하지 못할 때의 방법 중 하나가 외부에서 찾는 거지. 외부에서 답을 찾을 수 있는 이유는 지구가 태양계가 만들어질 때 같이 만들어졌기 때문이잖아. 그 외부가 어디냐? 운석이고 달이지. 애리조나 사막에 거대한 크레이터를 만든 캐니언 디아블로 운석은 지구 나이 찾기에 있어서 지대한 공을 세운 운석인데, 1891년 처음 발견했을 때는 이 운석이 어떤 의미를 가지고 있는지 몰라 보석으로 만들어 팔기도 했대. 그럼 달은 뭐냐고? 달이 누구냐? 지구 생성 초기에 미행성이 충돌해 지표면에서 떨어져 나간 파편들이 뭉쳐서 만들어진 지구의 위성이잖아. 달에는 맨틀대류도 없고, 판이 이동하지 않으니까 처음 만들어진 암석이 그냥 남아 있을 수 있겠지.

1967년 7월 21일 인류는 처음으로 달 표면에 사람의 발자국을 남겼고, 여러 차례의 탐사를 통해 385kg에 달하는 달의 암석을 가지고 지구로 돌아왔지. 달은 지구와 달리 맨틀대류와 풍화작용이 없기 때문에 태초에 만들어진 암석이 그대로 보존될 수 있는 환경을 가지고 있거든. 그러니 달에 가서 아무 암석이나 주어와도 그건 태초 지구가 만들어질 때 만들어진 암석일 가능성이 엄청 큰 거지. 그 아무 암석의 절대연대를 납 동위원소 조성비를 가지고 측정해 봤더니 45.5억 년이라는 나이가 나오더라는 거지.

암석을 이루는 중심에 있는 규소

이 시점에서 아주 당연한 질문을 하나 해보자. 암석이 뭐냐? 광물로 이루어진 딱딱한 거? 그럼 광물은 뭐냐? 암석처럼 쉽게 대답하기가 힘들지? 일반적으로 광물은 생물이 만들지 않은 천연의 균질한 고체로 화학조성이 일정한 물질을 말해. 어렵지? 생물이 만들지 않고, 천연의 균질한 고체, 화학조성 이런 단어들의 조합이니. 예를 들면 같은 보석이라고 해도 다이아몬드나 금은 광물이지만 산호나 진주, 보석 호박을 광물이라고 하지는 않아. 비싼 거와 조금 덜 비싼 거의 차이라고? 그런 게 아니라 생명체가 만들었느냐 아니냐의 차이야. 산호나 진주는 그냥 광물 비슷한, 생물체가 만든 보석인 거지. 그럼 암석은 광물이 모인 거? 그럼 광물로 이루어진 암석 속에 호박 보석이 끼어 들어가면 암석이 아닌가? 암석이라고 하지. 그래서 암석은 광물과 광물 비슷한 것들이 모인 거라 할 수 있지. 암석은 원소 → 광물 → 암석(준광물 포함)이 되는 거지.

사람들이 여기서 끝나면 좋은데, 조금 알고 나면 모르는 것이 더 많아지고 질문할 게 많아져서 더 다양한 지식체계를 쌓기 위해 노력하잖아. 그 결과가 너나 나나 죽어라고 공부하기 싫어하는 지각을 구성하는 8대 원소와 얘들로 이루어진 조암광물(造岩鑛物) 아니야? 조암광물. 한자를 그대로 풀어쓰면 암석을 이루는 광물이라는 얘기야. 광물은 이미 말했듯이 지각을 이루는 8대 원소들이 이런저런 조합으로 모여 일정한 화학조성과 결정을 갖는 거잖아. 이런저런 조합이라 복잡하고 불규칙할 것 같지만 자세히 들여다보면 묘한 규칙이 있어.

묘한 규칙은 규소야. 당연히 규소 아니겠어? 지각에 산소와 규소가 많은 이유는 이미 얘기를 했어. 태초에 지각이 생길 때 무거운 원소들은 다 지구 내부로 가라앉고, 가벼운 원소들이 둥둥 떠서 남았다고. 더불어 물에 잘 녹는 원소들이 오랜 시간의 풍화작용에 의해 다 쓸려 나갔다고. 산소야 어디나 다 있는 거니까 그렇다 치고, 금속에 가까운 규소가 광물 구조를 이루는 규칙의 중심에 있지. 규소는 탄소처럼 4개의 결합손을 가지고 있기 때문에 구조를 이루기에 아주 적합하거든. 결합손은 다른 원자와 결합할 때 관여하는 전자수가 4개라는 뜻이야. 주기율표에서 한번 찾아봐. 탄소 바로 아래 위치한 규소를 확인할 수 있어.

그래서 광물을 두 가지로 나눠. 규소가 있는 암석과 없는 암석. 얼마나 좋아. 단순하고, 명쾌하고. 그래서 규소가 있는 광물을 규산염 광물이라고 하고, 없는 걸 비규산염 광물이라고 해. 지각에 규소가 엄청 많으니 당연히 규산염 광물이 지각 전체 암석의 대부분을 이루겠지. 그러니까 일단 규산염 광물만 알면 거의 다 안다고 해도 과언이 아니지. 규산염 광물은 규소에 뭐가 결합되었느냐에 따라 구분해. 결국 규소에 어떤 원소가 결합되었느냐에 따라 단단함 정도나 색깔이 달라지겠지.

〈조암광물과 화학식〉 표(134쪽)를 보자. 가장 많은 조암광물인 장석은 규산에 알루미늄과 칼슘, 나트륨, 칼륨 중 어느 것이 결합했느냐에 따라 색깔이 달라지고, 석영은 유리와 똑같은 이산화규소로 이루어져 있어. 육각 모양으로 자라는 수정이 석영으로 구성된 암석이지. 그냥 수정만 있나? 자수정도 있잖아. 그런 건 그냥 다른 원소가 조금 끼어들어가서 그런 색깔을 나타내는 거지. 휘석은 규소에 칼슘, 마그네슘, 철, 알루미늄 등의 8대 원소가 다양하게 포함되어 있고, 각섬석에는 8대 원소와 듣도 보도 못한 비싼 티타늄(Ti)이 포함되어 있고, 흑운모는 휘석에 칼슘 대신 칼륨이 더해

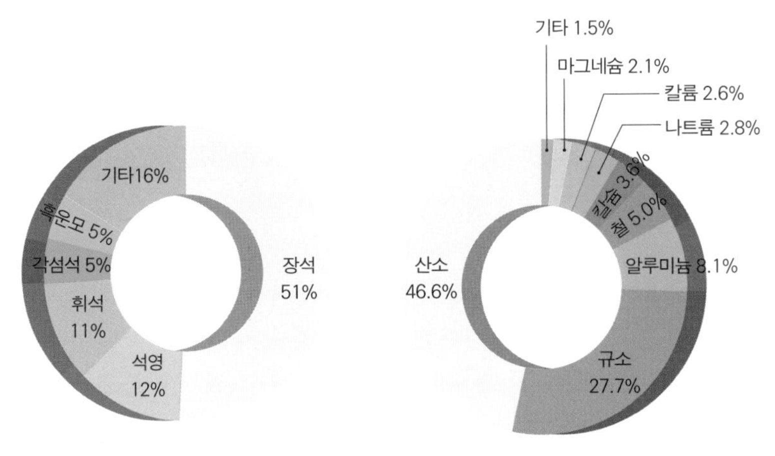

· 조암광물의 종류와 비율 ·

· 지각을 구성하는 주요 원소의 질량비 ·

조암광물		화학식
장석	알칼리 장석 (정장석/미사장석)	$KAlSi_3O_8$
	사장석	$NaAlSi_3O_8$ $CaAl_2Si_2O_8$
석영		SiO_2
휘석		$(Ca,Mg,Fe)_2(Si,Al)_2O_6$
각섬석		$Ca_2Na(Mg,Fe)_4(Al,Fe,Ti)_3 Si_6O_22(OH,F)_2$
흑운모		$K(Mg,Fe)_3(OH)_2AlSi_3O_{10}$

· 조암광물과 화학식 ·

진 녀석이네.

"엄마는 저렇게 화학식을 써놓고 나보고 다 외우라는 거야?" 설마~ 엄마도 못 외워. 너는 시험 볼 때 저 화학식을 외우는 게 아니라 조암광물의 조흔색과 굳기를 외우잖아. 그건 네가 알아서 할 일이지. 엄마는 한 가지만 얘기할 거야. 다음 표에 있는 화학식을 다 규소에 맞춰 세로로 줄 맞춤을 해봐. 규소에 결합된 원소와 지각을 구성하는 8대 원소와 비교해보면 모든 조암광물에 산소, 규소가 포함되어 있고, 여기에 어떤 원소가 결합했느냐에 따라 조암광물의 이름이 달라지는 것을 볼 수 있잖아. 지각을 구성하는 8대 원

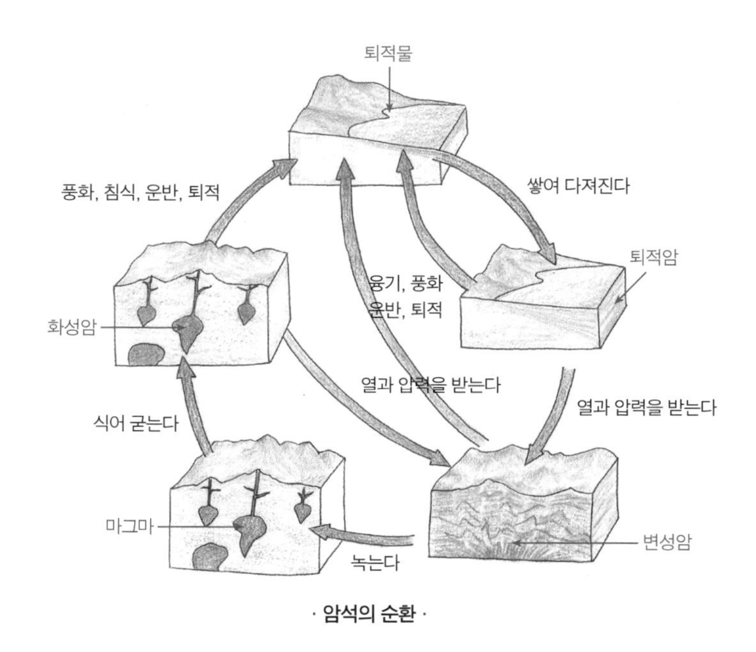

· 암석의 순환 ·

소 중 세 번째로 많은 원소가 알루미늄인데 〈조암광물과 화학식〉에서 보면 석영을 제외한 모든 광물에 알루미늄이 포함되어 있지.

하지만 이런 조암광물로 이루어진 광물이 마구 섞여서 만들어진 암석 종류까지 고민하면? 헉~ 그걸 어떻게 다 아냐? 그건 엄마가 얘기할 수 있는 영역이 아니야. 하지만 만들어지는 과정에 의한 구분은 아주 간단해. 마그마가 식어서 만들어진 화성암이냐, 퇴적되어 만들어진 퇴적암이냐, 압력과 온도에 의해 변한 변성암이냐. 이 세 가지밖에 없거든. 그리고 이 암석들은 순환하지. 그 순환을 섭입의 관점에서 보면, 섭입의 결과 암석이 녹아 사라지고, 발산의 결과 새로운 암석이 생기잖아. 이게 깎이고 깎여 다시 쌓이면 퇴적암이 되고, 화성암과 퇴적암이 땅 속 깊은 곳에서 엄청난 압력을 받으면 변성암이 되는 순환을 거치잖아. 물론 암석이 만들어지는 과정에 따른 분류에다가 조암광물에 따른 암석의 분류를 결합하면 더욱 복잡하고 다양한 암석의 이름을 만들겠지. 우리가 거기까지? 그래봐야 뭐 규소가 많으냐 적으냐 아니겠어?

마그마의 성질도 규소가 결정해!

울릉도 현포 앞 바다에 재밌는 바위가 있어. 모양이 코끼리를 닮아 '코끼리 바위'라고 해. 코끼리 꼬랑지 뒤로 두 개의 작은 화산암이 더 있는데 울릉도 주민들은 각각을 '코끼리 똥 바위', '코끼리 똥

· 울릉도 현포 앞 바다에 있는 코끼리 바위 ·

밟은 바위'라고 불러. 코끼리가 두 덩어리의 응아를 했는데 하나는 밟아서 납작해졌다는 거지.

얘들은 화산폭발에 의해서 생긴 화성암이잖아. 어느 날 높은 압력을 참지 못한 마그마가 분출하려고 했겠지. 처음에는 피식피식 연기만 나왔겠지. 이게 분연이야. 그러다가 드디어 영화에서 볼 수 있는 시뻘건 마그마가 흘러 나왔을 거야. 분연과 더불어 마그마가 분화하면서 올라오면 허겁지겁 식겠지. 아무리 차가운 용암이라고 해도 600℃ 정도나 되잖아. 그렇게 뜨거운 마그마가 올라오면 대기의 온도가 높아봐야 40℃도 정도니까 말 그대로 허겁지겁 식었을 거야. 그럴 때는 결정을 만들 시간이 없으니까 입자가 고운 화산암이 되는 거고.

이렇게 만들어진 코끼리 바위를 가까이서 보면 암석과 암석 사이에 틈이 있는 걸 볼 수 있어. 이 빈틈을 절리라고 하는데 코끼리 바위처럼 기둥모양으로 생긴 녀석들을 특별히 주상절리라 해. 이런 형태의 주상절리는 화산폭발 후 흔히 만들어지는 구조인데, 뜨거운 마그마 기둥이 솟아오를 때 순간적으로 온도가 떨어지면서 마그마가 수축하잖아. 이때 균열이 생기면서 절리가 생기지. 여기뿐만이 아니라 제주도 해안 절벽도 대부분 주상절리라고 생각하면 돼.

판상절리도 있다고? 그건 땅 속 깊은 곳에서 높은 압력을 받고 있던 암석이 어느 날 두둥 융기하면 압력이 낮아지니까 퍽~하고 갈라져서 생겨. 인왕산이나 북한산의 화강암에 있는 판상절리가 그렇게 해서 생긴 거지.

허겁지겁 식어서 만들어져 입자가 고운 화산암은 규소의 함량에 따라 현무암, 안산암, 유문암으로 구분되는데, 현무암이 규소의 함량이 제일 낮아. 현무암의 현은 '검을 현(玄) 자'를 써. 왜 검냐고? 규소의 함량이 낮은 휘석이나 감람석의 조암광물로 이루어져서 그런 거지. 그럼 어두운 광물일수록 규소 함량이 줄어드니까 밀도가 높아지겠지? 실제로 현무암이 많은 곳은 어디겠어? 해양지각이지. 그래서 해양지각 밀도가 높은 거고.

깊은 곳에서 마그마가 식어서 만들어지는 심성암도 결국은 규소의 함량에 따라 구분하겠지. 화산암과 입자 크기만 다를 뿐이지. 땅 속 깊은 곳에서 서서히 식으면서 결정이 만들어질 수 있는 시간이 있으니 결정이 잘 발달된 심성암이 되는데 애는 밝기에 따라,

다른 말로 규소 함량에 따라 반려암 → 섬록암 → 화강암으로 구분해.

제주도도 화산활동에 의해 만들어진 곳인데 제주도와 울릉도가 생긴 모양을 비교해보면, 제주도는 한라산만 뾰족하고 전체적으로 완만한 평지인 반면에 울릉도는 분화구였던 나리분지를 빼고는 전부 뾰족하거든. 왜 이렇게 되었겠어? 응아가 묽으면 넓게 퍼지고, 조금 덜 묽으면 쌓이잖아. 똑같은 거지. 제주도를 만든 마그마는 묽어서 넓게 퍼진 거고. 울릉도를 만든 마그마는 조금 더 찐득했던 거지. 찐득함, 묽음, 이런 용어를 조금 바꾸면 '점성'이라고 할 수 있어.

마그마의 점성을 결정하는 주요 원인은 온도와 조암광물의 성분이야. 뜨거우면 잘 흐르고 조금 덜 뜨거우면 잘 흐르지 못하겠지. 또한 마그마도 결국 암석이 녹은 거니까 마그마의 점성은 암석에 따라 달라질 거야. 암석을 구분하는 결정적인 원소가 뭐라고? 규소라고. 그러니까 마그마의 성질도 규소 함량에 따라 달라지는 거지. 규소의 함량에 따른 마그마의 점성을 조사해보니까 규소의 함량이 많으면 끈적끈적한 마그마가 되고, 함량이 적으면 묽은 마그마가 되더라는 거야.

그런데 태초에 마그마가 만들어질 때 화산암이나 심성암의 화성암이 녹은 것인지, 퇴적암이 녹은 것인지, 변성암이 녹은 것인지 알 수가 없잖아. 그냥 우리가 아는 건 규소의 함량일 뿐이지. 그래서 편의상 화산암의 이름을 따서, 규소의 함량이 낮으면 현무암질

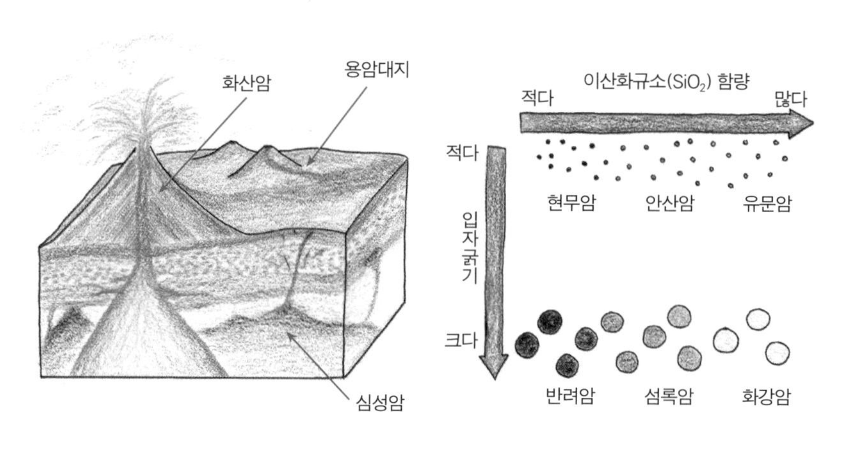

· 화산폭발과 화성암 ·

마그마, 중간이면 안산암질 마그마, 그보다 높으면 유문암질 마그마라고 해. 제주도에 유명한 돌이 현무암이잖아. 현무암이 많다는 것은 마그마의 점성이 낮았다는 것을 의미하지. 그러니까 넓게 퍼진 거지.

그런데 끈적끈적해서 잘 흐르지 못하는 안산암질 마그마나 유문암질 마그마에 의한 화산폭발은 현무암질 마그마의 경우보다 더 위험해. 끈적끈적해서 잘 흐르지 않다보니 그 안에 수증기와 가스 등이 쌓여 어느 순간 엄청난 힘으로 폭발해 버리거든. 어쩌면 서기 97년 여름 있었던 베수비오 화산폭발처럼 40km 떨어진 거리에서도 검은 먹구름과 같은 연기가 보이고, 불꽃과 같은 섬광이 보이는 엄청난 폭발이 일어날지도 모르지. 그때를 회고한 플리니우스(Gaius Plinius Caecilius Secundus, 61-113)의 편지에 따르면 화산폭발에 따른 엄청난 연기가 햇볕을 완전히 차단해서, 멀리 떨어진 지역에서조차 초롱불이 없으면 앞이 안 보이고 기온이 급격하게 내려갔다고 해. 폭발의 위력이 얼마나 대단했는지 짐작할 수 있잖아. 그게 뭐냐고? '폼페이 최후의 날'에 나오는 베수비오 화산폭발이지. 그런데 아이러니하게도 베수비오 화산의 폭발로 쏟아진 엄청난 화산재로 인해 베수비오에서 40km 떨어진 소렌토 지역은 농사짓기에 풍요로운 땅이 되었다니 이 또한 위험하고도 풍요로운 현상이지.

모든 일에는 양면이 있기 마련이지. 좋은 점이 있다면 나쁜 점이 있는 것처럼. 불의 고리에 사는 사람들은 늘 불안해하기도 하지만 지각활동이 주는 수많은 혜택을 받고 살잖아. 광물도 그중 하나고. 그리고 그것만 있나? 일본은 온천으로 유명해서 많은 사람들이 온천여행을 가잖아. 그 또한 지각활동이 준 관광자원이지. 찾아보면 불안함이라는 것 빼고 수많은 관광자원이 있을 걸? 그렇게 지구의 시간은 흐르고, 판은 부딪히고 사라지면서 지진을 만들고 광상을 만들고, 화산폭발을 만들지. 화산폭발은 수많은 인명피해를 유발하기도 하지만, 토양을 풍요롭게도 하니 이 또한 아이러니고. 이 모든 것들이 아슬아슬한 아름다움 아니겠어?

늙은 땅의 아픈 풍요로움

그래서 가장 늙은 땅이 어디냐고? 가장 늙은 땅은 언제 생겼냐고? 땅이 만들어지는 과정을 한번 생각해봐. 지구 표면의 뜨거운 마그마가 식어서 생기지. 태초에 뜨거운 마그마가 식으면서 덩어리가 만들어졌고, 이 덩어리를 중심으로 거대한 괴가 생겼을 거야. 그 괴를 중심으로 마그마가 식으면서 괴는 점점 커지고 그렇게 지구의 대륙이 생겼지. 오래된 암석이 발견된 곳을 보면 캐나다 퀘벡, 호주, 아프리카 등이야. 얘들은 30억 년에서 40억 년은 되는 땅이잖아. 그렇다고 46억 년의 모든 시기를 아주 잘게 나누어 1년이나 1억 년 단위로 나누어 정확하게 말하기 힘들지. 사실 크게 의미도 없어. 정확하지도 않고.

그러니 큰 틀에서 지구의 나이를 구분하는 방법을 먼저 보고 가자. 시대를 아주 자세히 구분할 생각은 없어. 그냥 큰 틀에서 구분하는 기준만 보자는 거지. 사람들은 46억 년 지구 역사에서 아주 특별한 사건이 일어났던 시기를 가지고 시대를 구분해. 가장 기본적인 구분의 기준은 생물이야. 그래서 생물이 출현하기 전과 생물이 출현한 후로 나누고, 생물 출현 이후에는 점점 복잡한 생물이 출현하는 것을 기준으로 나누지.

우리는 지금 땅을 기준으로 보니까 땅과 생물의 출현을 연계해서 보자고. 여러 대를 살아온 집이나 땅을 의미하는 '누대(累代)'라는 단어가 있어. 이 누대를 생물이 출현하기 전과 생물이 출현한 이후로 나누는데 생물이 출현하기 전의 땅을 명왕누대(冥王累代)라고 해. 명왕의 명은 어두울 명(冥)이야. 어두움이 통치하던 시대의 땅이라는 얘기지. 생명체가 살기 전의 땅이니까 46억 년에서 38억 년 사이를 가리키는 용어지. 그 이후 38~25억 년까지를 시생누대(始生累代)라고 하는데 약 38억 년 전에 생명체가 시작되었다고 해서 시생누대라 하고, 25억~5만 년 전까지를 박테리아와 같은 원핵생물의 천국이라 해서 원생누대(原生累代), 그리고 그 이후가 네가 잘 알고 있는 고생대, 중생대, 신생대가 현생누대(顯生累代)에 속하는 시기야.

지구 역사에 있어서 몇 개의 특별한 숫자가 있어. 지구 탄생의 시간인 46억 년, 생물이 처음 출현한 38억 년, 광합성을 하는 생물의 증가로 대기 중 산소농도가 증가하고 호기성 생물이 번성하기 시작하는 25억 년, 생물의 대폭발이 일어나는 고생대의 시작인 약 5억 년 등등 말이야.

고생대, 중생대, 신생대를 나누는 기준은 또 뭐냐고? 그것도 생물체야. 고생대는 그야말로 극적인 대반전에 의해 바다가 폭발적으로 증가한 생명체로 넘쳐나던 시기지. 중생대? 바다를 벗어난 생명체가 대륙으로 올라와 번성하던 시기고, 신생대는 사람이 속한 포유류가 출현한 시기지. 그리고 이 시기에 대륙과 관련한 극적인 일들이 일어나는데, 그게 바로 베게너가 주장한, 그리고 지금은 진리가 된 판게아 대륙의 이동과 분리야. 불과 2억 5000만 년 전 하나의 대륙이었던 판게아 대륙이 중생대와 신생대를 거치면서 오늘날의 5대양 6대주를 만든 거지. 그럼 앞으로 2억 5000만 년 뒤에 대륙은 어떻게 변해 있을까? 또 하나가 되어 있을까? 분명한 건 지금과는 완전히 다를 거라는 거지. 왜? 판은 계속 이동하니까.

늙은 땅을 의미하는 순상지는 방패를 엎어놓은 모양이라는 뜻으로, 고생대, 중생대, 신생대 이전에 만들어진 땅이라고 했어. 순상지라는 용어가 시대적 구분은 아니지만 그렇게 평평해졌다는 것은 아주 오랜 세월의 풍파를 견뎌온 땅이라는 얘기잖아. 그래서 찾아봤더니 순상지는 주로 명왕누대와 시생대에 만들어진 땅들이 많더라는 거야.

〈세계의 순상지와 조산대〉 그림을 보면 아프리카 순상지, 러시아 순상지, 시베리아 순상지, 기타 등등이 있지. 순상지는 아주 오래전 대륙괴들이 모여 만들어진 땅이고, 중생대 · 신생대 조산대는 지금도 조산활동이 일어나는 지역으로 불의 고리랑 일치하잖아. 조산대는 조산활동이 활발하니까 젊고 불안정한 땅이라는 거지. 순상지는 아주 오래전에 조산활동이 일어난 곳으로 얘가 엄청난 세월의 풍파를 견딘 풍화작용의 결과 순탄한 땅이 되었겠지. 하지만 땅 깊은 곳도 순탄할까? 더불어 모든 유용한 지하 광물자원은 새로 생긴 중생대 · 신생대 조산대에서만 생길까?

아프리카 대륙을 보자. 아프리카는 칼레도니아 조산대와 고생대 조산대 아주 일부를 제외하고는 전부 순상지잖아. 칼레도니아 조산대는 고생대와 중생대에 걸쳐 유럽 북부를 중심으로 일어난 조산운동이야. 아프리카 대륙의 순상지는 주로 시생누대에 만들어졌으니까 약 38~25억 년 정도 된 땅이지. 정말 오래된 땅이지. 그렇다고 명왕누대에 만들어진 암석들이 100% 사라졌을까? 명왕누대의 땅들은 지속된 외부 미행성의 충돌로 인해 괴를 이루지 못

중생대 · 신생대의 조산대 고생대의 조산대 순상지 칼레도니아 조산대

· 세계의 순상지와 조산대 ·

하고 다 깨져서 시생누대 괴로 흩어져버렸을 거라는 가설이 있어. 아프리카 대륙 어딘가에 명왕누대에 만들어진 암석이 남아 있을 가능성도 있지.

이 땅에 아픈 역사를 가진 곳이 많아. 그중 특별히 한 나라만 뽑았어. '시에라리온'이라는 나라야. '사자의 포효'라는 뜻을 가진 이름이지. 이 나라는 1700년대에 영국이 세운 나라인데 목적이 좀 이상해. 그 당시 영국은 아프리카 노예를 해방시켰는데, 문제는 자기 나라에서 백인과 동등한 흑인은 필요가 없는 거지. 그래서 생각해 낸 방법이 자기 나라의 흑인 해방 노예를 해외에 정착시키기 위해 식민지를 건설했어. 그게 바로 시에라리온이야. 그러면 뭐하나? 영국 내에서의 노예는 아니지만, 영국의 식민지다 보니 여전히 엄청나게 영국으로부터 자원 수탈을 당했지. 그리고 1961년 4

월 27일 독립했어.

처음 영국으로부터 독립할 때는 정말 다들 잘 먹고 잘 살 줄 알았거든. 왜냐면 세계의 주요 광물은 중생대 · 신생대 조산대에 엄청 발견되는데, 이 땅은 젊은 땅에서 찾을 수 없는 아주 비싼 광물을 품고 있거든. 바로 '시에라리온의 별'이라고 불리는 비싼 다이아몬드지. 하지만 시에라리온이 영국으로부터 독립했다고, 거기서 나는 비싼 광물이 시에라리온 국민을 부자로 만들어준다고 생각한 것은 착각이었지. 비싼 것을 쟁취하기 위해 엄청 싸우잖아. 시에라리온은 자기들끼리 싸우는 전쟁터가 되어버렸어. 내전이라서 그들끼리 싸우는 거라고? 아니, 힘센 나라가 몰래 무기와 자본을 대주고 서로 전쟁하게 만드는 거야. 그 과정에서 무기와 자본을 대준 나라는 몰래 싼 값에 광물들을 사가는 거고.

흔히 자원을 얘기하면 석유나 천연가스를 얘기하는데, 얘들은 모두 생물이 죽어서 만들어진 거니까 생명체가 거의 없었던 시기에 만들어진 순상지에서는 석유, 천연가스가 발견되기는 어렵지. 하지만 순상지는 순상지 나름대로 특별한 자원을 가지고 있지. 시에라리온의 별처럼.

다이아몬드는 탄소가 5만 기압이 되어야 생성되는 광물인데 이 정도의 압력이 생기려면 대륙지각의 두께가 150~200km가 되어야 해. 일반적으로 대륙지각의 두께가 약 80km가 된다고 했는데, 다이아몬드는 그것보다 훨씬 깊은 곳에서 아주 높은 압력과 온도 조건이 되어야지만 만들어질 수 있어.

순상지에는 평균적인 대륙지각보다 훨씬 더 두꺼운 지각이 많아. 오랜 시간 동안 대륙괴를 중심으로 암석이 쌓이면서 다른 땅보다 훨씬 두꺼운 지각을 가질 수 있게 되었지. 하지만 이런 깊은 곳에서 만들어진 다이아몬드와 같은 보물이 계속 그렇게 깊은 땅속에 묻혀 있으면 채취는커녕 있는 줄도 모르는 경우가 대부분이겠지. 시에라리온은 신의 특별한 축복을 받아 언제인지는 모르지만 땅속 깊은 곳에 있는 지각이 융기해서 지표면 근처로 올라온 땅에 세워졌지. 그래서 키네마 광산에 가면 웅덩이에서 다이아몬드를 찾고 있는 광경을 흔히 볼 수 있어. 여기서 채취된 다이아몬드를 방사성 동위원소법을 이용해 연대를 추정해보니까 약 30억 년이 되었다는 거야.

다이아몬드의 원산지를 보면 시에라리온, 그 옆 나라 리베라리온—미국의 해방 노예 정착지로 건설된 나라—을 포함하여 아프리카에서 전 세계 다이아몬드의 1/3이 생산돼. 나머지는 어디에서 생산되겠어? 다 순상지에서 나겠지. 그 순상지가 어디야? 캐나다, 호주, 러시아지. 우리나라도 순상지에 속해 있다고? 그런데 왜 다이아몬드가 안 나냐고? 안 나는 걸까 아니면 너무 깊은 곳에 있어서 아직 못 찾은 걸까? 아니면 지금까지 순상지로 알고 있었는데 순상지가 아닌 건 아닐까?

그럼 나이 많은 순상지는 지질학적으로 안전한 땅일까? 순상지라고 해서 과거에 조산활동이 없었던 땅들이 아니잖아. 당연히 40

억 년 전에 땅과 땅이 부딪히고, 땅과 땅이 갈라지고 했겠지. 그 결과가 뭐야? 단층이나 습곡이지. 겉모양이야 평평하지만 땅 깊은 곳에는 잘못 만난 부실한 지각이 많지. 아주 오랫동안 그 잘못 만난 땅들이 아무 일 없이 조용히 있었다고 해도 언제 어떻게 흔들려 움직일지 모르는 일이거든. 리히터의 말처럼 '땅 속 깊은 곳에 숨겨진 단층에 가해진 에너지가 축적되어 언제 움직일지 아무도 예측할 수 없는 상태'지. 그게 바로 판 내에 있는 땅에서 일어나는 지진의 원인이야.

우리 조상이 처음 이 땅에 살기 시작했을 때 저 깊은 땅 속에 뭐가 있는지 알고 살기 시작했나? 아니지. 하지만 지금은 자원의 존재 여부를 어느 정도 알고, 어디가 연약하고, 어디에 단층이 있어서 지진이 일어날 확률이 높은 곳인지 대부분 알고 있지. 그래서 고층 건물을 지을 때나 안전이 생명인 원자력발전소 같은 구조물을 지을 때는 반드시 지반이 얼마나 튼튼한지 확인하고 지어야겠지. 그리고 지을 때 반드시 내진설계 기준을 고려해야 할 거야.

내진설계? 응. 지금까지 엄마가 한 얘기를 보면, 판의 경계에서도 지진이 일어나고, 판의 내부에서도 지진이 일어나잖아. 이건 전 세계 모든 땅에서 지진이 일어난다는 거지. 지진을 막을 수 있나? 없지. 피할 수 없다면 대비를 해야지. 그러니까 언제 일어날지 모르는 지진에 대비해서 일정한 규모 이상의 지진에서는 견딜 수 있게 건물을 지어야 한다는 거야.

우리나라 건축의 내진설계 기준은 규모 6.5 정도야. 하지만 그건 1988년 이후 정해진 기준일뿐이지. 과거에 지어진 건물들은 내진설계가 되어 있을 리 없지. 우리나라 건물 중 약 66% 정도가 내진설계와는 무관하게 지어진 건물이라는 거야. 부실하게 지어놓은 건물은 외부에서 아무런 충격을 주지 않아도 일정한 시간이 지나면 벽에 균열이 생겨 어느 순간에 폭삭하고 주저앉아버리기도 하잖아. 비록 이렇게 부실하게 지어지지는 않았다 하더라도 내진설계가 안 되어 있는 건물들은 지진에 취약할 수밖에 없지.

자원 없는 거? 돈이 좀 들기는 해도 자원이 없으면 다른 나라에서 사오면 되고, 그를 이용해 새로운 제품을 만들어 팔아도 먹고 살 수 있지. 하지만 안전은 완전히 다른 차원의 문제거든. 대륙이 가라앉거나 규모 6.5 이상의 지진이 자주 발생한다고 해서 모든 국민이 다른 나라로 이민갈 수도 없는 문제잖아. 현실적으로 자원 많고 안정한 땅 위라는 두 가지 조건에다가 더 보태서 힘센 나라라는 조건까지 충족한다는 것은 좀 어렵지 않나? 물론 많지는 않지만 일부 부러운 나라들이 있기는 하지만…….

순상지의 대표적인 곳인 퀘벡, 남아메리카의 아르헨티나 모두 판 내 지진으로 인한 지진의 피해를 걱정하는 곳이지. 단지, 중생대 · 신생대 조산대보다는 그 확률이 떨어지지만. 그리고 아프리카는 거의 대부분이 순상지임에도 불구하고 거대한 플룸에 의해서 대륙이 쪼개지고 있잖아. 세상에 완벽하게 안전한 땅은 없는 거잖아.

우리나라가 풍부한 자원을 가지고 있지는 않지만, 우리 조상이 현명해서 지진이 잘 안 일어나는 판의 경계가 아닌 지역에 자리를 잡았는데, 그게 안정한 단층 위거나 하면 더 없이 운이 좋은 거 아닌가? 불행히도 한반도 내에 일부 쉽게 움직일 가능성이 높은 활성 단층들이 보고되고 있기는 해. 〈세계 순상지와 조산대의 분포〉 그림에서 보면 우리나라는 다 순상지라고 표시되어 있잖아. 그런데 최근 여러 연구 결과에 따르면, 고생대와 중생대에 생성된 지질 구조들도 존재한다는 거지. 또한 신생대에 인도 판이 북쪽으로 밀고 올라와서 유라시아 판에 충돌하면서 그 충격에 의해 일본이 떨어져 나갔다는 거지. 이 얘기는 우리나라 남쪽 지역은 신생대 조산 활동의 결과라는 거야.

그래도 불의 고리에 있는 나라들에 비하면 아주 운이 좋은 거지. 그렇게 우리 조상이 현명하게 훌륭한 땅에다가 나라를 세웠는데 후손들이 부실해서, 아니면 후손들이 조상들의 선견지명을 너무 믿어서 내진설계를 하지 않아 작은 규모의 지진에도 피해가 크다면 이는 슬픈 현실이지.

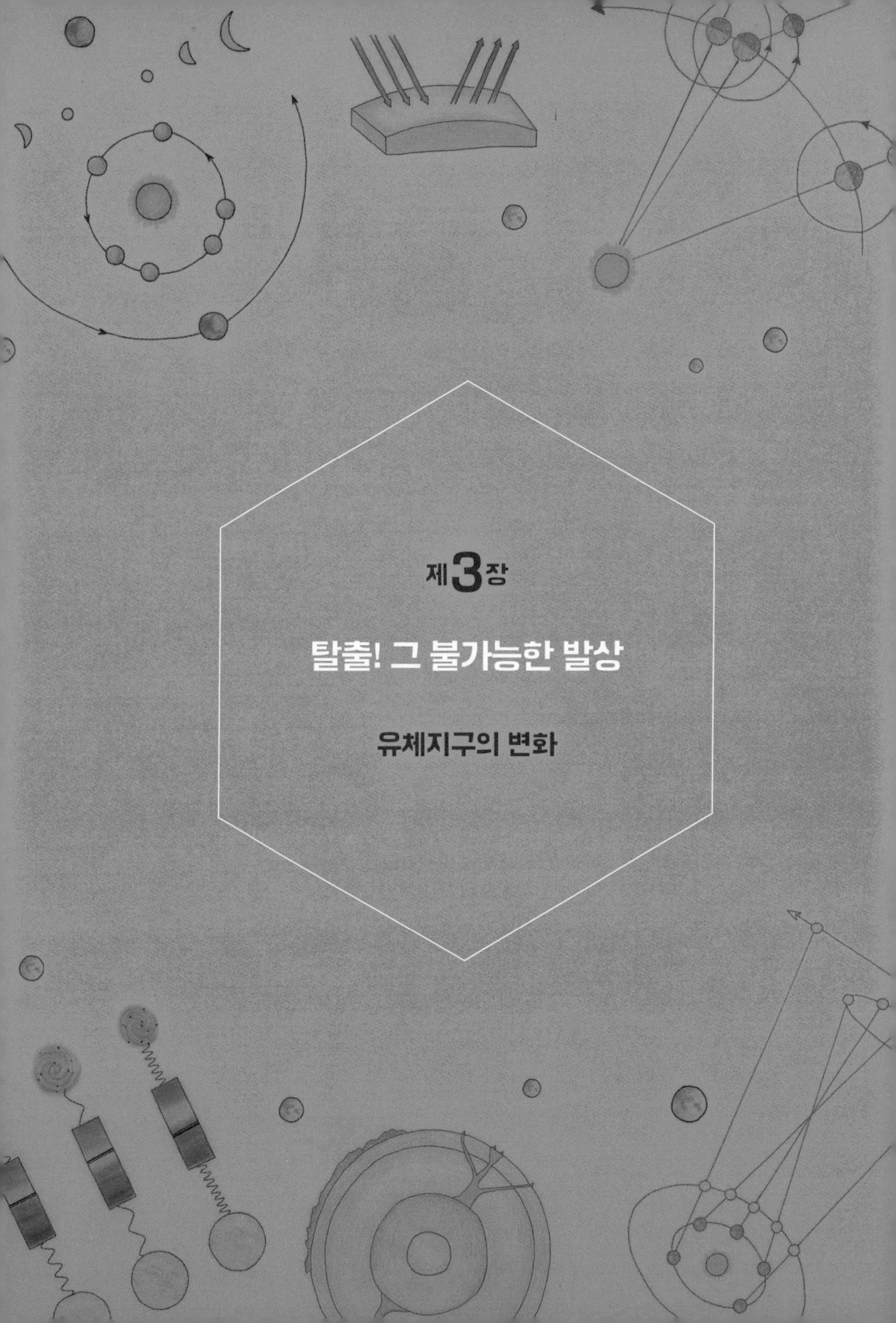

제3장

탈출! 그 불가능한 발상

유체지구의 변화

네가 노르웨이를 열망의 땅으로 선택했냐? 이 엄마는 갈라파고스가 열망의 땅이다! 갈라파고스에 가자. 남미 에콰도르에 속한 열대의 땅, 그리고 불멸의 땅으로. 불멸의 땅이란 표현은 엄마에게 좀 특별한 표현이지. 체중 200kg에 달하는 코끼리거북, 몸길이 1.5m에 달하는 바다이구아나, 갈라파고스펭귄, 다윈핀치 등의 아주 오래전에 출현한 특별한 생명체들이 사라지지 않고 살아가는 땅이니까. 갈라파고스제도는 19개의 화산섬으로 이루어져 있는데, 그중 가장 큰 섬인 이자벨라 섬의 울프산으로 적도가 지나가.

"엄마가 생물학 공부했다고 갈라파고스를 고른 거야? 거기 엄청 덥잖아!"

당연히 덥지. 위도 0.00°의 적도가 지나가는 곳이니까. 덥기만 하면 다행인데, 네가 고른 노르웨이만큼이나 여행 경비가 많이 드는 곳이지. 에콰도르가 노르웨이만큼이나 잘 사는 곳이냐고? 아니, 우리보다 국민소득이 낮은 나라야. 그런데 우리나라에서 너무 멀어서 비행기 값이 비싸. 거기까지 한 번에 가는 항공편도 없어서 보통은 미국 휴스턴까지 12시간 정도 비행기를 타고, 거기서 에콰도르 수도인 키토까지 또 6시간 비행기를 타야 하고, 키토에서 갈라파고스제도의 발트라 섬까지 비행기를 타야 하지. 거의 20시간 넘게 비행기를 탄다고 생각하면 돼. 그것만 있나? 중간중간 불편하게 기다리는 시간을 감수해야지.

그렇게 힘들고 불편하게 긴 시간을 투자해서 울프산의 적도탑에 가자고 우겨본다. 찾아보니 적도탑은 울프산에만 있는 게 아니라 키토에 있는 '적도박물관'에도 있다고? 네 말처럼 엄마가 생물학을 공부했으니 찰스 다윈의 『종의 기원』 탄생지를 꼭 가보고 싶어 하는 열망이 강해서라고? 그것도 맞는 말이지만 그게 다는 아니지.

엄마가 그랬잖아. 적도가 지나간다고. 적도는 위도 0.00°이라고 표시해. 그런데 이 숫자는 단순한 숫자 0.00이 아니라고 생각해. 이 숫자에 다른 숫자를 더하거나 빼면 모든 숫자가 되니까 적도는 지구에 적용되는 수많은 숫자의 출발점이 되거든. 지구에서 위치를 얘기할 때 어떻게 말해? 동경 132°, 북위 37° 이렇게 말하잖아. 여기서 북위란 적도 0.00°을 기점으로 북반구의 37°에 있다는 거고. 사람들이 적도를 단순히 편한 기준으로 사용했다고? 아니, 지구에서 유체라고 부를 수 있는 대기와 해수 순환의 출발점이기도 하거든. 그러니 우리 그 출발점으로 가보자.

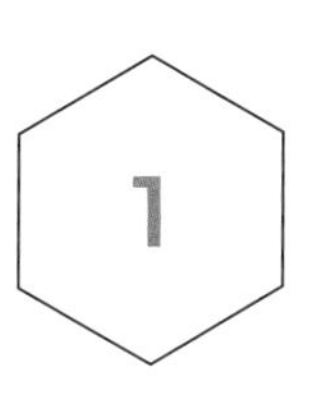

이카로스는 어디까지 날아올랐을까?

친구들과 싸웠지? 어떻게 알았냐고 묻지 말아줘. 핸드폰 열어봤냐고? 설마 엄마에게 그런 능력이 있을까? 네 핸드폰 잠금 패턴은 너무 어려워 외울 수도 없고, 설령 안다고 해도 열어봐야 엄마 속만 시끄러울 테니까. 그리고 더 중요한 건 너도 너만의 사생활이라는 게 있잖아. 그럼에도 불구하고 엄마 핸드폰의 잠금 패턴은 왜 공개되어야 하는지 알 수는 없지만 말이야.

어찌되었든, 끊임없이 울리던 메시지 알림 진동이 멈췄기 때문에 금방 알아버렸지. 그러나 그 이후의 결말이 어떻게 되었는지는 물어보지 않기로 했어. 그건 네가 풀어야 할 숙제니까. 엄마는 엄마 숙제를 하려고 네 방을 청소하러 들어갔지.

카오스. 평소와 별반 다르지 않다. 하지만 외로운 네가 만들어낸 새로운 것이 있더구나. 태양을 향해 날아가는 날개 달린 사람을 그린 그림. 그래서 불량하게 "이카로스는 어디까지 날아갔대?" 하고 시비를 걸어봤다. "이카로스가 뭐야?"라는 심드렁한 너의 반응에 엄청 강한 정신력을 가졌다는 것을 확인하고는 안도했지. '원상복귀했구나' 하는 안도감. 그래서 조심스러움을 버리고 본연의 불량 모드로 돌아갔다. "네가 그려놓고도 모르나?" 하면서 말이다.

아주 옛날 그리스에 기가 막히게 건물을 잘 만드는 '다이달로스'라는 이름을 가진 아빠가 있었어. 그런데 아이러니하게도 자신이 만든 건물에 아들과 갇히는 운명에 놓이게 되었지. 재주 많은 아빠는 날개를 달고 하늘로 날아올라 궁궐을 탈출하기 위한 계획을 세웠어. 날개를 어떻게 달 것인가를 고민하던 중 밀납을 이용해 붙이는 방안을 생각해냈지. 이렇게 모든 것을 완벽하게 준비한 아빠가 탈출 직전에 아빠가 의미심장하게 아들에게 "태양에 너무 가까이 가지 마라. 뜨거워 밀랍이 녹아 날개가 떨어진다"고 말했으나 아들이 아빠 말을 열심히 들었겠어? 듣는 둥 마는 둥 했지. 대충 들은 아빠 말을 기억할리 없는 신이 난 아들은 결국 태양 가까이 다가갔고. 결말은? 밀랍이 녹아 날개가 떨어져 추락했다는 그리스 신화에 나오는 얘기지. 아빠 말 안 들어 추락한 아들이 '이카로스'야. 밀랍은 육각모형인 벌집의 각각 단위를 연결할 때 사용하는 딱풀 같은 거지. 밀랍의 녹는점은 약 70℃인데 태양에 얼마큼 가까이 가야 그 온도가 되는데? 10km? 50km? 아니면 1000km? 그런데 왜 그림은 네가 그리고 해설은 엄마가 하는지…….

떠나지 못하는 기체들의 운명

이카로스가 날아간 하늘은 대기권이야. 대기 성분들이 도망가지 못하고 지구의 중력장 안에 잡혀 있는 범위를 통틀어 대기권이라고 해. 지구 중력장에 의해 붙잡힌 기체들은 대기권을 구성하는 운명으로 결정된 거지. 그 운명을 거슬러 지구를 벗어나려면 지구 탈출 속도 이상이 되어야 하는데, 과연 대기 중의 분자 운동이 지구 탈출 속도 이상으로 빠를 것인가?

별다른 추진력 없이 지구를 벗어나기 위한 최소 탈출 속도를 계산해보니까 초기 속도가 11.2km/s가 되어야 한다는 거야. 이 속도는 고작 40초 만에 서울에서 부산까지 갈 수 있는 속도인데, 거의 순간 이동에 가까운 속도 아니냐? 사실 지표면에서 이 정도의 속도를 가지는 것은 거의 불가능해.

그럼 인공위성은 어찌 탈출하냐고? 지구 탈출 속도라는 것은 더 이상의 추진력이 가해지지 않을 때 탈출할 수 있는 최소한의 속도인 거지. 인공위성의 초기 속도는 지구 탈출 속도보다 훨씬 작지만 지속적인 추진력을 가지고 있기 때문에 중력이 당기는 힘을 극복하고 탈출하는 거야. 인공위성보다 훨씬 느린 속도를 가진 물체라도 지구가 당기는 중력과 대기 마찰력을 극복할 수 있는 추진력이 지속적으로 가해진다면 지구를 벗어날 수 있어.

"고도가 높은 곳에서는 중력이 약하고, 기체 운동이 활발하니까 지구를 벗어날 수 있는 거 아닌가?"

맞아. 지구 중력은 지표면에서 제일 커. 지구 내부로 내려갈수록 그리고 지표면에서 멀어질수록 약해지지. 지구 내부로 내려갈수록 약해지는 이유는 땅속으로 들어가면 힘의 방향이 지구 안쪽과 바깥쪽으로 분산되기 때문이지. 네 말처럼 고도가 높아지면 거리가 멀어져 약해지지. 상온에서 기체 분자 운동은 대략 0.5km/s이니까 이 또한 느린 속도는 아니지. 하지만 지구 탈출 속도인 11.2km/s와 비교하면 '새 발의 피' 수준이긴 하지. 물론 지구 중력이 아주 약하게 작용하는 저~ 먼 하늘 높이에서는 분자 운동이 아주 활발한 가벼운 수소와 헬륨이 아주 적은 양이기는 하지만 탈출하고 있거든. 그럼 지구의 대기가 계속 줄어드느냐고? 아니, 화산활동에 의해 계속 생겨나고 있으니 줄어들 걱정은 없지.

이렇게 지구 중력장에 꽁꽁 붙잡혀 있는 대기권의 두께는 중력장이 아주 약하게나마 영향을 미쳐 아주 소량의 대기가 존재하는 고도까지를 말하는데 약 1000km 정도야. 하지만 실질적으로 전체 대기의 99% 이상이 몰려 있는 곳은 고도 50km 이내고, 전체 대기의 50% 이상이 몰려 있는 부분은 약 고도 5km 이내라서 100km를 넘어가는 곳의 대기는 크게 의미가 없기는 해. 공기가 누르는 힘이 기압이잖아. 그래서 고도가 높아질수록 기압이 급격하게 떨어질 수밖에 없지. 높이가 8850m인 에베레스트 산 정상의

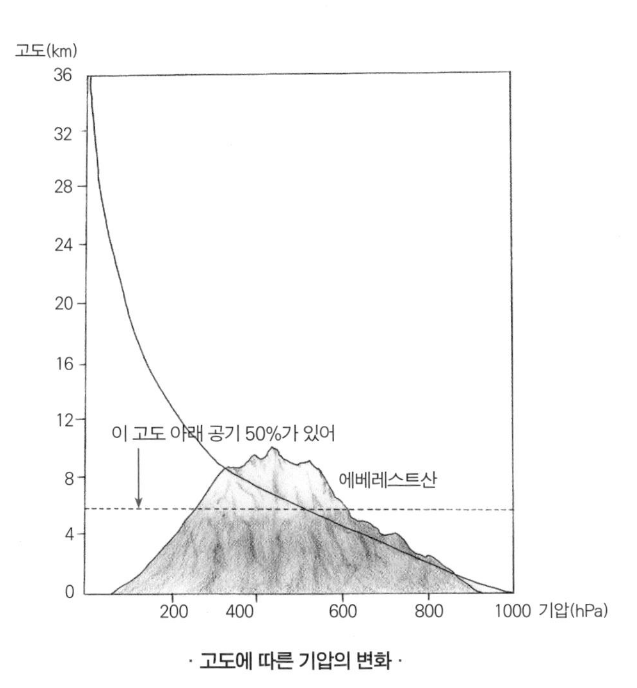

· 고도에 따른 기압의 변화 ·

기압은 지상의 절반도 안 되거든. 고산지대에 가면 산소 부족 때문에 고산병으로 고생하는 이유가 바로 여기 있는 거지. 이런 대기권은 고도에 따른 대기의 구성과 온도 등의 물리적 성질에 따라 대류권(약 11km) → 성층권(약 50km) → 중간권(약 80km) → 열권으로 구분돼.

〈아카로스가 날아오른 대기권의 온도변화〉 그래프(161쪽)를 보자. 구간에 따라 온도변화가 지그재그 모양으로 아주 명확하게 구분되어 나타나잖아. 이런 모양을 나타내는 것은 지표면이 방출하는 복사열과 성층권이 품고 있는 오존층 등 여러 가지 요인 때문이지. 대기가 몰려 있는 대류권을 보면 지표면에서 가까운 공기는 지구 복사열을 많이 받아 온도가 높고, 지구 복사열이 도달하기 어려운 상층은 온도가 낮잖아. 그래서 위로 올라갈수록 온도가 낮아지는 거지.

그런데 말이지, 따뜻한 공기가 아래에 있고 차가운 공기가 위에 있으면 어떤 일이 일어나겠어? 따뜻한 공기는 부피가 팽창하면서 자꾸만 위로 올라가고 차가운 공기는 부피가 줄어들어 밀도가 낮아져 아래로 내려오려고 할 거잖아. 이게 바람이고, 이로 인해 종종 비도 내리고.

달의 질량은 지구 질량의 1/6에 불과하지. 달처럼 질량이 충분하지 못해, 대기가 부족한 행성들은 구덩이가 많다는 공통점이 있어. 달에 있는 옥토끼가 절구 찧는 형상은 달에 떨어진 운석이 만들어 낸 구덩이(크레이터)지. 지구에는 운석이 떨어지는 그런 일이 없냐고? 있기는 한데 드물어. 대부분의 운석은 지구 대기권을 통과하면서 타버리고 작아지거든. 그리고 떨어졌다고 하더라도 지구 내부의 바람이나 비 등에 의해 구덩이가 사라지지. 하지만 달은? 닐 암스트롱(Neil Armstrong, 1930~2012)이 남긴 발자국도 그냥 그대로 남아 있을 정도로 고요해. 그건 대기가 아주 희박해 운석이 아무런 저항 없이 그대로 달 지각에 떨어지고 바람마저도 불지 않으니 정지된 판화처럼 고요히 만들어진 상태로 남아 있는 거지.

가장 높은 상공에 있는 열권을 보면, 얘는 밤과 낮의 온도 차이가 무지 심해. 공기가 워낙 희박하기 때문에 태양빛이 비추면 무지 뜨거워지고 태양이 사라지면 엄청 추워지거든. 태양에서 지구와

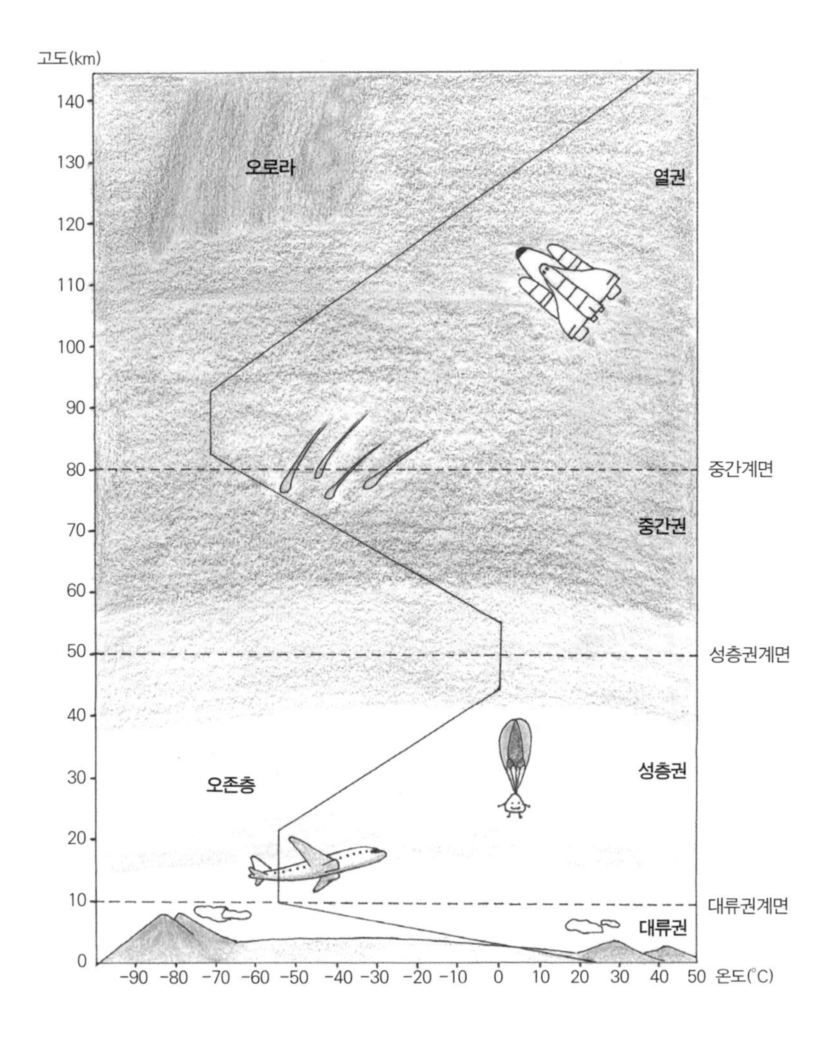

· 이카로스가 날아오른 대기권의 온도변화 ·

거의 같은 거리에 있는 달도 공기가 워낙 희박하니까 낮에는 130℃까지 올라갔다가 밤에는 -130℃까지 떨어져. 상상할 수 없는 온도에, 미쳐버릴 것 같은 260℃나 차이 나는 온도 변화 아닌가? 열권도 이와 비슷한 거지. 대기권에 밀랍이 녹는 70℃ 이상의 온도가 나타나는 구간은 오로지 열권뿐이잖아. 이카로스의 일이 사실이라면 적어도 고도 80km 이상의 열권까지 날아올라야 했을걸?

특별한 이름 오존층

온도변화가 크게 의미가 없는 열권을 제외하고 대류권과 중간권 모두 고도가 높아질수록 온도가 떨어지는데 성층권만 반대로 증가하잖아. 이로 인해 대기권의 온도 분포가 지그재그 모양을 나타내지. 이건 당연한 일이 아니라 아주, 아주 특별한 일이야. 지구를 제외한 다른 행성에서는 찾기가 어려운.

왜 갑자기 온도가 올라가는 성층권이 나오냐고? '성층'이라는 말은 층을 이룬다는 건데, 이 이름은 오존층의 존재를 몰랐을 때 붙여진 이름이야. 레옹 테스랑(Léon Philippe Teisserenc, 1855~1913)은 대류권보다 더 높은 고도의 상층에서는 온도가 일정하게 유지된다고 생각했거든. 온도가 일정하게 유지되면 대류가 일어나지 않아 위와 아래의 물질 혼합이 일어나지 않을 거야. 그래서 지구 중력에 의해 무거운 물질은 아래쪽에 위치하고 가벼운 물질은 위쪽으로 분리되어 층을 이룬다고 생각해서 붙인 이름이 '성층권'이야.

왜 성층권에서는 특별하게 위로 올라갈수록 온도가 올라가느냐고? 그건 성층권 아래에서부터 위까지 넓게 퍼져 있는 위대한 오존이 에너지가 높은 자외선을 마구 흡수하기 때문이지. 오존(Ozone)은 그리스어로 '냄새가 난다'라는 뜻이야. 처음 발견했을 때 특이한 냄새가 나는 기체라고 해서 붙인 이름이지. 오존의 화학식은 O_3인데, 얘가 정말 특이한 녀석이지. 성층권에 존재하는 산소 분자 O_2가 강한 자외선을 받아 산소 원자(O)로 깨지고 난 뒤에, 다시 산소 분자(O_2)와 결합해 오존(O_3)이 생기거든.

태양에서 오는 빛에는 가시광선도 있고 에너지가 높은 자외선도 있어. 자외선은 사람이 볼 수 있는 가시광선 중 가장 짧은 파장인 보라색보다 더 짧은, 자색의 바깥쪽에 있다고 해서 자외선이라고 불러. 그런데 지표면에 도달하는 자외선의 양은 그렇게 많지가 않아. 그건 바로 성층권에 있는 오존이 대부분의 자외선을 흡수하기 때문이지. 오존 자체가 매우 불안정한 분자라서 쉽게 깨지기는 하지만 태양에서 오는 자외선에 의해 지속적으로 생성되기 때문에 성층권에는 일정한 농도의 오존이 유지되는 거지.

만약 오존층이 없어 자외선이 고스란히 지표면에 도달한다면 어떤 일이 생길까? 엄마가 예전에 박테리아로 돌연변이 실험을 한 적이 있어. 실험목적은 박테리아 DNA에 돌연변이를 유발해서 실험목적에 맞는 유전형질을 가진 돌연변이를 골라내는 거였지. 실험방법? 간단해. 박테리아를 자외선에 노출시키는 거지. 강한 에너지에 노출된 박테리아는 대부분 죽어. 살아남는 박테리아 중에서 우연히 엄마가 원하는 돌연변이를 가진 박테리아를 골라내는 거지. 자외선을 사멸률이 99.99%가 될 때까지 쪼이는데 보통은 30분을 넘지 않거든. 30분도 안 돼서 박테리아 99.99%가 죽는 엄청난 에너지라는 거지. 이 말을 거꾸로 해석하면 오존층이 없어 지표면에 자외선이 고스란히 도달하면 많은 생명체들이 죽고, 돌연변이가 아주 빈번하게 일어날 거라는 거잖아. 결국 성층권에 오존층이 존재함으로 인해서 지표면에 생명체가 비교적 안전하게 살 수 있게 된 거고.

그런데 말이야, 오존층은 지구에만 있는 특별한 존재일까? 샛별인 금성에도 엄청난 두께의 대기가 있다고 했어. 여기는 오존층이 없나? 없을 거라고 생각해. 지구상에 생명체가 번성하기 시작한 시기는 약 25억 년 전이라고 생각되는데, 이 시기에 지구상에 아주 특별한 일이 있었거든. 약 35억 년 전에 산소를 생산하는 광합성 생명체가 출현하고, 얘들이 엄청나게 증가하면서 대기 중 산소 농도가 덩달아 증가했거든. 그 결과 약 25~20억 년 전쯤에 대기의 산소 농도가 현재 농도의 약 1% 정도가 되었고, 약 7억 년 전쯤에 현재 산소 농도의 약 10%에 이르렀을 거라고 추측하고 있어. 이렇게 대기 중 산소 농도가 높아짐에 따라 대기 상공 높은 곳까지 산소 농도가 증가하면서 성층권에서 자외선을 받아 지금의 오존층이 생성되었어.

약 25~20억 년 전 : 대기의 산소가 현재 값의 약 1%

약 7억 년 전 : 대기의 산소가 현재의 약 10%

약 3억 5000만 년 전 : 대기의 산소가 현재와 동일

지구에서 생명체가 진화해온 모든 일이 특별하지만 약 4억 년 전에 아주 색다른 일이 일어났어. 고생대 초기에 바다에서 폭발적으로 번성했던 생명체가 육상으로 올라간 거야. 그 전에는 육상으로 올라간 생명체가 없었나? 왜 꼭 이 시기에 생명체가 육상으로 올라갔을까? 당연히 그전에도 육상으로 올라온 생명체들이 있었을 거야. 하지만 올라왔다고 하더라도 자외선을 차단해주는 차단막이 없으니 살아남기 힘들었겠지. 마치 엄마가 자외선 가지고 실

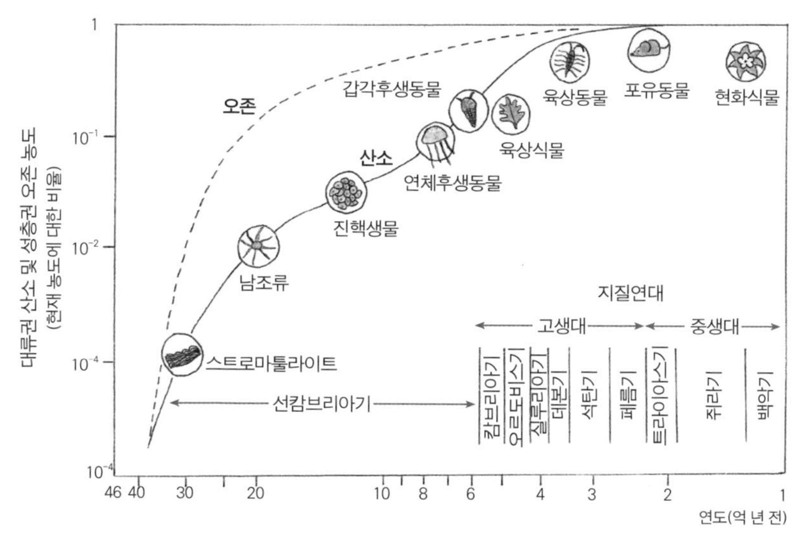

· 대기 중 산소 농도 증가에 따른 성층권 오존 농도 증가와 생물의 출현 ·

험하면서 박테리아를 다 죽인 것처럼 말이야. 그러니까 오존층이 형성되기 전에는 자외선으로부터 보호받을 수 있는 물속에만 생명체가 살 수 있었던 거고. 결국 생명체에 의해서 오존층이라는 특별한 층이 생기고, 이 오존층이 또 생명체를 보호해서 더 다양한 생명체가 생기는 일이 벌어진 거지.

생명체가 만들어낸 오존층은 지구 생명체의 안전에 있어서 필수적인 요소지. 그래서 오존층이 잘 있는지에 대한 지속적인 관찰을 시작했어. 그랬는데 오존층이 잘 있는지 관찰해오던 영국 연구자들이 1985년에 초봄 남극 상공에서의 총 오존량이 평소보다 40%나 줄었다는 충격적인 결과를 발표했어. 그런데 미국이라고 오존층의 변화를 관찰해오지 않았겠어? 미국은 1964년부터 1978년까지 기상 관측용 인공위성을 7개나 쏘아 올렸어. 당연히 그중에는 오존층 관찰의 임무가 포함된 인공위성도 있었지. 그런 미국이 이렇게 중요한 결과에 대한 최초 발표 기회를 영국에게 빼앗겼으니 얼마나 당황했겠어? 이유는 아주 간단해. 너무 많은 정보의 홍수에 빠져서 정말 중요한 정보를 선별하지 못했던 거야. 이 상황에서 미국이 할 수 있는 일은 뭐겠어? '이렇게 줄어들고 있다!'라고 시각적으로 보여주는 거지. 그래서 뒤늦게 부랴부랴 인공위성으로 찍은 사진을 발표했지만 이미 늦었지.

이 충격적인 발표 이후에 전 세계는 호들갑을 떨면서 생명체를 안전하게 보호해주는 특별한 오존층을 지키기 위해 협약을 맺었어. 그 협약이 1989년 1월부터 발효된 '몬트리올 의정서'야. 정식 명칭은 '오존층 파괴물질의 규제에 관한 국제협약(Montreal Protocol on Substances that Deplete the Ozone layer)'이야. 즉, 오존을 파괴하는 물질을 사용하지 말자는 건데, 주된 범인은 냉장고와 반도체 등등 우리가 일상에서 아무렇지도 않게 사용하는 애들이었어. 애들이 뭐라 했냐고? 뭐라 했지.

엄밀하게 말하면 냉장고와 반도체가 범인은 아니고, 프레온가스(CFCs)가 진짜 범인이었지. 프레온가스는 처음 개발한 회사가 붙인 상표명이고, 화학적으로는 염화불화탄소라는 물질인데 종류가 다양해. $CFCl_3$, CF_2Cl_2 등등. 얘가 얼마나 획기적인 물질이었냐면 안정해서 폭발의 위험도 없고, 인체에 해가 거의 없다고 하지. 그래서 냉매로 사용하고, 스프레이에도 섞어서 사용하고 반도체 세척하는 용도로도 사용했지. 특히 1980년대 급격히 증가한 반도체 산업으로 인해 대기 중 프레온가스 농도가 급격히 증가했어. 냉장고 없는 집이 있나? 핸드폰 안 쓰는 사람 있나? 그러니 대기 중에 프레온가스의 농도가 점점 높아지게 된 거지.

그런데 아이러니하게도 안정된 물질이라 파괴 없이 아주 쉽게 성층권까지 간다는 거야. 성층권에 가면? 강력한 에너지를 가진 자외선이 달려들잖아. 이때부터 문제가 발생하지. 강한 에너지를 가진 자외선을 만나면 구조가 깨지면서 염소 원자(Cl)가 방출되는데, 염소 원자가 오존(O_3)을 산소 분자(O_2)로 분해해버리거든. 문제는 이렇게 생성된 하나의 염소 원자가 무한반복에 가깝게 순환

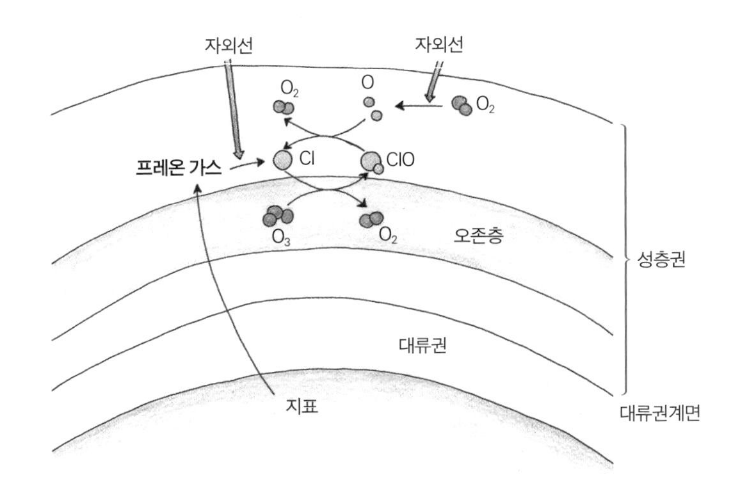

· 프레온가스에 의한 오존 파괴의 연쇄 반응 ·

하면서 오존을 파괴할 수 있다는 거지. 오존층 파괴로 인해 지상에 도달하는 자외선 증가가 얼마나 심각하면 전 세계가 나서서 프레온가스를 사용하지 말자고 굳게 약속했겠어.

2010년부터 프레온가스의 사용이 완전 금지되었어. 그 이후에 오존층이 차츰 회복되고 있다는 좋은 소식도 있지. 그래도 자외선 차단제는 바르는 게 좋겠지. 물론 그 성분이 안전하다고 말하지만. 비록 안전하다고 해도 그건 우리가 아는 범위에서 안전할 뿐이지. 우리가 알지 못하는 부분이 있을 수도 있잖아. 과거에 그렇게 구조적으로 안정하고 인체에 무해한 프레온가스가 이렇게 심각한 문제를 초래할 줄 몰랐던 것처럼 말이야. 그래서인데 아마 최선은 어둠의 자식들 마냥 꽁꽁 싸매고 다니는 게 아닐까 싶기도 해.

유성우와 오로라의 특별한 이벤트

'엄마, 이번 주에 엄청난 유성우가 온대.' 딸아이가 별스럽게 문자를 보냈다. 이 문자가 지금 엄마한테 별똥별을 보러 가자는 거냐? 약간 당황했지. 그렇다고 엄마 문자에 늘 무심한 딸이 보내준 특별한 문자를 씹으면 안 되니 성실하게 답을 했지. '해리 포터가 사는 마법세계에 큰 일이 있나보네. 마법사들이 빗자루 타고 가는 게 머글인 우리한테는 유성으로 보이잖아'라고. 음. 그런데 더 이상 답이 없더군. 그 이후 네 친구들이 엄마를 '머글'이라고 부른다는 걸 나중에 알았지. 그렇게 경악할 수준의 문자였냐? 뭐 지들은 '머글' 아닌가?

유성우? 별똥별? 뭐라고 부르든지 조금 낭만적인 단어지. 소원을 빌면 이루어진다는. 근데 진짜 해봤어? 너무 빨라 소원을 빌 시간도 없어. 말하려고 하는 순간 벌써 사라지고 없거든. 엄마 말 못 믿겠거든 나중에 남친 생기면 한밤중에 별이 쏟아지는 산속에서 모기한테 뜯겨가면서 "영원히 서로 사랑하게 해주세요"라고 소원을 빌어봐. "영~" 하고 말하는 순간 사라지고 없어. 왜 엄마랑 가면 안 되냐고? 안 되는 게 아니라 네가 엄마랑 안 갈 나이잖아. 그리고 엄마는 이렇게 낭만적인 이름을 가진 별똥별을 지독히도 낭만적이지 않게 '대기의 마찰력에 의해 운석이 타는 거다'라고 말할 수 있는 특별한 재주를 가졌으니까.

운석? 태양계 내에 거대 운석은 거의 없지. 그건 태양계가 생길 때 이 행성, 저 행성에 충돌해 거의 남아 있지 않기 때문이지. 하지만 핼리혜성과 같이 태양계를 지나가는 손님들이 잔해를 흘리면, 얘들이 대기권을 통과할 때 곱게 떨어지지 못하고 엄청난 마찰력에 의해 타버리는 거지. 그게 유성이잖아. 운석이 밤에만 타는 게 아니라 낮에도 타는데, 낮에는 너무 밝아 잘 안 보일 뿐이지. 어디서 타냐고? 열권 상층부는 마찰력이 발생하기에는 너무 희박한 공기를 가지고 있기 때문에 열권 하층부에서 타기 시작해 중간권에서 본격적으로 타지. 중간권을 지나 성층권에서도 계속 타려면 엄청난 크기의 운석이어야 할 거야. 그리고 성층권도 지나고 대류권을 지나서 지표면에 도달하려면 무지막지하게 큰 운석이어야겠지. 지구에 떨어지는 운석들은 캐니언 디아블로같이 특별하게 거대한 운석을 제외하고는 대부분 중간권에서 소멸해버려. 그래도 남극이나 북극과 같이 대기층이 상대적으로 얇은 지역에는 다 타지 못한 운석들이 종종 떨어지곤 해. 남극에 운석을 주우러 가는 이유가 그것 때문이지.

중간권은 성층권으로부터 약한 열을 받아 하부의 온도가 약간 높지만 고도가 높아질수록 온도가 낮아지고 대기권의 다른 층에 비해 온도가 가장 낮으며 운석이 타는 것 말고는 특별한 이벤트가 없는 곳이지.

중간권이 우리에게 별똥별이라는 낭만적인 이벤트를 준다면 그 위에 있는 열권은 열망의 오로라를 주지. 오로라가 왜 열망이냐고?

'오로라는 태양풍에 의해 날아온 하전입자가 지구 대기권 상층에 있는 기체 분자의 전자를 흥분시켜서 빛을 내는 현상이다'라는 알지도 못하는 얘기는 하지 말고 '열망'에 대해서만 말해볼까? 우리가 발음하는 '오로라'의 영어 철자 Aurora를 철자대로 읽으면 '아우로라'잖아. 이거 후광을 뜻하는 '아우라(Aura)'랑 발음이 비슷하지 않아? 엄마가 끼워 맞추려고 억지 부린다고? 아니. 금의 원소 기호가 Au(aurum)인데 이것도 어원이 같아. 빛과 더불어 '모든 것이 찬란하게 시작하는 새벽'. 그게 금이고, 아우라고 오로라인 거지.

사람들은 왜 금을 좋아했을까? 불량엄마의 단순한 머리에서 나오는 단답형은 '비싸서'지. 일단 양이 많지 않고 다른 원자와 반응하지도 않아 영원히 변하지 않을 것처럼 보이고 화려하게 빛나니까. 거무죽죽한 암석들 사이에서 그 자체로 빛을 발하는 찬란한 새벽이 금인 거지. 금이 인류의 열망이었고, 빛나는 새벽이니 같은 유래의 이름을 가진 오로라도 열망이지. 그런 오로라의 열망을 품은 열권은 희박한 대기를 가진 달처럼 태양이 에너지를 많이 주면 엄청 뜨겁고 안 주면 차가운 곳이지.

열권에서 나타나는 열망의 오로라를 보려면 노르웨이 북쪽 아니면 아이슬란드나 남극에 가야 해. 열권이 양쪽 극지방에만 있는 것은 아닌데 왜 여기서만 나타나느냐? 엄마가 오로라는 전자 또는 양성자 같은 하전입자 녀석들이 아주 '희박하게' 존재하는 기체 분자의 전자를 흥분시켜 일어나는 현상이라고 했잖아. 그런데 하전입자가 뭐냐? 전하를 띤 입자라는 얘기야. 전자는 전기적으로 (-)

전하, 양성자는 (+) 전하를 띠잖아. 이런 애들도 결국은 하전입자인 거지. 태양에서 오는 하전입자들에는 전자와 양성자가 많이 포함되어 있어. 원자에 꽁꽁 묶여 있어야 하는 전자와 양성자가 단독으로 튀어나온다는 것은 에너지가 엄청 크다는 거지. 이렇게 태양에서 오는 하전입자에 의한 오로라가 주로 극지방에서 나타난다는 것은 애들이 주로 극지방에 몰려든다는 거고.

엄마가 지구 자기장 얘기를 하면서 빠뜨린 게 있어. 바로 밴앨런대(Van Allen belt)야. 지구에 자기장이 있어서 자북과 자남이 있고, 새로 생기는 돌들이 자기장의 방향을 기억한다고 했는데, 지구 자기장의 위대한 역할은 거기서 끝이 아닌 거지.

지구 자기장이 영향을 미치는 범위는 지구 중력이 미치는 범위보다 훨씬 커. 일반적으로 중력이 미치는 범위까지를 열권이라고 하는데 열권보다 더 바깥쪽의 지구 자기장이 미치는 범위와 그 나머지 부분을 통틀어서 외권이라고 해. 태양계에는 태양에서 날아오는 하전입자들이 떠다니는데 지구 자기장은 애들을 끌어당겨 전체 지구를 둘러싸게 만들었지. 지구를 둘러싸고 있는 이 띠를 발견한 밴 앨런(James Van Allen, 1914~2006)의 이름을 따서 밴앨런대라고 하지. 생긴 모양은 어떻겠어? 당연히 지구 자기장의 방향을 따라 형성되어 있지. 그래서 애를 조사해보니까 크게 내부의 띠와 외부의 띠로 구분되는데, 외부는 전자가 많고 내부는 양성자가 많더라는 거야. 그리고 태양에서 오는 태양풍의 영향으로 태양 반대쪽에 긴 자기장 꼬리가 생겨.

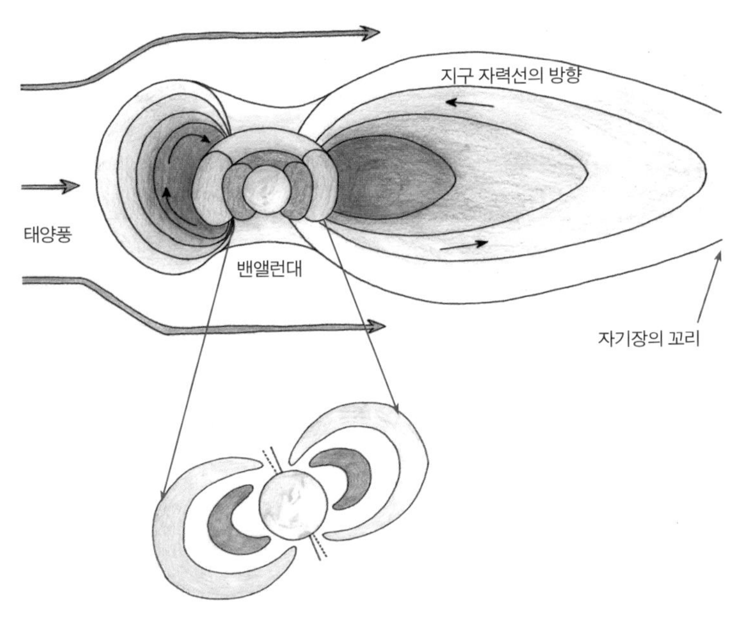

· 지구 자기장과 밴앨런대 ·

혹시 기억하니? 엄마가 다이나모 이론에 의해 지구 외핵의 전류 방향이 바뀌면 지구 자기장의 방향이 바뀐다고 했던 거? 지구 자기장의 방향이 바뀐다는 건 밴앨런대의 방향도 바뀔 수 있다는 것을 의미하고, 자기장이 역전할 때 밴앨런대가 아주 약해질 것이며 지구 자기장이 사라지면 밴앨런대도 사라질 수 있잖아. 태양풍에서 오는 원자를 구성하는 전자, 양성자 등의 하전입자들이 지구에 쏟아지는 것을 막아주는 밴앨런대가 없다면? 우리는 고스란히 엄청난 에너지를 가진 방사능 입자들에게 노출되는 거지.

엄마 얘기가 산으로 가고 있다고? 오로라 얘기하다가 밴앨런대 얘기로 넘어가더니 아직까지 왜 극지방에서만 오로라를 볼 수 있는지 설명도 안 하고 있다고? 밴앨런대를 애기했으니 다시 오로라 애기로 넘어가보자. 두 개의 도넛모양처럼 생긴 밴앨런대를 보면, 양쪽 극지방이 얇잖아. 태양은 엄청난 핵융합을 하는 별인데, 태양의 흑점 활동이 활발해지거나 표면에서 강한 폭발이 생기면 태양풍이 세지잖아. 그럼 밴앨런대가 수용할 수 있는 양을 넘는 엄청난 하전입자들이 몰려들지. 즉, 밴앨런대가 포화돼버려. 포화상태가 된 밴앨런대에서 넘쳐나는 하전입자들이 대기권으로 들어오는데 결국 밴앨런대가 얇은 극지방 상공으로 들어오는 거야. 그래서 이미 애기한 것처럼 하전입자들이 열권의 기체 분자들과 충돌하면서 오로라가 나타나는 거고.

오로라 색깔은 매우 다양해. 마치 폭죽을 터트리면 나타나는 불꽃놀이의 색깔처럼. 사실 오로라와 불꽃놀이의 색깔이 다양한 건 동일한 이유 때문이야. 이미 알고 있을 걸? 소금을 불에 태우면 노란색이 나는 건 나트륨(Na) 때문이고, 칼슘(Ca)은 붉은색이고 하면서 외웠잖아. 각각이 어떤 색깔을 내는지는 엄마에게 중요하지 않아. 왜 다양한 색깔이 나타나느냐가 중요하지. 보어(Niels Bohr, 1885~1962)의 원자모형에 따르면 전자는 원자핵을 중심으로 양파껍질처럼 겹겹이 층을 이루면서 배치되어 있는데, 특정한 층에 있는 전자가 에너지를 받아 에너지 상태가 높은 '들뜬상태'가 되었다가 다시 원래대로 돌아오면 빛을 내. 원자마다 고유한 전자배치를 가지고 있기 때문에 원자마다 독특한 빛을 내는 거고.

· 장보고 기지에서 본 오로라 ·

이 원리를 오로라에 적용해보자. 우주에서 오는 하전입자들이 열권에 있는 기체 분자의 전자에게 엄청난 에너지를 전달하면, 전자들이 흥분되어 들뜬상태가 되었다가 다시 돌아올 때 빛이 나오는데 이게 오로라야. 따라서 열권에 있는 기체 분자의 종류와 양 그리고 얼마나 센 에너지가 와서 전자를 어느 상태까지 높이느냐에 따라 오로라 색깔이 달라지는 거지.

그래봐야 대기 중에 가장 많은 성분이 질소와 산소잖아. 열권이 비록 중력이 미치는 힘이 약하기는 하지만 결국 거기도 질소와 산소가 가장 많겠지. 오로라의 스펙트럼을 분석해보니까, 산소가 방출하는 녹색 광(557.7nm)과 적색 광(파장 63nm, 636.4nm), 질소가 방출하는 청색 띠스펙트럼(427.8nm) 등이 주로 나타나더라는 거야.

사실 오로라를 보려고 하면 남극이나 북극으로 가는 것 말고 한 가지 조건이 더 있어. 추운 겨울에 가야 돼. 남극과 북극의 여름에는 백야현상으로 밤이 없잖아. 어두워야 빛이 보이는데 여름에 가면 밤이 없으니 잘 안 보이겠지.

지구에 존재하는 대기권. 얘는 대류권, 성층권, 중간권, 열권으로 나뉘잖아. 기체가 이렇게 지구에 붙잡혀 있을 수 있는 가장 근본적인 이유는 지구 중력 때문이며, 중간권에서 나타나는 유성우는 대기 때문이고, 열권에서 오로라가 나타나는 이유는 또 대기와 태양과 지구 자기장 때문이지. 지구, 대기, 태양 이 셋의 관계가 적당한 균형을 이루어 이렇게 나타나는 거잖아. 어느 날 지구 자기장이 사라진다면? 밴앨런대가 사라지겠지. 어느 날 태양이 더 이상 태양이 아닌 시기가 온다면? 더 이상 지구는 생명체가 살 수 있는 적당한 온도를 유지하지 못하겠지. 그 다음에 어떤 일이 일어날지는 상상에 맡기겠어. 그래서 아직은 적당한 지구에 사는 너와 나는 열망의 오로라를 보러 어디로 갈까? 추운 겨울에 더 추운 노르웨이 북쪽의 스발바드로?

탈출하지 못하면?
돌아야지~

딸아이가 밖에 나가서 노는 것을 본 적이 거의 없다. 정말 꼬맹이였을 때 엄마와 함께 놀이터에 나가 노는 게 전부인가 싶을 정도로. 집에만 있으면 답답하지 않을까 하는 생각에 뜬금없이 "방 안에서만 뒹굴지 말고 차라리 밖에 나가 노는 게 어때?"라고 철없이 물었다. 엄마는 그걸 말이라고 하냐는 표정으로 쳐다보더니 "애들이 다 뺑뺑이 도는데 누구랑 놀아?"라고 반문한다. 엄마가 확실히 철이 없긴 없나보다. 그런 엄마에게 '애들이 학교 끝나고 얼마나 바쁜 줄 아냐. 다 학원 간다. 오늘은 학원 두 곳, 내일은 학원 세 곳 이렇게 매주 뺑뺑이를 돈다'고 친절하게 알려준다.

엄마도 다른 엄마들처럼 너를 뺑뺑이 돌려야 하는지 심각하게 고민했다는 것을 알까? 딸아이 말을 빌면 '아이들은 뺑뺑이 도는 것을 좋아하지 않는다, 다들 싫어한다, 하지만 엄마들이 시키고, 아이들 스스로도 학원 안 가면 불안해서 뺑뺑이를 돈다'는 거다.

"너는 뺑뺑이 안 돌잖아" 했더니 자기는 그 뺑뺑이에서 탈출했다고 큰 소리다. 탈출? 설마. 애초부터 뺑뺑이 돈 적도 없다. 하긴 그렇게 자유로운 영혼을 가진 너를 어떻게 뺑뺑이 돌리겠냐? 아니다. 뺑뺑이 돌린 적 있다. 학교 끝나고 봐줄 사람 없어서 피아노 학원, 방과 후 학원, 바이올린 학원으로 열심히 뺑뺑이 돌린 적이 있지. 빈 집에 어린 너를 혼자 둘 수가 없어서. 그 시절에는 그것만이 유일한 답이었지. 그랬는데, 어느 순간 너는 그 모든 것을 안 하겠다고, 빈 집에 혼자 있겠다고 버텼지. 미국 같으면 어린아이를 보호자 없이 집에 혼자 뒀다고 엄마가 경찰한테 잡혀갈 나이였지만, 네 말처럼 탈출에 성공한 거지. 설마 이제는 더 큰 탈출을 바라는 것은 아니지? 학교에서, 대한민국이라는 나라에서 벗어나고 싶다고? 결국 지구탈출인가? 집은 아니라고? 다행이다. 더불어 지구에서 탈출할 수 없어서 정말 다행이지.

탈출하지 못한 기체의 뺑뺑이

엄마가 대기권 얘기를 하면서 성층권, 중간권, 열권을 열심히 얘기했는데, 은근슬쩍 넘어간 게 하나 있지. 대류권. 아니, 사실 은근슬쩍 넘어간 것은 아니야. 대충은 얘기했지. '11km 이내가 대류권이며 지구의 전체 공기 중 50% 이상이 고도 5km 이내에 다 몰려 있고, 위로 올라갈수록 온도와 압력이 감소한다' 이런 얘기들 말이야. 그러면서 아래 공기는 따뜻하고 위는 차가워서 상승과 하강을 반복한 결과, 바람도 불고 비도 온다고 했지. 대기의 순환, 물의 증발 그리고 증발된 수증기가 비로 내리는 물의 순환. 탈출하지 못하는 유기체들의 뺑뺑이잖아.

그런데 대기 순환의 가장 근본적인 원인은 태양 에너지잖아. 태양 에너지가 와서 열을 전달하면 뜨거워지는 게 뭐지? 대기냐고? 대기가 흡수하는 양은 그리 많지 않아. 빛을 흡수하는 물질들은 대부분 색깔을 띠지만 대기는 투명하잖아. 지구에 도달한 태양 에너지는 공기와 구름 등에 의해 반사되거나 지표면에 흡수 돼. 지표면에 흡수된 빛 에너지는 지표면을 달구고, 달궈진 지표면은 다시 복사열로 에너지를 방출하지.

그런데 복사열이라는 게 뭐지? 에너지를 전달하는 방법에는 복사, 대류, 전도가 있잖아. 태양에서의 엄청난 에너지는 지구에 어떻게 전달되느냐? 빛이 전달하잖아. 대류나 전도가 아니라 빛 그 자체가 직접 전달되는 현상을 복사라고 해. 빛이 '내가 가서 전하마' 하는 거지.

대류? 다 알면서. 판의 이동도 대류 현상이잖아. 열 그 자체가 아니라 열을 받은 물질이 직접 가서 차가운 물질한테 열을 전해주는 게 대류잖아. 열을 받은 물질의 이동 없이 이어진 물질의 분자 운동에 의해 열이 전달되는 현상은 전도라고. 태양과 지구 사이에 열

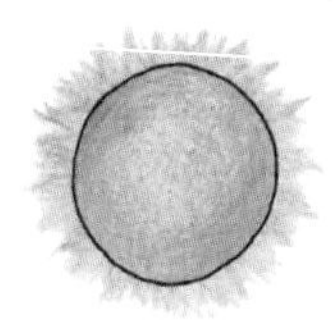

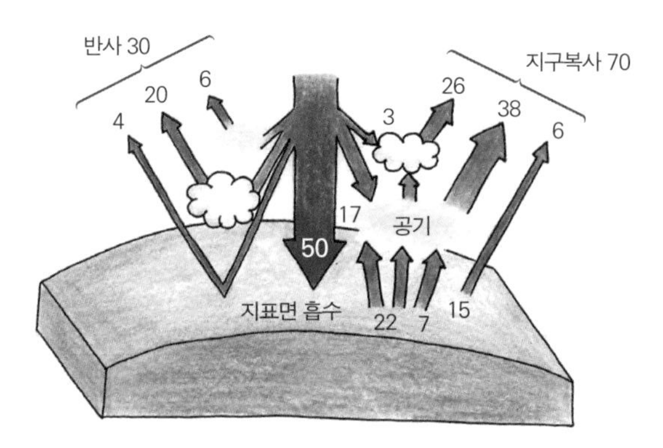

· 대기가 가득한 지구의 복사 평형 ·

· 대기가 희박한 달의 복사 평형 ·

을 전도시켜주는 물질이 있거나, 직접 열을 품고 달려와 주는 물질이 있는 것은 아니잖아. 지구에 빛이 직접 순식간에 오는 거잖아. 이런 게 복사열이지.

"엄마, 복사열은 빛이 직접 전달하는 건데 지표면에서 빛이 나와?" 응. 빛이 나와. 빛의 종류는 아주 다양해. 사람이 볼 수 있는 가시광선도 있지만, 보지 못하는 적외선도 있고, 생명체에게 치명적인 자외선도 있고. 일정 온도를 가진 모든 물체는 정도의 차이는 있지만 적외선을 방출하지. 그래서 어둠 속에 사람이 있는지 확인할 때 적외선 카메라를 쓰잖아. 네 몸에서도 빛이 나니까. 동일한 원리로 인해 지표면도 열을 받으면 적외선의 형태로 에너지를 방출하는 거고.

태양으로부터 온 복사 에너지의 약 30%는 반사되어 우주로 돌아가지만, 지각과 구름 등이 흡수한 나머지 70%가 다시 복사열로 방출되어서 대기를 덥히는 거지. 생각해봐. 대기가 없으면 반사되는 에너지도 없고, 자외선처럼 에너지 강한 빛이 오존층에 의해 흡수되지도 않아 지표면이 고스란히 태양의 복사열 받을 거잖아. 그래서 달은 태양으로부터 지구와 거의 유사한 거리에 있음에도 불구하고, 대기에 의한 반사와 자외선 흡수층이 없어 낮 기온이 130℃까지 올라가잖아.

또한 지구에서는 지표면이 방출한 복사열이 대기에 갇혀 우주로 한꺼번에 방출되지 않아 연평균 14~15℃의 온도를 유지하지만, 달에서는 지표면의 복사열이 고스란히 우주로 방출되어서 밤에는 -130℃까지 떨어지는 거고. 이렇게 받은 만큼의 복사열을 방출하면서 일정한 온도를 유지하는 현상을 복사 평형이라고 하는데, 행성이 어느 온도에서 복사 평형을 유지하는가를 결정하는 가장 큰 요인은 대기 성분이야. 엄마가 그랬잖아. 금성은 이산화탄소 농도가 높아 온실효과가 크기 때문에 온도가 480℃까지 올라간다고. 금성과는 달리 지구의 대기는 질소와 산소가 주된 성분이며 아르곤이 소량 포함되어 있지. 더불어 아주 적절한 양의 이산화탄소와 수증기가 포함되어 있기 때문에, 적당한 온실효과를 통해 생명체가 살기에 적합한 연평균 14~15℃에서 복사 평형을 유지할 수 있게 된 거야.

지구 전체적으로 보면 받은 복사열만큼 돌려주는 복사 평형을 이루지만, 지구 내부를 좀 더 자세히 살펴보면 위도에 따라 엄청난 에너지 불균형을 이루고 있어. 이런 불균형의 원인은 지구가 '구'이기 때문이야. 이게 어떤 결과를 불러올까? 지구에 도달하는 태양 에너지의 양이 위도에 따라 달라지는 결과를 가져오지. 위도가 높아질수록 지표면에 도달하는 태양 에너지의 면적이 넓어지니까 같은 양의 태양 에너지가 오더라도 동일한 지표면에 도달하는 에너지가 줄어들어. 그리고 실제로 적도가 더 많은 태양 복사 에너지를 받기도 해. 바로 엄마가 가고 싶어 하는 적도가 문제인 거야. 그런데 외부로 방출되는 에너지는 적도나 극지방이나 거의 같거든. 이게 어떤 결과로 나타나겠어? 적도 지방에는 에너지가 남아돌고,

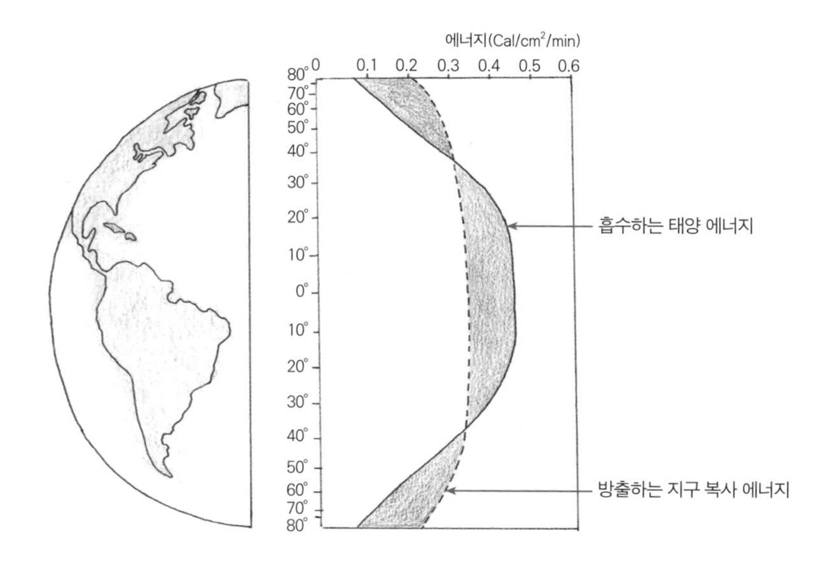

· 위도에 따른 복사 에너지 불균형 ·

남북극 지방에서는 에너지가 모자라는 복사 에너지 불균형으로 나타나지.

지구 전체적으로 복사 에너지 불균형을 해결하는 방법? 적도의 남아도는 복사 에너지가 극지방으로 이동하면 되잖아. 이 에너지가 어떻게 이동하냐고? 복사 에너지가 과잉인 적도의 대기와 부족한 극지방의 대기가 서로 섞이면 되지.

두 지역의 대기가 섞이는 단순한 원리는 '단열팽창'과 '단열압축'이야. 적도 지방의 강한 복사 에너지로 인해 대기가 뜨거워져 상승하면 압력이 줄어들기 때문에 부피가 팽창하지. 부피가 늘어난다는 것은 기체가 일을 한다는 건데, 일할 때 에너지가 필요하잖아.

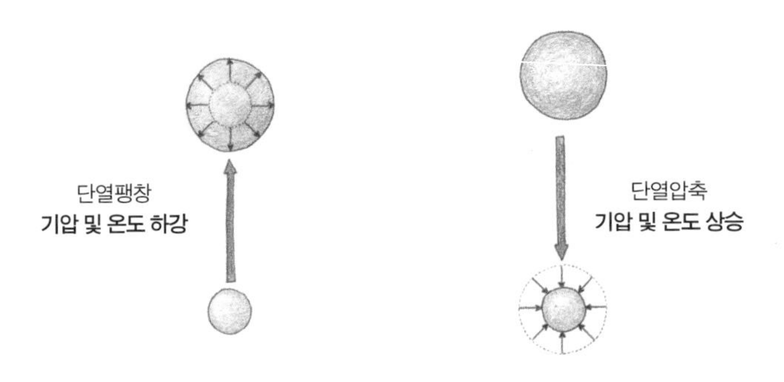

· 단열팽창과 단열압축 ·

그 에너지가 외부에서 오냐고? 아니 외부로부터 열을 받지 않고 자신이 가지고 있는 열을 이용해 부피가 늘어나지. 생각해보자. 자신이 가지고 있던 열을 썼어. 그럼 온도가 떨어지지. 이때 떨어지는 온도는 무지 급격해서 1km씩 올라갈 때마다 약 9.8℃ 떨어져. 이게 바로 상승하는 모든 공기에서 일어나는 단열팽창이야.

온도가 떨어지면 기체 상태의 수증기가 더 이상 기체로 있지 못하고 액체로 변하잖아. 이때의 온도를 이슬이 맺히는 온도라고 해서 '이슬점'이라고 해. 마치 얼음물을 컵에 담아두면 컵 표면에 이슬이 맺히는 것처럼. 온도가 낮아져서 공기 중에 포함될 수 있는 수증기 양이 줄어드니까 이슬점에 도달하는 거지. 바로 구름이 형성되는 거야. 단열팽창의 결과 무게를 견디지 못할 만큼의 이슬이 맺히면? 비가 되어 내리지.

단열압축은 단열팽창의 반대야. 상승한 공기 덩어리의 온도가 낮아지면 기체 분자 운동이 줄어들어 부피가 줄잖아. 부피가 줄어들었다는 것은 공기 덩어리의 밀도가 커졌다는 거고, 이는 단위 부

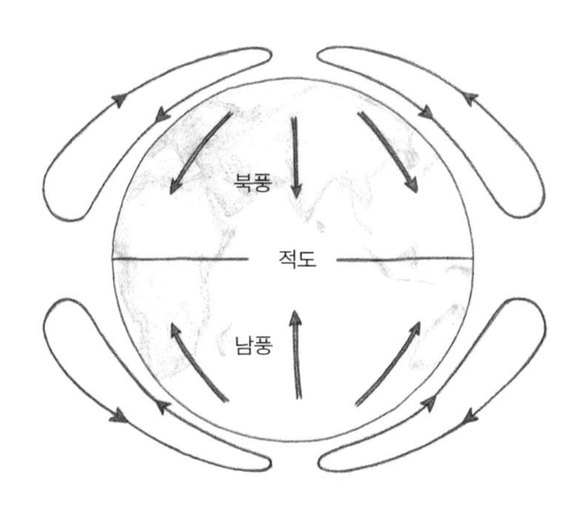

· 해들리 대기 대순환 모델 ·

피의 공기가 무거워졌다는 거지. 그 무거움을 참지 못해 공기가 하강하면서 부피는 점점 더 줄고 온도는 점점 상승하는 현상이지.

해들리(George Hadley, 1685~1768)는 거의 250년 전에 지구 규모의 에너지 순환을 설명하기 위해 단열압축과 단열팽창의 원리를 이용해 아주 단순한 '해들리 대기 대순환 모델'을 제시했어. 해들리가 제안한 대기 대순환 모델을 보면 적도 부근에서 엄청난 태양 에너지를 받아 달궈진 지표면이 방출하는 복사열에 의해 대기의 상승이 일어나지. 즉, 열을 품은 공기가 상승해 위로 올라가보니 지표면의 복사열이 도달하는 양은 점점 줄고, 상공의 대기 양은 부족해 부피는 점점 팽창되어 온도가 급속히 떨어지게 돼. 단열팽창이 일어나는 거지.

적도 지표면에서 상승한 공기는 대류권계면인 약 11km 상공에서 양쪽으로 갈라져 이동하면서 서서히 압축되어 하강하는데, 해들리는 하강하는 지역이 극지방이라고 했어. 하강한 공기는 다시 극지방에서 적도로 이동하는데, 하강한 공기의 이동이 지표면에 부는 바람이잖아. 만약 지구가 자전하지 않는다면 북반구에서는 늘 북풍이 불고 남반구에서는 남풍만 불겠지. 바람의 방향은 늘 시작점을 기준으로 부르는 거 알지? 북쪽에서 시작했으니 북풍, 남쪽에서 시작했으니 남풍. 이렇게 말이야.

힘도 아닌 힘과 함께 하는 뺑뺑이

그런데 말이지, 정말 지구 규모의 대기 대순환이 해들리 모델처럼 저렇게 단순하게 일어날까? 그렇지 않다는 거야. 왜냐면 지구는 자전을 하는 타원형의 구인데다가, 육지도 있고, 바다도 있고, 수많은 요인들이 있잖아. 특히나 위도에 따라 자전 속도가 달라서 생기는 이상한 힘 때문에.

비행기가 북극에서 적도를 향해 직선으로 날아간다고 해보자. 그랬을 때, 비행기가 도착한 곳은 원래 목표 지점이 아니라 진행 방향에 대해 오른쪽으로 치우친 곳이야. 적도에서 북극으로 날아가도 똑같이 오른쪽으로 치우진 곳에 도착하고. 남반구에서는 진행 방향에 대해 왼쪽으로 치우친 곳으로 도착하는 거지. 이런 특이한 현상을 발견한 사람의 이름을 따서 코리올리 효과(Coriolis effect)라고 해. 우리말로는 전향력이라고 하는데, '력'이라고 표현하니까 마치 날아가는 비행기에 외부에서 힘이 가해지는 것처럼 들리지만, 실제로는 아무런 힘도 가해지지 않았어.

힘도 가해지지 않았는데 왜 도착지점이 원래 목표지점과 달라지는 것일까? 타원형의 구인 지구가 자전해서 이런 일이 생기지. 타원형의 구가 자전한다는 것은 위도에 따라 자전 속도가 다르다는 걸 의미하잖아. 적도에서의 자전 속도는 약 1660km/h, 북위 37°에서는 1337km/h가 되고, 지리상 북극에서는 0이 돼. 이렇게 위치마다 자전 속도가 다른 회전체 내부에서 직선으로 날아가면 도착하는 지점이 원래 목표지점과 다를 수밖에 없어. 지구 밖에서 보면 이 비행기는 똑바로 날아갔을 뿐이지만, 내부에서 보면 목표지점이 지구 자전에 따라 이동해버린 거지. 그래서 북반구에서는

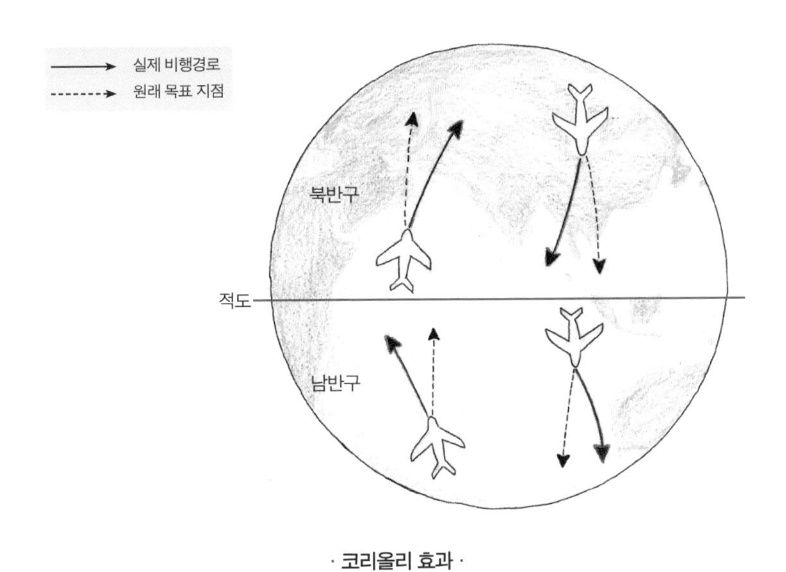

· 코리올리 효과 ·

진행 방향에 대해 오른쪽으로, 남반구에서는 진행 방향에 대해 왼쪽으로 치우친 방향으로 날아가게 되는 거야. 이런 일이 날아가는 비행기에서만 나타나겠어? 아니니까 물어봤겠지. 해류가 순환할 때도, 공기가 흐를 때도 똑같은 효과가 나타나겠지.

사람들은 아주 오래전부터 0°~5°의 적도 부근과 아열대 고압대가 자리한 북위 30°~35° 부근에 바람이 거의 불지 않는 무풍지대가 있다는 걸 알고 있었어. 대기 대순환의 사각지대인 거지. 특히 대항해시대 때 많은 배들이 북위 30°~35° 부근에서 배의 무게를 줄이려고 운반하던 말을 버리기도 했어. 그 시대 배들의 추진력은 엔진을 이용한 것이 아니라 바람이었잖아. 순풍에 돛달고 바람의 방향을 따라 가야 되는데 바람이 잘 안 부는 거지. 그래서 이 지역을 지나갈 때 배의 속도를 높이기 위해 무게를 줄였지. 그 줄이는 방법으로 말을 바다에 버렸다 해서 이 지역을 '말 위도(horse latitude)'라는 이름으로 부르기도 해. 왜 바람이 약하거나 불지 않을까? 해들리가 제안한 대기 대순환 모델에 따르면 모든 위도에서 바람이 불어야 하잖아. 그 해답을 페렐(William Ferrel, 1817~1891)이 찾아냈지.

적도에서 상승한 뜨거운 공기가 상공으로 올라가 남북극으로 이동하면서 차가워지잖아. 차가워져 압축된 공기 덩어리는 하강할 수밖에 없지. 북반구만 놓고 보면 열기가 식어서 내려오는 지점이 해들리가 생각했던 것처럼 북극지방이 아니라 북위 30° 근처라는 거야. 그래서 찾아보니까, 적도를 중심으로 위도에 따라 3개의 대기 대순환이 있더라는 거야. 각각을 '해들리 순환', '페렐 순환', '극 순환'이라고 불러. 여기서의 '해들리 순환'은 애초에 대기 대순환 모델을 제안했던 해들리의 업적을 기리기 위해 그의 이름을 붙인 거야. 그러니까 해들리 순환을 해들리가 제안했던 '해들리 대기 대순환 모델'과 헷갈리면 안 돼.

저기압과 고기압이 뭐지? 말 그대로 기압이 낮고 기압이 높다는 건데, 기압은 공기가 누르는 힘이잖아. 단위 면적당 공기의 양이 많으면 고기압이 되고, 적으면 저기압이 되는 거지. 공기가 위로 상승하면 부피가 팽창하니까 상대적으로 단위 면적당 공기압이 낮아 저기압이 되고, 하강하면 부피가 줄어드니까 단위 면적당 공기압이 높아져 고기압이 돼.

이 원리를 대기 대순환에 적용해보자. 적도 지방에서 발생한 대기 상승에 의한 해들리 순환은 위도 30° 근처에서 온도가 낮아져 하강하잖아. 공기가 상승하는 부분은 저위도 저기압대가 되고, 공기가 하강하는 위도 30° 부분은 아열대 고기압대가 되지. 또한 위도 60° 부근에서 발생한 대기 상승에 의한 극 순환은 위도 90° 근처에서 하강하잖아. 여기도 똑같이 공기가 상승한 위도 60°는 고위도 저기압대가 되고, 공기가 하강하는 위도 90° 부근은 극고기압대가 돼.

그런데, 문제는 30°~60° 사이에 낀 페렐 순환이야. 페렐 순환은 해들리 순환과 극 순환처럼 지표면의 복사열에 의한 대기 상승과 하강이 아니라, 해들리 순환과 극 순환 사이에서 어쩔 수 없이 일어나는 물리적 순환이야. 그러다보니 상층에서의 대기 이동 방향이 늘 한 방향으로만 일어나는 것도 아니야. 보통은 페렐 순환을 표시할 때 상층에서의 대기 흐름이 일정한 방향으로 나타나는 것처럼 실선으로 표시하지만 일단은 점선(…)으로 표시하자. 점선에 관한 얘기는 나중에 다시 하고.

그래도 지표면에서는 세 종류의 순환에 의해 바람이 발생하는데, 우선 바람의 방향을 한번 보자고. 중요한 건 지표면이야. 그게 우리가 느끼는 바람이니까. 이때 반드시 고려해야 하는 사항이 뭐겠어? 당연히 힘도 아닌 힘, 북반구에서는 진행 방향에 대해 오른쪽으로 치우치게 만들고, 남반구에서는 진행 방향에 대해 왼쪽으로 치우치게 만드는 전향력을 고려해야지. 그리고 고려해야 할 게 또 있지? 바람의 방향은 출발점을 기준으로 한다는 사실을 기억해야지.

하나씩 보자. 극 순환에 의해 극지방에서는 극동풍이 불어. 만약 지구가 자전하지 않는다면? 북풍이 불겠지. 중위도 지역에서는? 페렐 순환으로 남풍이 불어야 되는데, 코리올리 효과로 바람의 출발점이 서쪽으로 치우친 편서풍이 불고. 해들리 순환에 의해서 무역풍이 불어.

무역풍. 바람 이름이 이상하지 않니? 바람의 시작점을 나타내는 방향을 포함하여 극동풍, 편서풍 이렇게 부르다가 갑자기 '무역풍'

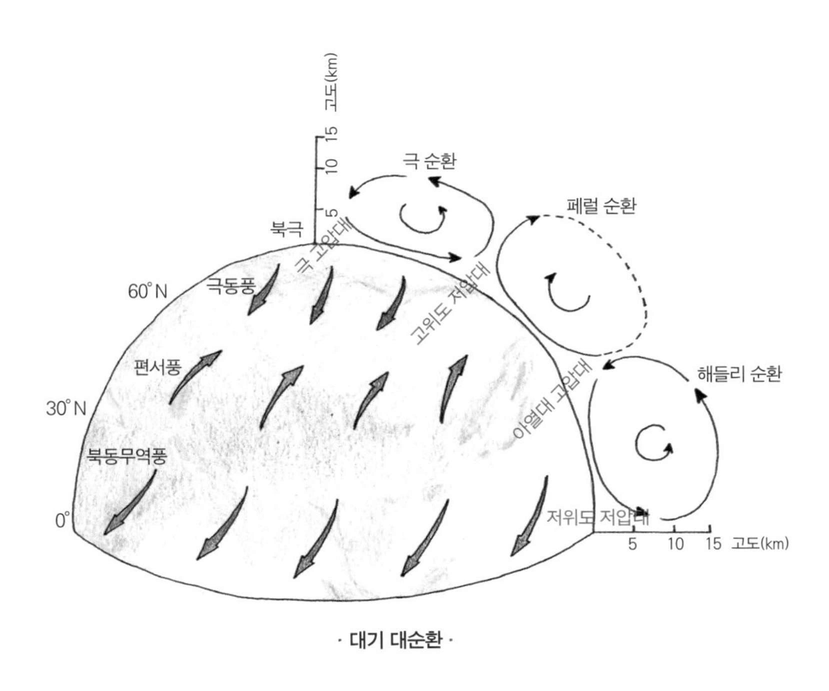

· 대기 대순환 ·

이렇게 나오니까. 무역풍의 이름을 방향의 이름으로 바꾸면 뭐가 될까? 북반구에서는 북동풍이 되고, 남반구에서는 남동풍이 되지. 그런데 왜 이름이 무역풍이냐고? 대항해시대 때 유럽에서 아메리카 대륙으로 배를 타고 무역하러 갈 때 바람의 방향을 따라 가면 쉽게 갈 수 있게 해준 바람이라는 의미지. 바람 방향까지 고려하면 각각 북동무역풍과 남동무역풍이 돼.

지구를 탈출하지 못하는 대기들은 결국 지구 주위를 돌고 또 돌고 있지. 이런 지구의 대기 대순환을 일으키는 근본적인 힘은 위도에 따른 복사 에너지의 불균형과 지구 자전에 의한 코리올리 효과잖아. 그 시작점이 바로 적도지. 그래서 갈라파고스에 가자는 거야. 가는 길에 키토 적도박물관에 가서 코리올리 효과를 가지고 장사하는 거 구경도 하고. 코리올리 효과 가지고 어떻게 장사하냐고? 적도에서 욕조의 물을 빼면 코리올리 효과가 일어나지 않아 물이 소용돌이치지 않고 수직으로 내려간다는 거야. 그런데 이런 물의 소용돌이 방향이 코리올리 효과에 의해 북반구에서는 반시계 방향으로, 남반구에서 시계방향으로 돈다는 거지. 그래서 적도를 중심으로 50m 떨어진 북반구와 남반구를 왔다 갔다 하면서 이를 증명해준다고 하더라고. 그걸 보려고 돈을 내면 '적도증명서'를 발급해준대.

그게 사실인가? 약간의 속임수가 포함된 사실이지. 말이 이상하지? 실제로는 북반구에서나 남반구에서나 두 방향의 소용돌이가 다 가능해. 이런 현상은 코리올리 효과라기보다는 마개를 당기는 힘이나 초기에 욕조에 생긴 소용돌이 방향 등의 다른 요인에 의한 영향이 더 크기 때문일 거야. 코리올리 효과는 지구와 같은 거대 시스템에서는 확연하게 보이는 효과지만 협소한 공간에서는 관찰하기 어려운 미미한 효과거든.

그런데 일상생활에서의 일기변화는 대기 대순환에 의해 나타나는 현상보다 훨씬 복잡하고 다양하지. 그건 대기 대순환 이외에도 바다, 육지의 분포 등 주위의 지형적인 요소들이 영향을 주기 때문인 거고. 그런데 재미있는 사실은 이 순환이 혼자만 일어나는 게 아니라 바닷물을 끌고 다닌다는 거지.

추적자

"엄마, 바닷물은 왜 짜?"라고 물어보기에 "소금맷돌이 돌아서 그렇지" 하고 답하니, "그건 초딩을 위한 답이잖아"라고 삐죽거린다. 그런 거 아닌데. 진짜로 소금 맷돌이 도는데. 다만 조금 다른 형태의 맷돌이 돌뿐이지. 소금맷돌은 엄마가 이미 앞에서 얘기한 적 있어. 단지 엄마가 다른 관점에서 얘기해서 네가 놓쳤을 뿐이지.

단언하건대 바닷물에는 지구에 존재하는 모든 원소들이 들어 있어. 그냥 어떤 원소는 양이 많고 어떤 원소는 극미량이 있을 뿐이지. 바닷물 속에 있는 모든 금속과 물질들이 다 어디에서 왔느냐? 대륙지각과 열수 등으로부터 왔지. 엄마가 그랬잖아. 대륙지각의 밀도가 낮다고. 태양 복사열에 의해 1년에 증발되는 바닷물은 전체 해수면의 높이를 약 1.2m나 감소시킬 수 있는 정도야. 증발된 물이 비로 내리기 때문에 실제로 해수면이 감소하지는 않지. 그럼 이 비는 또 육지의 원소들을 녹여 바다로 운반할 테고. 그 과정에서 물에 잘 녹는 성질을 가진 수많은 원소들이 녹아 바다로 가잖아. 이게 대륙에 있는 원소들을 바다로 운반하는 맷돌이지.

이것만 있나? 아니. 해양에서 판의 수렴과 발산 경계에서 땅 속으로 들어간 차가운 해수가 엄청 뜨거워져서 올라오잖아. 올라올 때 혼자만 올라오는 게 아니라 땅 속에 깊이 가라앉아 있던 수많은 원소들을 품고 올라오잖아. 이게 바로 멈추지 않는 또 다른 순환의 맷돌이야. 즉 판의 수렴에 의한 섭입과 발산에 의해 끊임없이

지각의 원소들이 바다에 녹아 들어가는 거지.

이런 바닷물이 어디는 더 짜고 어디는 조금 덜 짜고 그러잖아. 태평양 바닷물이 올라가서 생긴 우유니 소금 사막을 기억하니? 여기 있는 염호에는 리튬이 많다고 그랬지. 일반적으로 해수 중의 리튬(Li) 농도는 평균 0.17mg/l 정도인데 우유니 염호는 8배 정도 농도가 높아. 안데스산맥의 고산지대에서 바닷물이 증발해서 농도가 높아진 거지. 사해(dead sea)라는 곳도 있잖아. 사해는 완전히 내륙에 위치한 염호라서 바다라고 부르기가 좀 그러하지만, 사람들이 짜다고 해서 바다라고 부르니 바다라고 하자. 근데 얼마나 짜기에 어떠한 생물도 살 수 없는 사해라고 부를까? 보통의 바다보다 염분농도가 5배 이상 높지. 실제로 어떤 생물도 못 사는 건 아니야. 엄마 생각에 미생물은 정말 우글우글거릴걸?

그럼 모든 원소가 다 짜냐고? 그건 아니고. 짠맛의 주된 이유는 염화나트륨(NaCl), 소금 때문이지. 바닷물에는 염화나트륨 말고도 쓴맛을 내는 염화칼륨(KCl)도 있고 지구에 있는 모든 원소들이 있어. 이렇게 해수에 녹아 있는 모든 물질을 '염류'라 하고, 녹아 있는 양을 나타내기 위하여 ‰(퍼밀)의 단위를 사용했었어. 퍼센트(%)는 용액(용매+용질) 100g에 녹아 있는 용질의 양인데, 퍼밀은 용액 1000g에 녹아 있는 용질의 양이지. 하지만 지금은 퍼밀이라는 단위 대신 psu(Practical salinity unit)라는 단위를 사용하는데, 액체의 전기 전도도를 측정한 값이야. 전기 전도도가 높다는 것은 염분 농도가 높다는 것을 의미하잖아. 물 속 성분을 분석하지 않아도 정밀한 센서를 이용한 측정만으로 농도를 알 수가 있지.

그런데 퍼밀과 psu의 숫자가 너무나 다르면 바닷물의 psu를 측정한 다음에 농도로 환산하려고 끙끙거릴 거잖아. 그래서 psu의 범위를 퍼밀에 맞게 환산했어. 두 개의 값이 거의 같다는 거지. 퍼밀을 특별히 해수에 적용시킨 경우를 '염분'이라 하는데, 전 세계 해수의 평균 염분은 약 35‰잖아. 얘를 psu로 바꾸면 대략 35psu가 되는 거지. 짠맛의 주범인 염화나트륨의 양이 얼마나 될 것 같아? 거의 대부분을 차지해서 평균적으로 27.2psu 정도나 돼.

생각해보자. 35psu의 해수와 아무 맛도 안 나는 강물이 만나는 지역의 바닷물은 염분이 낮겠지. 그게 북극해잖아. 북극해는 육지에서 흘러오는 강물의 양이 많아 다른 바다보다 염분이 낮아. 그래서 겨울에 얼잖아. 〈아이스에이지〉 영화 배경시대인 약 2만~3만 년 전 빙하기에 북극해가 꽁꽁 얼어붙었어. 이렇게 새로 생긴 길을 따라 아시아에 살던 사람들이 베링해협을 넘어 아메리카로 건너 갈 수 있었겠지. 비록 지역에 따라 염분이 다르기는 하지만 염류의 비율은 항상 일정하기 때문에 이를 '염분비 일정 법칙'이라고 해. 사실 법칙이라고 이름은 붙였지만, 당연한 사실이라는 생각이 들지 않아? 단지 양의 차이가 있을 뿐이지, 주요 공급원은 육지에서 흘러온 물과 바다 저~ 깊은 곳에서 올라오는 열수 등으로 다 같으니까.

그런데 말이야, 엄마가 대기 대순환이 혼자 일어나는 게 아니라 바닷물을 끌고 다닌다고 했잖아. 바닷물이 바람에 의해 끌려다녀? 섞인다는 얘기지. 〈표층 해수의 순환〉 그림을 보자.

위도 0~30°의 저위도 지방에서는 북동무역풍(남반구는 남동무역풍)이 불고, 위도 30~60° 중위도 지방에서는 편서풍이 불잖아. 해수가 바람따라 끌려 다니기는 하는데, 이동 방향이 조금 이상해. 바람과 방향과 일치하지 않는다는 거지. 왜? 해수의 이동에도 당연히 코리올리 효과가 작용되기 때문이지. 그리고 해류가 대륙과 부딪히는 곳에서는 휘어지기도 하고.

이런 해수의 흐름을 어떻게 알아낼 수 있을까? 인류 역사상 사람들의 입에 오르내리는 세 명의 탐험가가 있어. 한 명은 이미 얘기한, 남극에 글로소프테리스가 살았음을 증명하는 화석을 남긴 스콧이야. 또 한 명은 스콧의 경쟁자였고 이 사람보다 한 달 앞선 1911년 12월 14일 최초로 남극점에 도달한 노르웨이의 아문센(Roald Amundsen, 1872~1928)이지. 나머지 한 사람은 바로 난센(Fridojof Nansen, 1861~1930)이야. 난센은 모두가 불가능하리라고 생각한 그린란드 썰매 횡단을 성공해서 아주 유명해졌지.

그 과정에서 난센은 시베리아에서 벌목된 나무들이 8000km 이상이나 떨어진 그린란드의 해안에서 발견되는 것을 보고는 생각했지. '이건 아마도 해류가 가지고 온 결과일 것이다'라고. 이 사람이 위대한 것은 생각으로 끝낸 것이 아니라 증명하기 위해 실행했다는 거야. 해수가 움직이는 것을 어떻게 확인할 수 있겠어? 난센이 생각해낸 방법은 배를 타고 얼음에 갇히는 거야. 그럼 얼음은

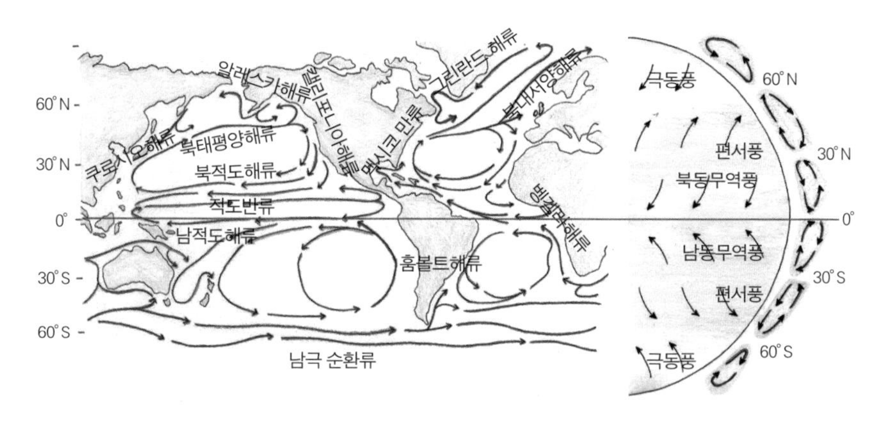

· 표층 해수의 순환 ·

배를 끌고 해류를 따라 이동할 거잖아. 이렇게 해류를 따라 흘러 다니며 해수의 흐름을 기록해봤더니, 북반구에서 표층 해수는 바람의 방향에 대해 오른쪽으로 20~40° 치우쳐 이동하더라는 거야.

그런데 단순히 관측하고 기록하는 것으로 끝낸 것이 아니라 여러 요인들을 고려해 수식으로 풀고 싶어 했어. 난센의 고민을 해결해준 사람이 에크만(Vagn Walfrid Ekman, 1874~1954)이야. 에크만이 바람의 방향과 코리올리 효과 등을 고려해서 해수의 흐름 방향을 수식으로 풀어줬지. 그런데 이건 표층 해수의 흐름일 뿐이잖아. 그 아래는 있는 해수는 어떤 방향으로 흐를까?

북반구를 중심으로 생각해보자. 표층 해수 아래에 있는 수층은 표층 해수를 따라 이동하려고 하겠지만, 여기도 코리올리 효과가 작용하잖아. 지구 내부에서 움직이는 모든 유체는 코리올리 효과의 영향을 받을 수밖에 없거든. 따라서 표층 해류의 방향에 대해

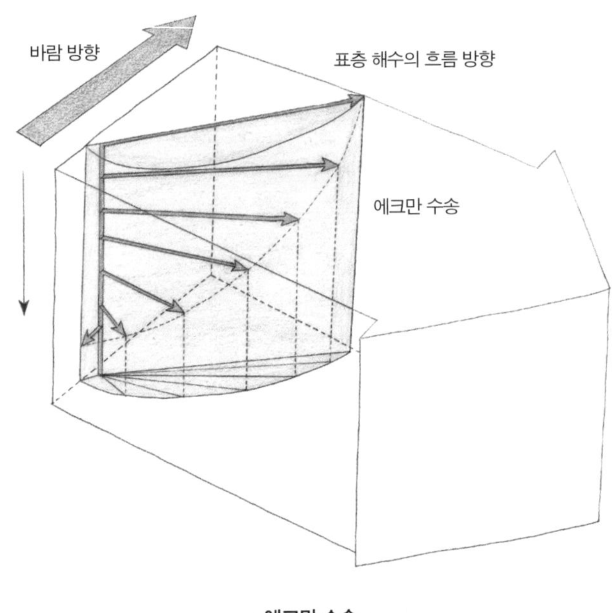

· 에크만 수송 ·

또 오른쪽으로 편향되어 흐를 거고, 이런 현상은 수심을 따라 계속 되풀이되겠지. 수심에 따른 해수의 흐름을 보면 수심이 깊어질수록 흐름이 느려지고, 방향은 계속해서 위에 있는 해류 방향 대비 오른쪽으로 편향되어, 어느 시점에 바람의 방향과 반대방향으로 되겠지. 이렇게 바람의 방향 대비 해류의 방향이 180°가 되는 수심까지를 에크만층(마찰층)이라고 해.

에크만층의 깊이가 어느 정도가 되냐고? 그건 위도나 바람의 세기 등에 의해 달라지겠지만, 평균적으로 수심 100~200m 정도야. 따라서 대륙과 부딪혀 휘어지거나 하는 지형적인 영향을 받지 않는다면, 이 깊이만큼의 '바닷물 상층 덩어리'의 평균 흐름이 오른쪽으로 90° 편향되어 흐른다는 거지. 이걸 누가 계산했다고? 에크만이 계산했다고. 그래서 바닷물 상층 덩어리의 흐름을 에크만 수송이라고 해. 남반구에서의 에크만 수송은 어떻게 일어나겠어? 바람방향에 대해 왼쪽으로 90° 편향되어 흐르지.

그런데 표층 해수 또한 적도지방에서는 따뜻하고, 고위도지방에서는 차가울 거잖아. 이렇게 에너지 불균형 상태의 해수가 적도지방에서 극지방으로 이동하여 섞이면 극지방의 차가운 해수가 조금은 따뜻해지겠지. 엄마가 대기 대순환은 위도에 따른 복사열의 불균형을 해소시킨다고 했는데 해류도 같은 역할을 하는 거지.

표층 해수는 바람이 끌고 다니지. 그럼 심해의 바닷물도 흐를까? 그 흐름을 어떻게 알 수 있겠어? 난센처럼 배를 타고 얼음에 갇혀 심해를 흘러 다닐 수도 없고. 그래서 추적자를 써. 추적자가 뭐냐고? 꼬리표를 다는 거지. 그리고 그 꼬리표가 어디로 어떻게 이동하는지 확인하는 거지.

제2차 세계대전 이후 강력한 무기를 가지고자 했던 미국과 소련은 경쟁적으로 핵무기 개발에 열을 올렸어. 또 전쟁? 응. 또 전쟁 때문인데, 총 쏘는 전쟁이 아닌 냉전의 시대였어. 제2차 세계대전이 끝난 이후에 세계는 미국과 구소련으로 대표되는 냉전시대에 접어들었어. 서로 말도 하지 않고, 서로에게 뒤지지 않기 위해 엄청난 무기를 개발하던 시대였지. 이미 우라늄과 플루토늄을 이용한 핵폭탄 개발은 성공했으니, 얘들보다 더 강력한 폭탄을 만들고자 했지. 그게 바로 수소폭탄이야.

전쟁이 끝난 후 양 진영은 경쟁적으로 수소폭탄 제조 실험을 했고, 1962년 두 나라가 대기 중에서 한 수소폭탄 실험으로 인해 북반구 전역에 엄청나게 높은 수소폭탄의 잔해가 비에 섞여 내렸어. 그 잔해가 뭐냐고? 삼중수소(트리튬, ^3H)야. 보통의 수소는 원자량 1로 원자핵에 양성자 1개만 가지고 있는데, 원자량이 3이라는 얘기는 원래 없던 중성자를 2개나 가지고 있다는 거잖아. 그러니 얼마나 불안정하겠어. 붕괴해서 안정한 상태로 돌아가야지. 그렇게 내린 방사성 비는 바다를 타고 흘러들어갔지.

삼중수소의 반감기는 12년인데, 대서양을 북에서 적도 쪽으로 자르는 단면에서 얻은 삼중수소의 분포를 보면 적도 지역에서는 표층 근처에서만 삼중수소가 관측되지만, 고위도로 갈수록 점점 깊은 곳에서 발견되고, 북위 40° 이상의 고도에 이르면 3000~4000m의 깊이에도 삼중수소가 존재하더라는 거지. 일반적으로 대기나 해수에 삼중수소가 많으냐? 전혀 아니지. 아주 극미량이 존재할 뿐이지. 이게 무엇을 의미하겠어? 1962년 수소폭탄 실험의 잔해인 삼중수소가 비에 섞여 내려 표층을 떠돌다가 심해로 내려갔다는 것을 보여주는 거지.

이런 추적자를 통해 조사해보니, 대기 대순환에 의해 바람한테 끌려 다니는 표층 해수가 북대서양에서 가라앉아 점점 심해로 내려가다가 서서히 상승해 인도양과 북동 태평양에서 표층 해수와 만나는 거대 순환이 일어나고 있다는 것을 알았어. 이렇게 표층 해수와 심층 해수가 섞이면서 순환하는 모양을 컨베이어벨트라고 해.

표층 해수가 흐르는 것은 바람 때문이지. 그럼 해수가 가라앉고 올라오는 것은? 또 밀도 때문이지. 무거우면 가라앉고 가벼우면 올라오고. 해수의 밀도를 결정하는 요소는 뭐겠어? 온도와 염분이지. 염분이 높다는 것은 동일한 부피의 해수가 더 무겁다는 거고. 온도가 낮아지면 부피가 수축하니까 밀도가 커지는 거고.

그런데 〈표층 해수와 심층 해수의 순환〉 그림을 보면 이상한 게 있지 않아? 대서양 북쪽에서 표층 해수가 가라앉고 있잖아. 태평양 북동쪽도 비슷한 위도니까 온도가 비슷할 텐데, 태평양에서는 안 가라앉을까? 태평양 북동쪽에서도 표층 해수가 가라앉기는 하는데, 그 깊이가 북대서양보다 훨씬 얕아. 주로 북대서양에서 가라

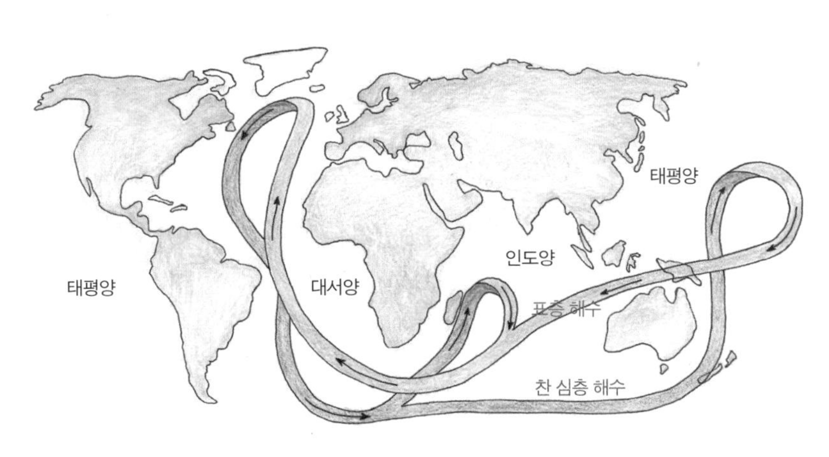

· 표층 해수와 심층 해수의 순환 ·

앉는다는 거지. 북대서양에서 표층 해수가 주로 가라앉는 이유는? 온도가 아니면 염분 때문이지. 그래서 조사해보니까 대서양의 염분이 태평양 염분보다 약 1~2psu 높더라는 거야. 대단하지? 고작 1~2psu 높은 염분에 의해서 북대서양에서 바다 깊은 곳까지 가라앉고, 차가운 심층수가 전 대양으로 퍼지는 순환이 생기다니. 또 하나의 빵빵이지.

순환이 만든 외로움

"엄마 닉네임이 '사막의 발자욱'이야? 멋지다~ 좀 있어 보여" 고등학교 모임 카페의 엄마 닉네임을 확인한 네가 한 말이지. 멋지기는……. 엄마가 소노란 사막에 살 때 외로워서 만든 닉네임인데. 1년에 비가 오는 날은 며칠뿐이고, 그것도 아주 잠깐 내릴 뿐이고. 한여름에는 매일 42℃를 넘나드는 기온이기는 하지만 워낙 건조해 밖에 나가지 않으면 더운 줄도 모르는 곳에 3년을 살다보니 외로웠나봐. 어느 날 '그 사막에서 그는/너무도 외로워/ 때로는 뒷걸음질로 걸었다/자기 앞에 찍힌 발자국을 보려고(사막, 오르텅스 블루)'라는 시 구절에 울컥했으니. 저런 시를 쓸 정도인 걸 보면 사막에서는 누구나 다 외로운가봐.

우리가 살았던 애리조나 투산은 소노란 사막에 세워진 도시지. 아빠한테 속아서 갔어. 엄마가 가는 것에 대해 워낙 시큰둥하니까 아빠가 지도를 들고 와서는 '숲도 있고 강도 있고' 하면서 꼬셨지.

그런데 막상 가보니 아빠가 말한 숲은 전부 선인장 숲이고, 강이라고 표시된 곳은 '와디'라고 어쩌다 한 번씩 호우가 내릴 때 지표면에 일시적으로 물이 흘러 하천이 생기는 곳이더라고. 결국 물이 없는 하천이지. 온대 저기압으로 인해 자주 비가 오는 한국이 그리웠어. 심지어는 한 달 내내 내리는 장맛비도 그리울 정도였으니.

〈사막의 분포〉(205쪽)를 보자. 우리가 살던 소노란 사막도 보이지? 엄마가 특별히 표시했지. 근데 사막이 뭐니? 강수량보다 증발량이 월등히 많아서 물이 없는, 아주 건조한 지역이잖아. 그런데 사막이 표시된 곳이 좀 이상하지 않냐? 다 몰려 있잖아. 북반구나 남반구나 모두 위도 30° 부근으로. 30° 부근에 있는 사하라 사막, 룹알할리 사막, 아라비아 사막, 그레이트빅토리아 사막까지.

〈위도별 강수량과 증발량〉 그래프(205쪽)와 사막의 위치를 한번 비교해봐. 엄마가 지금 말하는 사막이 있는 곳은 강수량에 비해 증발량이 월등히 높잖아. 적도 지방에서 상승한 공기가 하강하는 지역인 위도 30° 부근에 사막들이 몰려 있어. 중간에 비를 다 뿌렸으니 하강하는 공기의 습도는 낮고, 하강하면서 단열압축으로 인해 부피는 줄어들고 온도는 상승해. 이런 현상으로 이 지역은 고기압이라 비는 거의 안 오고 온도는 높으니 수증기의 증발이 왕성하게 일어날 수밖에 없지. 대기 대순환이 만들어낸 사막이지.

이와는 달리 중국의 타클라마칸 사막과 고비 사막을 봐봐. 대륙의 중앙에 위치하고 있거나 주변이 산으로 둘러싸여 수증기 공급이 잘 안돼서 생긴 사막들이지. 주로 온대지역에 있다고 해서 온대 사막이라고 불러.

그런데 이상한 사막들이 있어. 바닷가 근처의 사막들이지. 남아메리카의 아타카마 사막, 아프리카의 칼라하리 사막, 나미브 사막이 바로 이상한 사막들이야. 일반적으로 바닷가 근처면 습도가 높아 비가 많이 올 것 같은데 그렇지 않은 곳이지. 여기에 비가 안 오는 이유는? 해류 때문이야.

아타카마 사막의 해안을 보면 차가운 해류가 흘러 이 해류에 특별한 이름이 있어. 훔볼트 해류(페루 해류). 훔볼트! 베게너에게 지질구조에 따른 동식물의 분포와 지리적 요인과의 관계를 어떻게 설명하고 이해할 수 있는지 보여준 사람이잖아. 이 지역에 대한 연구를 얼마나 했으면 이 특별한 해류에다가 '훔볼트'라는 이름을 붙였겠어.

남아메리카 서쪽의 해안가를 따라 엄청 차가운 해류가 흐른다고 생각해봐. 지표면의 공기는 차가운 해류의 영향을 받아 차갑고 상대적으로 상공의 공기는 따뜻하게 되지. 이거 이상하지 않냐? 대류권에서의 기상 현상은 지표면에서 따뜻한 공기의 상승과 상공에서의 차가운 공기의 하강에 의해 일어나는데 여기는 반대잖아. 즉, 아래는 차가운 무거운 공기, 위에는 뜨거운 가벼운 공기의 기온 역전층이 만들어지잖아. 이로 인해 대류 현상이 잘 안 일어나니 비가 안 오는 거지. 마치 성층권에 기상현상이 없는 것처럼. 여기만 그런 것이 아니라 대서양에 접한 아프리카를 보면 차가운 벵겔라 해류가 흐르지. 여기도 똑같은 현상이 나타나겠지. 그렇게 해

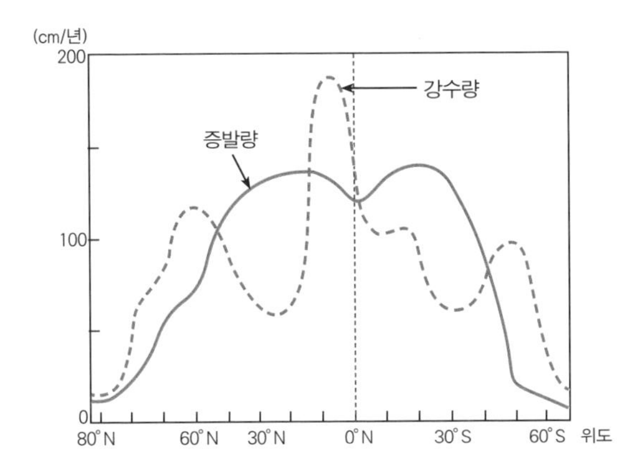

· 위도별 강수량과 증발량 ·

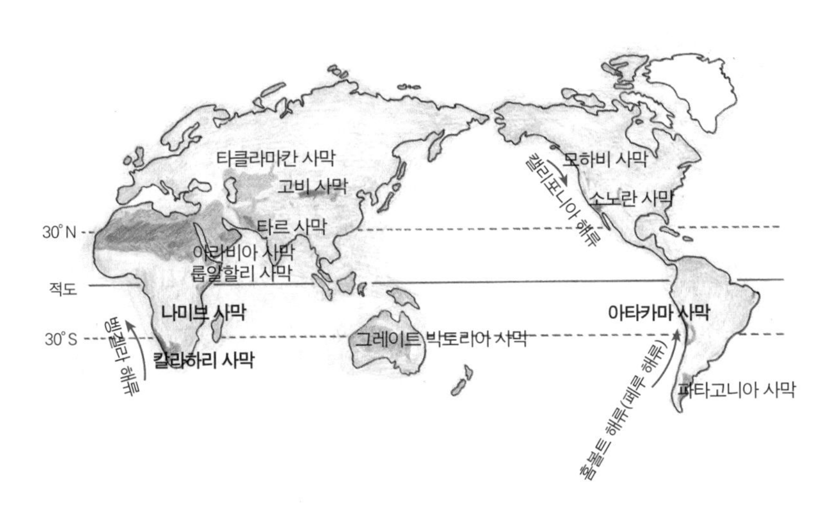

· 사막의 분포 ·

서 생긴 사막이 칼라하리와 나미브 사막이야. 이런 사막을 '해안 사막'이라고 해. 물론 사막이 형성되는 이유가 단순히 한 가지 요인 때문만은 아니야. 경우에 따라서는 엄마가 얘기한 요인들이 복합적으로 작용하기도 해.

난류가 영향을 미치는 곳도 있어. 〈표층 해수의 순환〉 그림(197쪽)을 보면 멕시코만류의 흐름을 볼 수 있잖아. 멕시코만류는 무려 북위 60° 위쪽까지 흐르는데, 그 덕분에 멕시코만류가 지나가는 곳에 있는 런던은 동일한 위도에 있는 다른 지역보다 훨씬 따뜻해. 변환단층인 산안드레아스 단층 위에 세워진 샌프란시스코 해안에도 북극에서 내려온 차가운 해류가 흐르잖아. 여기는 남극 심층 해류에서 갈라져 나온 훔볼트 해류보다는 덜 차가운지, 사막까지는 아니고 동일한 위도의 미국 동부해안보다 훨씬 건조하고 서늘한 기후가 나타나지.

타원형의 구인 지구에 도달하는 태양 복사 에너지에 의해 위도별로 큰 틀의 기후가 형성되었지. 적도는 늘 무지 덥고, 극지방은 춥고 하는 것처럼. 하지만 동일한 위도에 있는 지역이라 하더라도 대기의 순환과 해류의 순환에 의해 어떤 지역은 비옥한 땅이 되고, 어느 지역은 사막이 되고, 어느 지역은 서늘하고 건조한 지역이 되었지. 각각의 지역에서 살아가는 사람들은 유체의 뺑뺑이가 만들어낸 그 지역만의 독특한 환경 속에서 먹고 마시고 자면서, 때로는 외로워하고, 때로는 수와로 선인장에 걸쳐진 노을에 행복해하면서 또 그렇게 길들여지고 있는 거지.

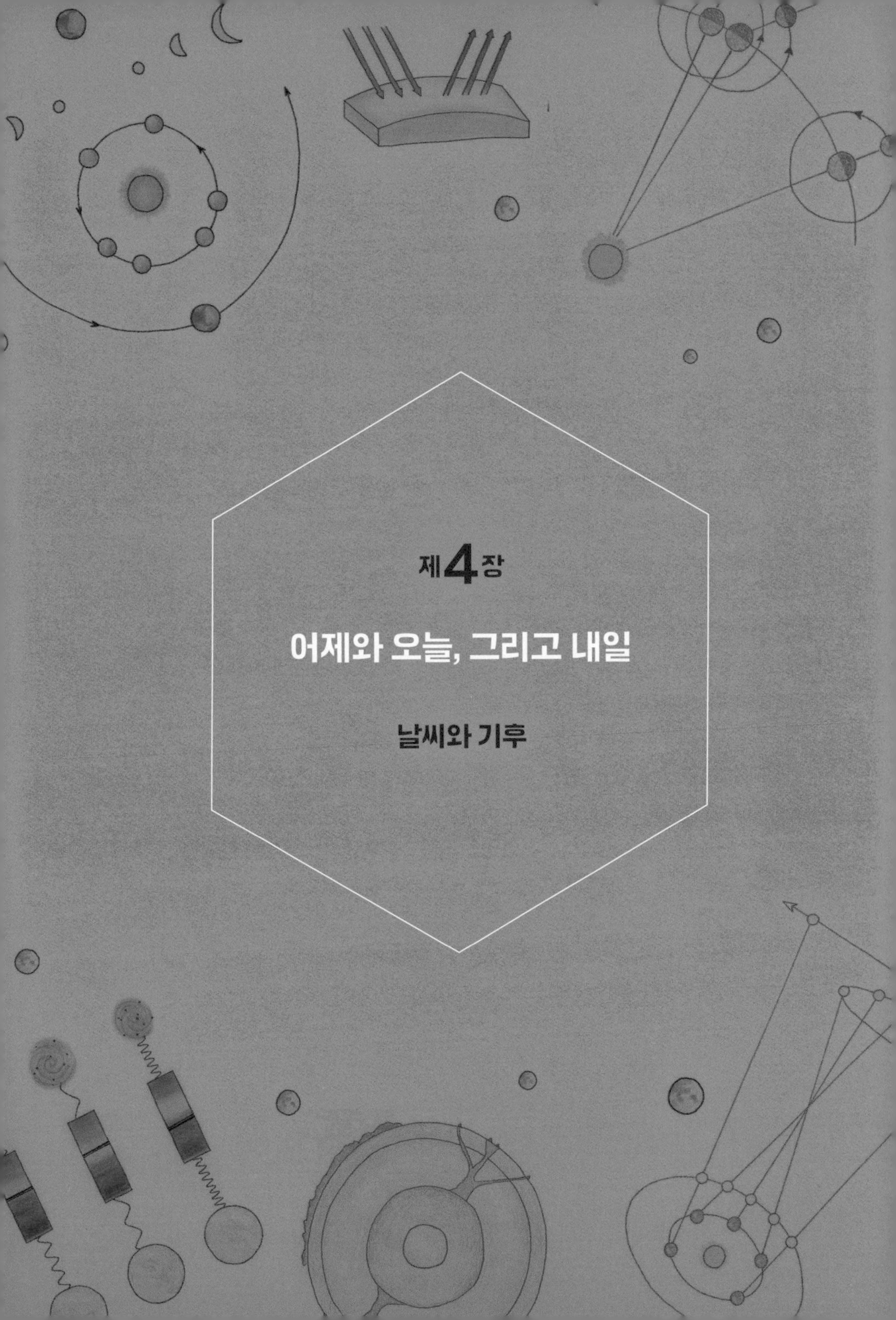

제4장

어제와 오늘, 그리고 내일

날씨와 기후

"엄마, 어제는 무지 더웠는데 오늘은 비가 좀 오려나? 이럴 때 북쪽에 있어 서늘한 노르웨이를 가야 되는데……." 이른 아침부터 숨이 턱턱 막혀오는 습기 품은 열기를 핑계 삼아 또 노르웨이 타령이다. '왜 차라리 한겨울인 남극에 가자고 하지?'라는 말이 튀어나오려는 것을 꾹꾹 눌러 참았다. 더불어 네가 왜 노르웨이를 꺼내는지 알기에 얼른 "비는 왜 오는데?"라며 다른 질문을 했다.

"단열팽창이라며? 어제 하루 종일 태양이 엄청 이글거렸으니, 공기가 엄청난 수증기를 품고 상승했을 거잖아. 그러니 오늘은 비가 엄청나게 올 거야. 수증기 양이 많아서 내일도 비가 올 걸?"이라고 예보가 아닌 예언을 한다. "일기예보에는 비가 오기는 오는데 아주 조금 온다고 하던데?"라고 반문하니, "일기예보가 언제 맞기는 했어?"라며 쫑알댔다.

오늘의 날씨를 너처럼 단순하게 해석해서 명쾌하게 예측할 수 있다면, 기상청에 있는 분들이 일기예보의 정확도를 높이기 위해 그렇게 골머리를 썩을 필요도 없겠지. 우리나라 기상예보 정확도는 약 85% 정도인데 일본이나 미국보다 약 1~3% 정도 낮은 수준이야. 15%의 틀린 예보 때문에 많은 사람들이 투덜대고 있기는 하지만 다른 나라에 비해 그리 낮은 편은 아니거든. 생각해보면 시시각각 변하는 수만 가지 요인들을 분석해서 100% 정확한 기상을 예보하는 것은 힘들 일이겠지.

그래서인데 오늘만은 기상청에 계신 분들이 욕을 좀 먹더라도, 일기예보가 틀렸으면 좋겠다는 생각을 했어. 워낙 더우니. 온대지역에서 나타나는 독특한 기상현상이 만들어내는 비가 주룩주룩 내렸으면 좋겠다고. 엄마도 오늘의 열기 품은 습한 날씨가 싫기는 하지만, 그래도 우리나라의 현재의 온대기후가 좋아. 봄, 여름, 가을, 겨울이 있어 단조롭지 않으니. 그런데 엄마의 할머니, 할머니의 할머니, 그리고 그 할머니의 할머니도 비슷한 기후 조건에서 살았을까? 그랬겠지. 그러니 엄마에게 겨울이면 김장을 하고, 여름이면 더위를 피하는 방법을 물려줬겠지. 하지만 더 과거에는? 그리고 아주 먼 미래의 엄마의 후손들은?

그래서인데, 너의 예언이 틀려 비가 안 오면 할아버지 할머니가 물려주신 더위를 피하는 방법을 실천해볼까? 아무리 더워도 시원한 계곡물에 발을 담그고 이가 시릴 정도의 수박을 먹으면 안 더울 거잖아. 그런 곳이 어디 있냐고? 찾아보면 돈과 시간을 들여 노르웨이까지 가지 않아도 무지 많을 걸?

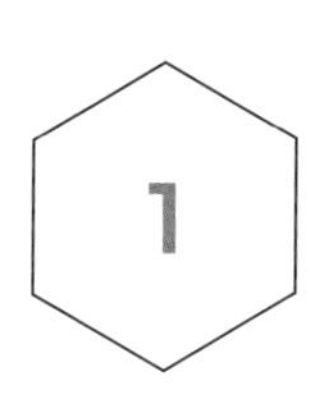

오늘의 일기도

너의 예언은 적중했고, 기상청은 또 엄청 욕을 먹는 일이 발생했지. 그날따라 출근길에는 멀쩡했던 하늘에 구멍이라도 난 듯이 비가 엄청 내렸어. 사무실에 앉아 내리는 비를 바라보다가 아침에 네가 우산을 안 가지고 갔다는 생각이 들면서 옛날 일이 떠올랐지. 네가 초등학생일 때, 장마철만 되면 아침마다 등굣길에 비옷, 장화, 우산을 챙겨 보냈더니 비도 안 오는데 혼자만 그렇게 입고 갔다고 투덜댔었지. 그래서 하루는 그냥 학교를 보냈는데 오후에 내린 폭우로 다 젖어서 집에 돌아온 네가 한마디 했지. "엄마는 왜 안 와?"라고. 다른 엄마들은 우산 들고 교실 앞에서 기다리는데 엄마는 나타나지도 않았다고. 그래서 비 맞고 왔다고. 친구 우산 같이

쓰고 오지 그랬냐고 하니까, 그냥 싫었다고. 엄마가 가지 않은 것에 대한 말없는 항변으로 비 맞고 온 너를 보는 엄마의 마음이 어땠을까?

이제는 스스로 다 알아서 할 나이가 되기는 했지만 그때 못한 일을 지금이라도 한번 해볼까 하는 약간의 망설임으로 잠시 고민했어. 몹시 피곤하기도 했고, 딱히 오후에 바쁜 일정이 없어서 점심 먹고는 바로 오후 휴가를 냈지. '둘이서 오랜만에 떡볶이로 데이트 좀 해볼까?' 하는 마음으로 말이야. 그리고는 우산을 들고 야심차게 너를 기다렸어.

아이들과 우르르 교실을 빠져나온 네가 엄마를 발견한 순간, 엄마에게 말을 거는 게 아니라 친구들에게 뭐라고 한참을 얘기하더니 다가와서 하는 말. "엄마 우산만 줘. 나 애들이랑 떡볶이 먹으러 가게. 아~ 비는 왜 와가지고……" 하면서 친구들과 조잘대는 뒷모습만 보여주며 사라졌지. 엄마의 야심찬 기다림? 네가 더 이상 엄마를 기다리는 초등학생이 아니라는 것을 깨닫지 못한 엄마의 야심찬 헛꿈이었지. 네 말처럼 왜 비는 내려서……. 바다가 전체 표면의 70%인 행성 지구. 증발된 물이 만들어내는 비. 그런 물의 행성에서 사는 너와 나는 왜 이런지……. 불발된 야심찬 떡볶이 데이트 대신에 집에 가서 물의 행성에 사는 생명체가 만든 드라마나 봐야겠다.

비도 오는데 너로 인해 기분이 더 우울해졌지. 한마디로 저기압이란 얘기지. 저기압? 기압이 상대적으로 낮은 게 저기압이지. 저기압이 되면 구름이 깔리고, 더 심해지면 비도 오고. 기분이 축축해지는 거지. 그런데 저기압이면 구름이 끼고 비오고 그러나? 반드시 비가 오는 건 아니지만 무조건 구름은 생겨. 왜? 단열팽창 때문에.

우리가 사는 북반구 편서풍 지역에서 일어나는 단열팽창을 보자. 대기 대순환에서 나타나는 단열팽창과 원리는 같아. 단지, 규모가 작고 코리올리 효과에 의한 편서풍의 영향을 받을 뿐이지. 지표면 근처의 공기가 복사열을 받아 뜨거워지면 상승하잖아. 이때 공기가 코리올리 효과로 인해 진행 방향의 오른쪽으로 편향되어 수렴한 후 상승하면 압력이 줄어들기 때문에 부피가 팽창하면서 온도가 떨어지겠지. 온도가 낮아져서 공기 중에 포함될 수 있는 수증기 양이 줄어드니까 이슬점에 도달하는 거고. 단열팽창의 결과 무게를 견디지 못할 만큼의 이슬이 맺히면 비가 되어 내리는 거잖아.

이런 단열팽창의 반대가 뭐였어? 단열압축이야. 공기가 하강하면서 온도가 올라가니 포화수증기 농도가 높아지니까 생겼던 구름도 사라지지. 공기가 하강하는 거? 고기압이지. 맞아. 대기 대순환에서 일어나는 공기의 상승과 하강. 적도 지방에서 시작된 해들리 순환에 의한 저위도 저압대, 그리고 위도 0°~30° 사이를 이동하면서 그 중간에 다 비를 뿌리고 30° 부근에서 하강하면서 중위

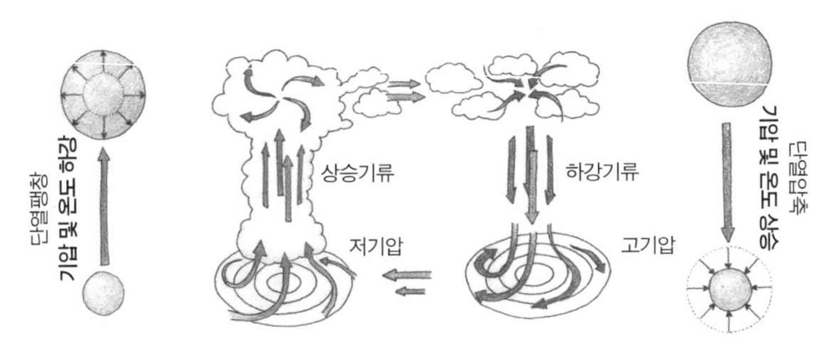

· 단열팽창과 단열압축에 의한 편서풍 지역의 저기압과 고기압 생성 모식도 ·

도 고압대를 만드는 그 모든 과정에서 단열팽창과 단열압축이 일어나잖아.

우리나라는 북위 약 37°에 있는데 대기 대순환에서 보면 편서풍과 극지방에서 내려오는 극동풍이 만나는 곳이지. 페렐 순환이 일어나는 곳이잖아. 하지만 지역의 날씨는 전 지구적 차원의 순환에다가 지역적 영향을 받아 아주 다양하게 달라지잖아. 대기 대순환에 의해 불어오는 편서풍이라고 하더라도 바다를 지나온 편서풍이냐 대륙을 지나온 편서풍이냐에 따라 공기의 성질이 달라지기 때문이기도 하고 지형적 영향을 받기도 하지.

이렇게 공기가 지표면의 성질을 닮아 생긴 덩어리를 기단이라고 하는데, 우리나라를 보면 중국 남쪽을 지나온 기단은 육지의 뜨거운 열을 받아 따뜻하고, 바다를 지나 남쪽에서 올라온 기단은 뜨겁고 습기를 많이 머금고 있겠지. 중국 남쪽을 지나온 기단은 양쯔강 기단이고, 남쪽에서 올라온 기단은 북태평양 기단이야. 이 두

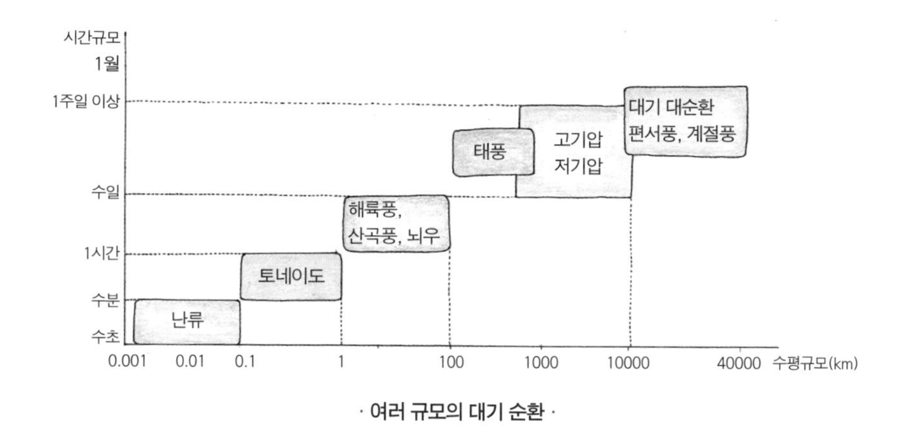

· 여러 규모의 대기 순환 ·

기단과 북쪽에서 내려오는 차가운 시베리아 기단, 그리고 일본 북쪽의 바다를 지나오는 오호츠크해 기단, 이 4개의 기단이 계절별로 우리나라에 끼치는 영향이 다르지. 겨울에는 시베리아 기단이 발달해서 우리나라 전역을 덮어버리니까 춥고, 봄과 가을에는 양쯔강 기단이 발달해서 온난 건조하고, 여름에는 북태평양 기단이 발달해서 끈적끈적하고 덥잖아. 엄마가 애들을 모두 계절별에 따라 말한 게 보이니? 맞아. 계절풍이지.

이 기단들이 고기압이고 저기압이냐고? 고기압과 저기압은 상대적인 거잖아. 주위보다 기압이 낮으면 저기압이고 높으면 고기압이니까 커다란 기단 안에서도 고기압과 저기압이 생길 수밖에 없지. 그렇게 복잡한 성질을 띤 기단 안에서 기압이 같은 점들을 이어 놓은 것은 등압선이라고 해.

오늘의 엄마 기분처럼 하루 종일 비를 뿌리는 이 저기압의 이름이 '온대 저기압'이야. 그것도 온종일 내리니까 아마도 온대 저기

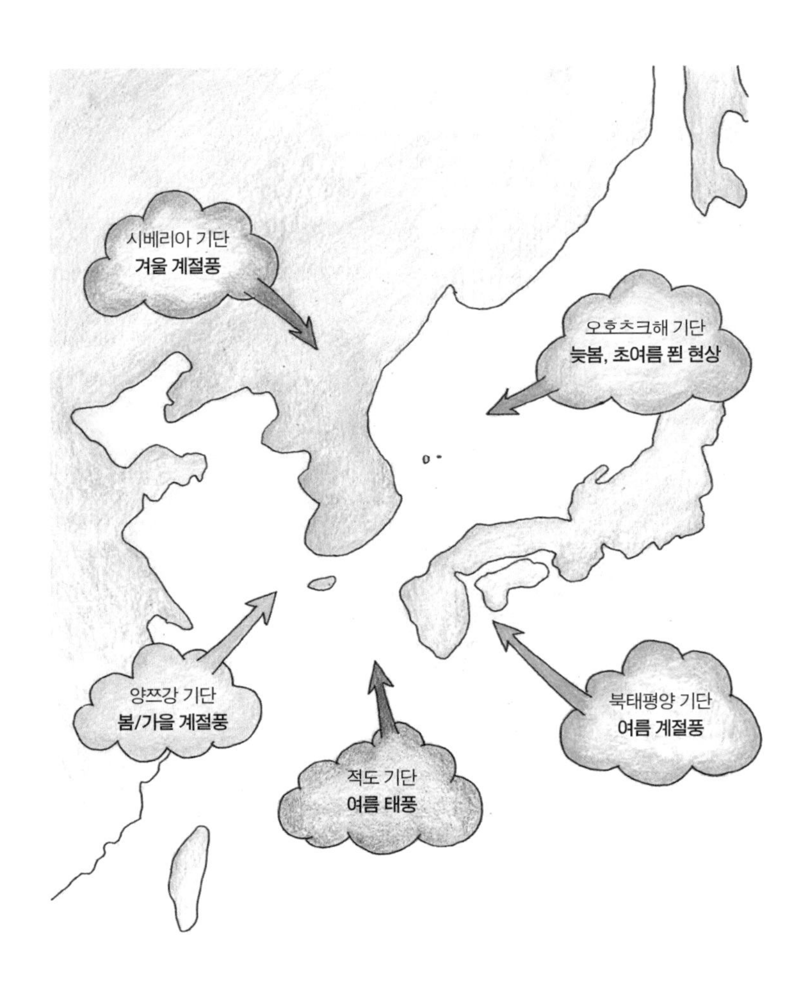

· 우리나라 주변의 계절별 기단 ·

압 중에서도 온난 전선이 지나가면서 엄마 기분을 더 축축하게 만드는 거라고 생각해.

온대 저기압은 극지방의 아주 찬 공기와 30° 근처에서 올라오는 따뜻한 공기가 상공에서 서로 부딪혀 요동을 치기 때문에 생기는 중위도 지역만의 독특한 저기압이야. 엄마가 페렐 순환을 얘기하면서 상공의 대기 흐름을 점선(⋯)으로 표시한 거 기억해? 페렐 순환은 극 순환과 해들리 순환에 의한 간접순환으로 일어나기 때문에 힘이 약해. 그러다 보니 상공에서의 공기 흐름이 마구 엉키지. 극지방의 찬 공기가 중위도 상공으로 내려오는 경우도 있고 중위도 상공의 공기가 극지방으로 올라가기도 하거든. 그럼 위로 올라가려는 공기와 아래로 내려오려는 공기는 또 코리올리 효과에 의해서 각각 진행방의 오른쪽으로 편향되어 상공에서 뒤엉키면서 요동을 치겠지.

오늘의 저기압은 지표면에서부터 대류권계면에서 일어나는 대류 현상에 의해 생기는 건데, 상공에서 공기가 요동을 치면서 파동을 만들면 당연히 그 기단 아래도 영향을 받겠지. 상공의 공기가 요동을 치는 상황에서 대륙의 성질을 닮은 서로 다른 두 기단이 지표면에서 만나는 상황. 이때 어떤 일이 생길까?

지표면 근처에서 서로 다른 성질을 가진 두 기단이 만나서 이루는 면을 전선면이라고 해. 처음에는 짧게나마 힘의 균형을 이루기 때문에 위도와 나란한 전선면이 형성돼. 하지만 그 균형은 오래가지 않아. 이때 상공에서 아무 일도 일어나지 않으면 차가운 기단이 따뜻한 기단을 쫓아가서 따뜻한 기단 밑으로 파고들어 생기는 한랭 전선이나, 따뜻한 공기가 차가운 공기를 쫓아가서는 차가운 공기 위로 타고 올라가서 생기는 온난 전선 두 개 중 하나만 생길 거야. 그런데 상공에서 일어나는 파동에 의해 이 기단이 두 개의 전선으로 분리가 돼. 분리의 결과, 온대 저기압의 중심부로부터 한랭 전선과 온난 전선이 동시에 배치되는 독특한 현상이 생기지.

한랭 전선이나 온난 전선이나 모두 따뜻한 공기가 상승하잖아. 공기의 상승은 바로 단열팽창으로 이어지고, 단열팽창의 결과 구름이 생기고 비가 내리고. 한랭 전선이나 온난 전선이나 여기까지는 똑같아.

그럼 둘의 차이는 뭐냐고? 한랭 전선은 차가운 기단의 이동 속도가 빨라 따뜻한 기단을 파고들어 급격한 기울기의 전선면을 형성해 그래서 구름이 좁은 지역에 생기고, 비도 좁은 지역에 내려. 길을 가다가 맑은 하늘에 날벼락처럼 소나기와 같은 비가 내리면 어딘가에 들어가 비를 피하고 잠시 기다려도 좋아. 그러면서 '나는 온대 저기압의 한랭 전선이 지나가는 지역에 서 있나보다' 하는 거지.

이와는 달리 온난 전선은 더운 공기가 찬 공기 위로 넓게 타고 올라가, 넓은 지역에 걸쳐 구름이 생겨. 그래서 넓은 지역에 이슬비나 가랑비 같은 비가 온종일 내리지. 이런 날은 우산을 들고 가면서 '아~ 온난 전선이 지나가나 보다' 하는 거고. '온난 전선이 지나가면 따뜻한 남서풍이 불어오겠고, 전선 앞쪽에는 남동풍이 불겠구나' 하는 거지.

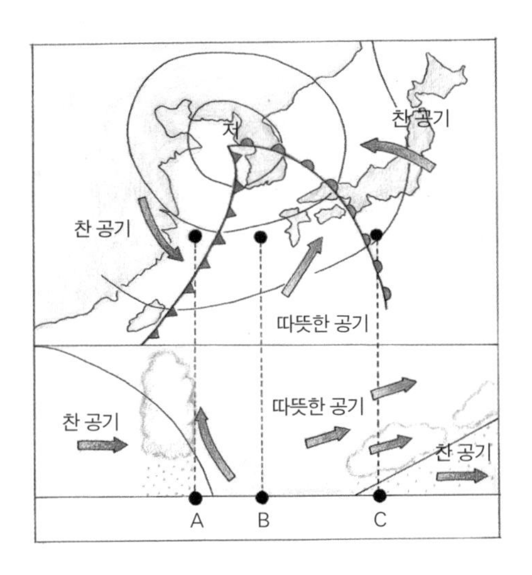

· 온대 저기압 ·

편서풍이 부는 북반구에서 저기압일 때 바람이 수렴하는 방향을 생각해보면 각 전선에서의 바람 방향을 쉽게 생각할 수 있잖아. 이 시점에 잊지 말아야 할 사항이 하나 있지. 바람은 시작점의 방향을 사용한다는 것을. 우당탕 시끄러운 비가 내리고 온 뒤에는 한랭 전선 뒤쪽에 있던 차가운 바람이 따라와 온도가 내려가고, 촉촉한 비가 내리고 난 뒤에는 따뜻해지는 게 다 이런 이유 때문이지. 전선의 이동 방향은 말하지 않아도 알지? 편서풍 방향인거.

〈온대 저기압〉 그림에서 보면 한랭 전선의 이동 속도가 빠르니까 결국은 한랭 전선과 온난 전선이 만나겠지. 이렇게 만난 애들을 폐색 전선이라 하는데, 폐색 전선이 형성되어도 당연히 비가 오지. 얘도 전선이니까. 비가 오기는 오는데 한랭 전선과 온난 전선에서

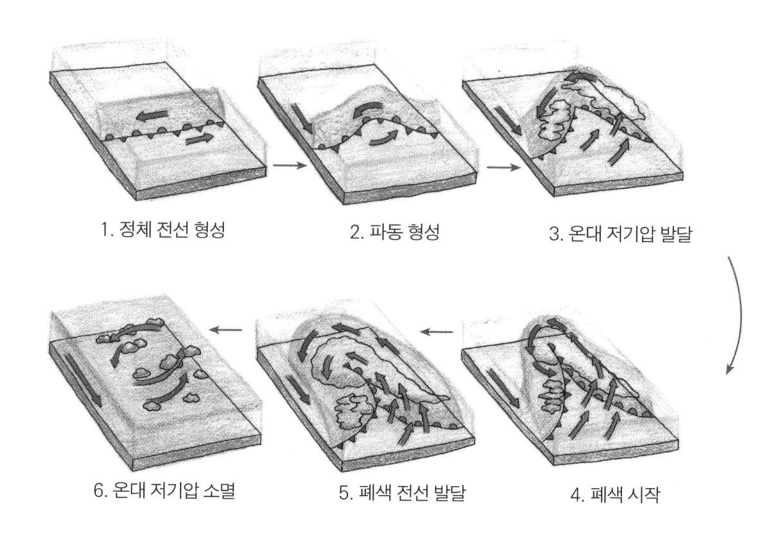

· 온대 저기압의 생성과 소멸 ·

일어나는 현상이 겹쳐서 나타나. 그래서 폐색 전선 형성 초기에는 뇌우를 동반한 급격한 기상 변화가 나타나기도 해.

그런데 한랭 전선면과 온난 전선면이 만나면 지표면에서는 찬 공기와 더 찬 공기가 만나는 거잖아. 두 개의 찬 공기 중에서 어디가 더 차가우냐에 따라 이름이 달라져. 한랭 전선의 찬 공기가 온난 전선의 찬 공기보다 더 차면 한랭형 폐색 전선이라고 하고, 반대면 온난형 폐색 전선이라고 해. 폐색은 패배, 소멸을 의미하잖아. 이렇게 폐색 전선이 되면 따뜻한 공기가 저기압 중심에서 떨어져 나와 전선이 소멸해. 전선의 소멸? 저기압의 끝, 고기압 시작인 거지.

"그럼 둘이 맨 처음 힘겨루기 할 때도 만난 거잖아. 그때는 뭐라고 불러?"

정체 전선이야. 혹시 학교에서 정체 전선 그러면 장마 전선이라고 배웠니? 당연히 배운 게 맞지. 그런데 온대 저기압이 형성될 때 처음 두 기단이 만나도 정체 전선이 형성이 돼. 말 그대로 정체하는 거지. 온대 저기압의 경우에 정체 전선이 아주 짧은 시간 동안 존재할 뿐인 거고. 그나저나 엄마의 저기압 소멸은 언제나 일어날까?

역사를 만든 비

그런 엄마가 집에 와서 한 일이라고는 드라마 몰아보기가 전부였다. 아무것도 하지 않고 무려 4회나 연속으로 봤어. 무슨 드라마를 봤냐고? 〈정도전〉. 조선 건국을 이성계의 시점이 아닌 정도전의 시점으로 보는 드라마야.

그날 연속 4회나 몰아본 드라마의 내용은 조선 건국의 신호탄이라고 할 수 있는 '위화도 회군'이었어. 고려 말, 최영 장군의 결단으로 이루어진 요동정벌을 떠난 이성계는 비 때문에 위화도에서 발이 묶였지. 눈앞에 압록강을 두고 불어나는 강물을 바라보며 개경으로 돌아갈 궁리를 하지. 4회의 모든 장면이 비를 배경으로 하고 있더군. 내리는 비를 보면서 '저 장맛비가 이성계에게 하늘이 내려준 기회였구나'를 연발하면서 봤지. 온대 저기압에 의한 비가 아니라 장맛비 때문이라고 확신하면서 말이야.

장마 전선. 전선에서는 늘 비가 내리니까 얘도 전선이니 비가 내려. 그것도 지겹게. 장마 전선은 정체 전선이야. 말 그대로 두 개의 전선이 정체한 상태로 있다는 거지. 엄마가 우리나라에 영향을 주는 기단을 얘기했는데, 이름만 얘기하고 한 번도 언급하지 않은 기단이 있는데 기억할까? 오호츠크해 기단이야. 북태평양 기단은 여름에, 시베리아 기단은 겨울에, 양쯔강 기단은 봄과 가을에 영향을 준다고 했는데, 오호츠크해 기단은 계절에 별다른 영향을 주지 않아. 얘는 주로 장마 전선과 푄 현상에만 형향을 주는 애야.

초여름이 되면서 고온 다습한 북태평양 고기압이 발달해서 우리나라를 향해 북상해오지. 이때 이 기단의 세기는 한여름 보다는 조금 약한 상태인데, 그 상태에서 한랭 다습한 오호츠크해 기단을 만나. 두 기단의 성질을 보면 둘 다 다습하지만 하나는 고온이고 다른 하나는 한랭이잖아. 서로 다른 온도를 가진 기단이니 당연히 전선이 생기지. 일단 무슨 전선? 정체 전선. 즉 초기 세력다툼을 하는 건데, 두 기단의 세력다툼은 온대 저기압 초기와 달리 짧은 시일에 끝나지 않고 오랫동안 유지돼. 즉, 동서로 길게 위도와 나란한 방향으로 정체 전선을 만들어 진을 치고는 북태평양 기단이 힘이 좀 세지면 북으로, 오호츠크해 기단이 발달하면 남으로 오르락내리락하면서 비를 뿌리지. 거기다가 두 기단 모두 바다를 통과해 온 기단이기 때문에 습기를 엄청 많이 포함하고 있으니 비가 엄청, 오래 내리겠지. 그러다가 이 정체 전선의 세력이 약화되면? 다시 온대 저기압으로 변신해서 한랭 전선/온난 전선과 폐색 전선을 거쳐 소멸하는 거야.

다시 이성계 얘기로 돌아가면 고려 우왕 때인 1388년 이성계는 5만의 병사를 이끌고 요동을 정벌하기 위해 출정을 했어. 하지만 처음부터 가기 싫어했어. 현실적으로 그 당시의 고려의 정치 · 군사적 상황으로 봤을 때, 요동을 정벌한다는 것은 쉬운 일도 아니고 국가에 도움이 되는 일도 아니라고 판단하고 있었거든. 아무리 싫어도 가라면 가야하니까 일단 출정은 했지.

그해 음력 4월 18일 지금의 평양인 서경을 출발해 19일이 지난 음력 5월 7일 압록강 하류인 위화도에 도착해서는 진지를 치고 14일을 기다렸지. 때마침 하늘이 도왔는지 주구장창 14일 동안 장맛비가 내려 압록강 물은 불어나고 전염병이 돌기 시작했어. 엄청 가기 싫어했던 이성계에게 끊임없는 비는 어마어마한 행운이었을지도 몰라. 속으로 쾌재를 부를지언정 한 나라의 위대한 장수인데 내리는 빗줄기를 좋다고 할 수는 없고, 비장한 마음으로 조정에다가 상황을 전하며 돌아가게 해달라는 장계를 올렸지.

그 당시의 실질적인 권력자인 최영 장군이 허락했겠어? 절대로 안 하지. 이성계가 군사를 회군하는 순간 고려를 삼켜버릴 것을 알고 있었지. 결국 허락이 안 떨어짐에도 불구하고 이성계는 '고통받는 5만의 병사를 안전하게 집으로 돌려보내겠다'라고 외치면서 말머리를 돌려 위화도를 떠난 지 9일째인, 음역 6월 3일 개경으로 돌아왔어. 위화도까지 가는데 19일, 위화도에서 비 그치기를 기다

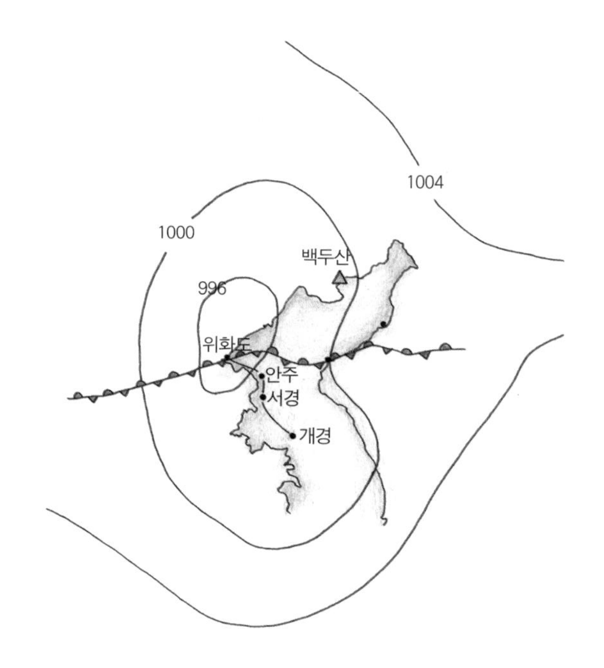

· 위화도 회군시 장마 전선 모식도 ·

리는 14일, 그리고 다시 돌아와서 개경 함락까지 9일이 걸렸어. 가는데 19일 걸렸는데, 돌아오는 데 걸린 시간은 절반도 안 되잖아. 날짜만 봐도 얼마나 가기 싫어했는지 알 수 있잖아?

'오뉴월 장마'라는 말이 있잖아. 그렇게 위화도에 도착해서 개경 함락이 일어난 음력 5월과 6월을 양력으로 환산해보면 6월 말에서 7월 말에 해당되는 시기야. 그런데 그 장마 전선이 이성계를 도우려고 그랬는지, 북쪽에 형성되어 위화도에 14일 가까이 비를 뿌린 거지. 장마 전선은 보통 오르락내리락거리잖아. 그런데 그해에는 위화도 근처에서 머물면서 계속 비를 뿌려 이성계가 돌아올 좋은 핑계를 만들어준 거였지.

일단 말을 꺼냈으니 잠시 다른 얘기를 하려고. 푄현상 말이야. 오호츠크해 기단은 일본 북쪽에서 내려오는 기단이잖아. 한랭 다습한. 그런데 우리나라 동쪽을 보면 태백산맥이 떡하니 버티고 있지. 태백산맥 고개(령)를 기준으로 동쪽을 영동이라 하고 서쪽을 영서라고 하는데, 태백산맥 때문에 이 두 곳의 날씨가 많이 달라져. 여름에 오호츠크해 기단이 내려오다가 태백산맥을 타고 상승해. 상승? 단열팽창! 지형적인 이유로 단열팽창이 일어나 비가 오는 거지. 그렇게 산을 타고 오르다가 정상을 넘어 산맥을 타고 내려오면 단열팽창의 반대인 단열압축이 일어나 온도가 엄청 올라가는 거야. 그래서 여름의 영동지방은 서늘하고 영서지방은 죽어라고 덥지. 여름에 왜 강원도 속초나 강릉으로 피서를 가겠어? 푄현상으로 상대적으로 서늘하니까 그런 거지.

스스로 커지는 열대 저기압

"우리도 푄현상으로 서늘한 강릉이나 속초로 휴가 가자!" 노르웨이 대신 찾은 곳이냐? 그냥 장마에서 끝낼 걸, 괜히 푄현상까지 얘기해가지고……. 오호츠크해 기단이 우리나라에 주는 계절적 영향은 크지 않지만, 북대서양 기단의 세력이 약할 때는 영향이 비교적 커서 푄현상은 주로 늦은 봄이나 초여름에 강하게 나타나. 하지만 태백산맥을 중심으로 오호츠크해 기단과 가까운 영동과 영서

지방은 늘 오호츠크해 기단의 영향을 받을 수밖에 없어.

장마가 끝나가는 7월 말에서 광복절을 낀 8월 중순까지가 휴가철의 절정인데, 이 시기에 사람들이 최고의 피서지로 꼽는 지역이 바로 강원도잖아. 왜 이 시기에 사람들이 강원도를 가고 싶어 하는가? 우선 대기만 놓고 보면 다른 지역보다 서늘해. 두 가지 이유지. 하나는 오호츠크해 기단의 영향으로 인한 푄현상 때문이고 또 한 가지 이유는 해륙풍 때문이지.

푄현상은 이미 얘기했고, 해풍을 얘기해볼까? 사실 대단히 간단한 원리지. 바다와 대륙의 비열 차이에 따른 지역적 공기의 상승과 하강 때문이야. 비열이 뭐냐? 단위질량(1kg 또는 1g)을 1℃ 올리는데 필요한 열량이지. 한여름에 바닷가에 가면 모래는 맨발로 걷기 힘들 정도로 뜨거운데 바닷물은 시원하잖아. 그건 모래가 바닷물에 비해 비열이 낮기 때문에 같은 에너지를 받더라도 쉽게 뜨거워지기 때문이잖아. 뜨거운 육지에서 어떤 일이 일어나겠어? 공기 상승이지. 공기가 상승하면 바다로부터 덜 뜨거운 공기가 들어와 그 빈자리를 메우잖아. 그래서 네가 서 있는 지표면을 기준으로 봤을 때 낮에는 바다에서 해풍이 불어오는 거지. 반면 밤에는 바다의 온도가 상대적으로 높아 바다에서 공기 상승이 일어나 네가 서 있는 육지에서 바람이 불어나가지. 중요한 것은 바람이 분다는 거야. 바람이 불면 좀 시원하게 느끼잖아. 비록 바다에서 끈적끈적한 소금기가 같이 날아오겠지만. 휴가라는데 소금기쯤이야.

또 다른 이유는 바로 수온이지. 동해 바다는 수심이 깊어서 평소에는 너무 차가워서 수영하기가 적당하지 않아. 그런데 화가 난 태양이 이글거리는 7월 말에서 8월이 되면 평균적으로 20℃가 넘어 해수욕이 가능해. 7월만 해도 20℃ 아래인 경우가 많지. 정말 가기 싫지만 그래도 졸라대니까 휴가를 가볼까 하고 고민을 했지. 네가 아는 것처럼 엄마는 차 막히는 거 잘 못 참잖아.

어라? 이런 반가운 소식이? 태풍이 온단다. 태풍은 저기압이기는 한데, 온대 저기압과 다른 열대 저기압이야. 온대 저기압은 서로 다른 성질을 가진 기단들이 만나 생기는 반면, 태풍은 비를 동반한 강한 바람으로 전선이 없는 저기압이야. 열대 저기압은 지역에 따라 태풍, 허리케인, 사이클론으로 불리는데 뜻이 한결같이 '다 때려 부순다', '폭풍의 신' 이런 뜻이야. 엄청난 바람과 비를 동반한다고 해서 붙인 이름이겠지. 이름을 풀어보면 열대 지역에서 발생한 저기압이라는 얘기잖아. 엄마가 우리나라에 계절에 영향을 주는 기단을 얘기하면서 4가지를 말했는데, 열대 저기압(적도기단)은 얘기하지 않았거든.

여름에 강한 태양빛에 의해 적도 부근의 온도가 마구 상승하면 바다 수온도 올라가지. 그럼 바닷물은 계속 증발할 테고, 바닷물을 머금은 공기는 상승할 거고. 계속되는 바닷물의 증발과 공기 상승의 결과, 이슬점이 점점 낮아지면서 구름이 형성돼. 이건 온대 저기압이랑 똑같다고? 여기까지는 똑같지만 그 다음이 엄청 다르지.

열대 저기압이 가지는 아주 독특한 특징은 엄청난 비와 바람이잖아. 이게 가능한 결정적인 이유는 스스로 열을 낼 수 있기 때문이지. 무슨 애기냐고? 엄마가 단열팽창을 얘기했지. 단열팽창이란 공기가 상승하면서 팽창하는 건데, 팽창이란 결국 일을 하는 거라고. 일을 하면서 열을 낸다고. 그래서 공기는 식는다고 했잖아. 지상에서 처음 공기가 팽창할 때는 이슬점에 도달하지 못한 상태에서 팽창하면서 온도가 떨어지잖아. 이때 떨어지는 온도는 무지 급격해서 1km씩 올라갈 때마다 약 9.8℃ 떨어진다고. 이렇게 마구 올라가다보면 마침내 이슬점에 도달해 이슬이 맺히잖아. 이때도 계속 팽창해 온도가 떨어지기는 하는데 반전이 일어나. 반전! 바로 숨어 있던 열, 숨은열(잠열)이 나오는 거지.

물질의 상태 변화에 따라 열의 출입이 일어나잖아. 기체가 액체가 되면 기체가 품고 있던 열이 튀어나오고, 액체가 기체로 변하려면 열을 필요로 하지. 그래. 기체 상태의 수증기가 상승하다가 이슬점에 도달하면 액체로 변하면서 숨어 있던 열이 나오는 거야. 열대 저기압은 애초에 시작할 때부터 수증기가 많잖아. 그러니 엄청난 열이 한꺼번에 나오고, 이 열은 더 많은 공기의 상승을 유발하고, 기단이 바다 위를 지나면서 더 많은 수증기를 흡수하게 돼서 점점 거대한 열대 저기압으로 변해가는 거지. 온대 저기압도 단열팽창에 의해 상승하다가 이슬점에 도달하면 스스로 열을 내지. 하지만 얘가 내는 열은 열대 저기압과 비교할 수 없을 만큼 적은 양이야. 왜? 애초에 수증기가 열대 저기압에 비해 현저하게 적기 때문이지. 그래서 열대 저기압이 안 되는 거지.

· 천리안 위성이 찍은 태풍 곤파스(2010), 기상청 홈페이지 ·

북반구 해양의 평균 수온은 약 19℃쯤 되는데, 한여름 적도 부근의 수온은 거의 30℃나 돼. 이 정도면 엄청난 증발이 일어날 거잖아. 그래서 태풍이 생기는 조건을 조사해봤더니 26~27℃ 이상의 수온이 필요하다는 것을 알았지. 결국 더운 해수의 증발로 태풍은 엄청난 양의 수증기를 포함하고, 수증기가 액체가 되면서 나오는 숨은열이 태풍의 에너지를 키우고, 이 에너지가 또 다른 증발을 가속화해서 스스로 몸집을 불려나가는 거지.

천리안 위성이 찍은 태풍 위성사진을 보면 북반구에서 발생하는 태풍은 전부 오른쪽으로 회전하는 나선형 모양이잖아. 엄마가 저기압에서 공기가 수렴해 상승할 때 어떤 일이 벌어진다고 그랬어? 지구가 자전해서 생기는 코리올리 효과 때문에 북반구 편서풍 지역에서는 오른쪽으로 바람이 휘면서 들어간다고 했잖아. 태풍도 똑같은 거지. 저기압이니 수렴할 테고, 코리올리 효과로 진행 방향에 대해 오른쪽으로 휘겠지. 구름도 그 바람을 따라 위치하게 되니까.

"엄마, 그럼 적도에서는 태풍이 안 생겨?"

그걸 어찌 알았지? 적도에서는 코리올리 효과가 없다고 했던 걸 기억했니? 맞아. 적도에 위치한 바다의 수온이 아무리 높아도 코리올리 효과에 의한 바람의 편향이 없지. 일반적으로 태풍과 같은 열대 저기압은 수온이 충분히 높고 코리올리 효과가 나타날 수 있는 위도 5° 근처에서 만들어져. 보통 어느 정도 규모가 되면 열대 저기압이라고 부를까? 세계기상기구는 열대 저기압의 중심 부근 최대 풍속이 33m/s 이상인 것을 열대 저기압이라고 부르기로 약속했지. 이 정도의 열대 저기압이 가지는 에너지가 얼마 만큼인지 상상할 수 있을까? 일본 히로시마에 떨어졌던 우라늄 핵폭탄의 약 1만 배 정도의 에너지라고 해.

무시무시한 에너지라고? 그렇다고 이 엄청난 에너지가 다 영향을 주는 건 아니고, 대부분의 에너지는 자신의 몸체를 유지하는 데 사용돼. 지상에서의 피해는 태풍 바닥이 지표와 마찰을 일으켜 발생하는데, 태풍 에너지의 극히 일부만 지표에 전달되기 때문에 핵폭탄 1만 배의 피해는 안 일어나지.

이렇게 열심히 엄마가 떠드는데 다 알고 있다는 듯이 회심의 미소를 짓더니 "엄마, 만약에 태풍의 눈이 강원도에 있으면 휴가 갈 거야?" 하고 묻는다. 엄마는 아직 태풍의 눈도 얘기 안 했는데 이미 태풍의 눈은 거짓말처럼 바람도 비도 없이 고요하다는 것을 다 안다는 표정이다. 그렇다고 굴할 엄마는 아니다. 왜 태풍의 눈은 바람이 약하고 구름도 없냐? 이거 알면 진짜 갈 수도 있는데. 태풍의 눈은 나선형 회전체의 중심이잖아. 이게 뭔 말이냐? 원심력이 강해서 아주 약한 하강기류가 생겨. 하강기류는 바로 고기압이잖아. 잘 이해가 안 된다고? 그릇에 물을 담고 손가락으로 회전시켜 봐. 가운데가 쏙 들어가지? 똑같은 원리야.

그래봐야 태풍은 편서풍의 방향을 따라 또 이동할 텐데, 태풍의 눈이 언제 어떻게 이동할 줄 알고 초속 33m/s보다 더 센 바람이 부는 이 시점에 여행을 간다니. 말도 안 되는 소리지. 그리고 진행 방향이 어떻게 되느냐에 따라 태풍으로 바람이 불어 들어가는 방향과 북반구의 편서풍 바람방향이 일치하는 오른쪽의 위험반원에라도 들어가는 날에는 정말 날아가 버릴지도 몰라. 역대 가장 강한 바람을 동반했던 매미의 최대풍속은 60m/s였는데 이 정도면 사람이 날아갈 정도의 바람 세기야.

이런 날에는 그냥 집에 누워 태풍이 지나가기를 기다리는 게 최선의 선택이지. 그러면서 이성계가 장맛비를 핑계로 압록강을 건너지 않았는데, 행여나 장마가 끝났으면 어떤 핑계를 댔을까 하는

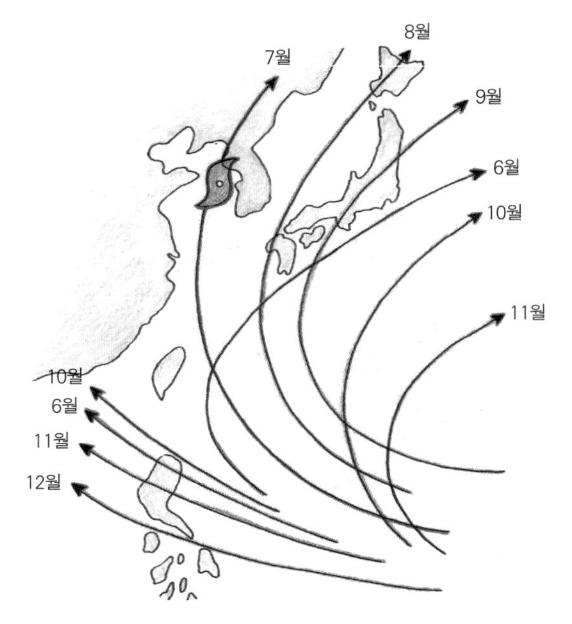

· 우리나라 근처 월별 태풍의 진행 방향 ·

상상을 하면서 말이야. 물론 역사에 '만약'이라는 가정은 없지. 그래도 통계를 근거로 상상해볼 수 있지. 아마 그 다음은 태풍 핑계를 댔을 걸? 우리나라 월별 태풍 진행 방향의 통계를 보면 이성계가 위화도에 있던 7월쯤엔 위험반원에 들어갈 확률이 높잖아.

그리고 지구 기후변화의 역사

최근 지구상의 가장 큰 화두는 '기후변화'지. 적어도 하루에 한 번씩 기후변화 얘기가 모든 뉴스에서 나와. '오늘의 날씨를 말씀드리겠습니다. 오늘은 지역에 따라 국지성 집중호우가 내리겠습니다. 기후변화의 영향으로 평년보다 강하게 발달한 라니냐의 영향으로 분석됩니다. 향후 이런 강한 바람을 동반한 국지성 집중호우는 자주 일어날 것으로 예상됩니다. 재난재해 취약시설 관리 강화에 각별한 주의가 필요합니다.' 이런 오늘의 일기예보에서부터 국가 간 국제회의에서는 늘 기후변화가 주요한 의제가 될 정도니까. 그리고 전 세계적으로 기후변화의 문제를 해결하기 위해 UN 산하에 IPCC(기후변화에 관한 정부 간 패널, Intergovernmental Panel on

Climate Change)을 운영할 정도니까. 전 세계가 기후변화에 매우 민감하게 반응하고 발 빠르게 대응책을 찾기 위해 노력하고 있지. 너도 일상생활 속에서 기후변화라는 말을 하루에 한번은 사용할 걸? '진짜 지구온난화인가 봐. 너무 더워~' 하면서 말이야.

그런데 기후변화와 지구온난화가 동일한 것일까? 기후변화는 지구가 추워지고 더워지는 것을 모두 의미하는데, 오늘날 왜 기후변화와 지구온난화를 동일하게 보는 것일까? 또한 기후변화가 어제 오늘의 일은 아니잖아. 태초에 지구가 생긴 이래로 지금까지 지구의 기후는 변해왔고 앞으로도 변할 거야. 지구의 기후변화가 새삼스러운 일인가? 새삼스러운 일도 아닌데 왜 문제가 되지? 그리고 어떻게 변해왔는지를 알면 앞으로 어떻게 변할지 알 수 있지 않을까?

기후변화의 추적자들

오늘의 일기는 강한 바람을 동반한 국지성 집중호우지. 그럼 과거의 일기도는? 그런 거 없지. 신생대 때 중위도 지방의 그날의 날씨가 어땠는지 어떻게 알아? 몰라. 알 수가 없지. 지금 우리가 알 수 있는 것은 온갖 추정을 바탕으로 '고생대, 중생대, 그리고 신생대에 기후가 어떠했을 거다'라는 정도가 다 아닌가? 날씨와 기후는 달라. 날씨는 기상이라고도 할 수 있는데, 시시각각 변하는 대기 현상이지만 기후는 중장기적 대기 변화를 종합한 것이라 할 수 있어. 우리나라의 오늘의 날씨는 국지성 집중호우지만 기후 관점에서 보면 온대기후를 나타내고 있지.

'추적자들'이라는 제목에서 이미 알아버렸나? 엄마가 해수 순환을 얘기할 때 '추적자'라는 표현을 썼지. 이게 뭐였지? 동위원소를 이용해서 해수의 흐름을 추적하는 거였잖아. 그런데 지구의 기후변화를 얘기하면서 '추적자'라는 표현을 썼으니 과거 기후를 알아내는 방법도 또 동위원소냐고? 응. 동위원소는 지구의 나이, 해수의 흐름을 추적할 때만 쓰는 것이 아니라 고기후를 연구할 때도 추적자로 사용되고 있어.

그런데 말이야, 엄마가 앞에서 얘기할 때는 '방사성 동위원소'라고 얘기했어. 즉, 불안정해서 붕괴되는 동위원소를 통해 추적하는 거였지. 그런데 갑자기 동위원소라고 은근슬쩍 용어를 바꿨잖아. 방사능이 없는 동위원소도 있거든. 안정 동위원소라고 부르는 녀석들이지. 안정하면 오래오래 남아 있잖아.

고생대가 시작되기 전인 약 8억 년 전부터 지구에서 살고 있는 유공충(Foraminifera)이라는 생물이 있어. 고생대가 시작하기 전이니까 지구의 오존층이 완벽하게 만들어지기 전이니 당연히 바다 속에 살았겠지. 얘는 크기가 1mm 이하로 딱딱한 석회질($CaCO_3$) 껍질, 즉 석회암의 가장 기본이 되는 물질을 가지고 있는데, 이 껍질이 생길 때 산소가 끼어들어가. 산소도 당연히 다른 원소들처럼 동위원소를 가지고 있지. 산소의 동위원소로는 O-16($^{16}_{8}O$)과 안정한 O-18($^{18}_{8}O$)이 있어.

추운 빙하기가 되면 바닷물이 얼잖아. 물의 화학식은 H_2O인데 O-16을 포함한 물 분자와 O-18을 포함한 물 분자 중 어느 물 분자가 잘 얼겠어? 상대적으로 가벼운 O-16을 포함한 물 분자가 많이 얼기 때문에 간빙기 때와 비교해보면, 빙하기 때 바닷물의 O-18의 비율이 조금 증가하게 돼. 이런 환경에서 살았던 유공충의 석회질 내 산소 동위원소의 비율은 O-18이 상대적으로 높게 나오는 거지. 반대로 따뜻한 간빙기에는 얼음이 녹으면서 O-16의 양이 증가하니까 O-18 비율이 상대적으로 낮아질 거잖아. 그러니 빙하기와 간빙기 시대에 살던 유공충들의 석회질에 포함되어 있는 O-18 비율도 따라서 낮아지고. 이런 원리를 이용해 유공충 화석의 O-16과 O-18의 존재 비율을 알면 그 유공충이 살았던 시대의 기후를 알 수 있지.

또 다른 방법으로는 남극의 빙하를 시추하는 거야. O-16을 포함한 물 분자와 O-18을 포함한 물 분자 중 어느 물 분자의 증발이 빠르겠어? 당연히 가벼운 O-16 물 분자지. 기온이 낮아지면 증발량이 감소해서 대기 중의 O-16 물 분자와 O-18 물 분자 모두 증발량이 감소하겠지만, 둘만 비교했을 때는 O-18 물 분자의 증발이 더 많이 감소해. 따라서 기온이 낮아지면 대기 중에 O-18 물 분자의 비율이 감소할 거잖아. 이런 시기에 만들어진 빙하에는 O-18의 비율이 상대적으로 낮게 나타날 거고.

이렇게 눈과 비가 내려 빙하가 만들어질 때 빙하에 공기방울로 포집된 과거 공기를 추출해서 농도를 측정할 수 있어. 빙하에 포집

된 공기는 과거 공기 그대로니까 과거 대기 중의 이산화탄소가 얼마였는지도 확인할 수 있지. 대기 중의 이산화탄소 농도는 그 시대의 기후를 보여주는 아주 중요한 지표거든. 금성 대기의 주된 성분이 이산화탄소라서 아주 강력한 온실효과에 의해 금성의 온도가 480℃까지 올라간다고 말한 걸 당연히 기억하지? 이산화탄소는 지표면에서 방출되는 복사열을 가두는 데 결정적인 역할을 하는 온실 기체 중 하나지. 이산화탄소 말고도 메탄(CH_4)이나 수증기도 온실 기체의 역할을 해. 대기 중의 이산화탄소가 많다는 얘기는 기온이 높다는 얘기고, 이산화탄소 농도가 낮다는 것은 기온이 낮다는 것을 의미하지.

이런 방법들은 모두 남극 대륙이 얼음으로 덮여 있던 시대에만 사용할 수 있는 방법이잖아. 남극 대륙이 빙하로 덮여 있지 않았다면? 빙하를 이용한 기후 추정은 불가능하지. 지금 우리는 남극과 북극이 추운 것을 당연하게 생각하고 있지만, 지구 역사에서 이렇게 양쪽 극지방이 얼어붙은 것은 지금이 유일한 시기라는 거야. 태초에 지구는 뜨거운 마그마 바다였는데 빙하는 생각도 할 수 없는 일이었지. 남극이 빙하로 덮인 것은 어제부터일까? 다시 베게너의 대륙이동을 보자.

남극 대륙이 완전히 분리된 것은 신생대 초기인 올리고세, 약 3000만 년 전이야. 그 전에 남극은 호주대륙에 붙어 있었고 글로소프테리스 식물이 살 정도로 따뜻했었지. 그런 남극 대륙 이동 후에 남극 순환류가 생기면서 적도에서 오는 따뜻한 해류가 남극 대륙으로 진입하지 못하게 되었어. 남극 순환류가 남극 대륙 주위를 뱅글뱅글 돌면서 따뜻한 해류가 진입하는 것을 철저하게 막고 있는 거지. 태양 복사 에너지가 적을 수밖에 없는 위도에 위치한 남극은 완전히 고립되었지. 그 결과 완전한 빙하로 덮인 거지.

그럼 빙하를 시추해 지구의 온도를 추정할 수 있는 시기는 지구 역사를 놓고 보면 고작 3000만 년에 불과하잖아. 실제로 빙하 시추를 통해 지구의 기후를 복원할 수 있는 시간은 3000만 년보다 훨씬 짧은 70만 년에 불과해. 빙하도 흐르거든. 어떻게 흐르냐고? 높은 산악지대에 눈이 쌓여 다져진 얼음덩어리가 중력 때문에 낮은 곳으로 이동하기 때문에 오래전에 만들어진 빙하가 없어지거든.

빙하가 없었던 중생대나 고생대는 어떻게 온도를 추정할 수 있겠어? 그 온갖 추정 중의 가장 중요한 단서가 되는 것은 뭐니 뭐니 해도 생물이지. 가장 흔하게 사용되는 것이 산호, 나무, 플랑크톤, 꽃가루 등의 화석이지. 산호 화석이 발견되면 따뜻하고 얕은 바다였겠구나, 열대우림에 사는 나무 화석이 발견되면 온도가 높았겠구나 하는 거고, 꽃가루 화석을 분석해서 그 시대 살았던 식물의 분포 정도를 확인해 보면 대략의 기후를 알 수 있어. 심지어 나무 나이테의 폭과 밀도는 과거의 온도 이외에 습도까지 추정할 수 있는 단서를 제공하지.

생물을 이용한 기후 추정은 단순히 고생대와 중생대에만 사용될 수 있는 게 아니라 당연히 신생대에도 사용할 수 있지. 하지만 생명체가 탄생하기 이전 시대에 대한 기후 추정은 매우 어려워. 그래서 보통 지구 기후변화의 역사 얘기를 하면 당연히 생물체 출현 이후일 수밖에 없어.

기후변화의 원인들

지구 기후가 왜 변하냐고? 태초 뜨거운 지구가 식어가면서 지구 내부적으로 수많은 일들이 일어났지. 지구가 식는다는 것 자체가 이미 기후변화잖아. 그런데 그때 기온이 어느 정도였는지는 상세히 알기가 쉽지 않아. 그나마 조금 정확하게 남아 있는 기록을 통해서 과거의 기후변화를 확인할 수 있는 시기는 다양한 생물이 출현한 이후잖아. 다양한 생명체가 출현하기 이전 시대에 대한 기후변화는 대부분은 상상에 맡길 수밖에 없지.

지구에 대한 여러 가지 변화를 바탕으로 지구 기후변화를 대충 상상해보자. 태초의 지구는 엄청난 마그마의 바다였으며 엄청 뜨거웠겠지. 미행성의 충돌이 잦아들면서 점점 식어갔을 테고. 그러다가 수많은 화산활동에 의해 화산재가 지구를 완전히 덮어버려 태양빛이 도달하지 못하는 시기도 있었겠지. 그것뿐만이 아니라 판이 이동해서 남극 대륙이 생겨 남극이 엄청 추워진 시기가 도래했지. 그 이외에도 수많은 일들이 있었을 거야. 이건 모두 지구 내부적 문제잖아.

이런 지구 내부적 문제 말고 지구 외부적 문제를 집중적으로 들여다본 사람이 있어. 밀란코비치(Milutin Milankovitch, 1879~1958)

지. 엄마가 생물학 얘기를 할 때 잠깐 얘기한 적이 있어. 1920년대에 밀란코비치가 지구에 빙하기와 간빙기가 주기적으로 반복해서 나타나는 이유는 '지구의 공전 궤도 이심률 변화, 자전축의 변화와 세차운동이 그 원인이다'라고 주장했다고. 그의 주장은 그 이후에 수많은 과학자들에 의해 증명되었는데 얘들이 어떻게 바뀌기에 기후가 변할까?

그 전에 하나 물어보자. 계절은 왜 변하니? 왜 여름에는 덥고, 겨울에는 춥지? 그건 타원형의 구인 지구가 23.5° 삐딱하게 기울어져 공전하기 때문에 공전 위치에 따라 동일 지역의 지표면에 도달하는 태양 에너지의 양이 다르기 때문이잖아. 북반구의 예를 보면 〈지구 공전과 계절변화〉 그림에서 여름일 때 단위 지표면에 도달하는 에너지의 양이 크다는 거야.

그런데 재미있는 것은 오늘날 북반구의 겨울은 지구가 태양에서 가까운 근일점일 때고 여름은 원일점일 때라는 사실이야. 근일점과 원일점이 있다는 것은 원의 초점이 가운데 있는 것이 아니라 한쪽으로 치우쳐 있다는 거지. 그런데 머리 아프게 이 근일점과 원일점의 거리가 10만 년을 주기로 변해. 변하는 원인은 지구의 공전 궤도면이 완전한 원이 아닌 거의 원에 가까운, 아주 미세한 타원이기 때문이야. 그렇다고 〈지구 공전과 계절변화〉 그림처럼 그렇게 심하게 타원은 아니야. 거의 원에 가까운, 미세한 타원형인데 이걸 표현할 방법이 없으니까 다들 눈에 보이는 타원으로 표시해. 거의 원에 가까운 타원형(이심률 0.005)이었다가 조금 더 타원형

(이심률 0.058)으로 바뀌는 수준에서. 엄마가 완전 새로운 용어 '이심률'을 썼다고? 이심률은 아래와 같은 식으로 표현할 수 있는데, 이심률이 0이면 완전한 원이고, 1이면 선이 돼.

이심률$=\sqrt{a^2-b^2}$ (a : 타원의 긴 반지름, b: 타원의 짧은 반지름)

현재 지구의 이심률 상태(0.017)에서는 근일점(1월)에 있을 때와 원일점(7월)에 있을 때 북반구 전체에 도달하는 태양 에너지는 약 7% 정도 차이가 나. 하지만 이심률이 더 커지면 근일점과 원일점에 있을 때 도달하는 태양 에너지 차이는 더 커지겠지. 그래도 자전축이 기울어서 생기는 단위 지표면에 도달하는 에너지의 차이가 훨씬 크기 때문에 비록 가까이 있어도 겨울인 거지.

그럼 북반구의 여름과 겨울이 바뀌려면 자전축의 기울기 방향이 바뀌어야 한다는 거잖아. 자전축의 기울기 방향이 바뀔 수 있냐

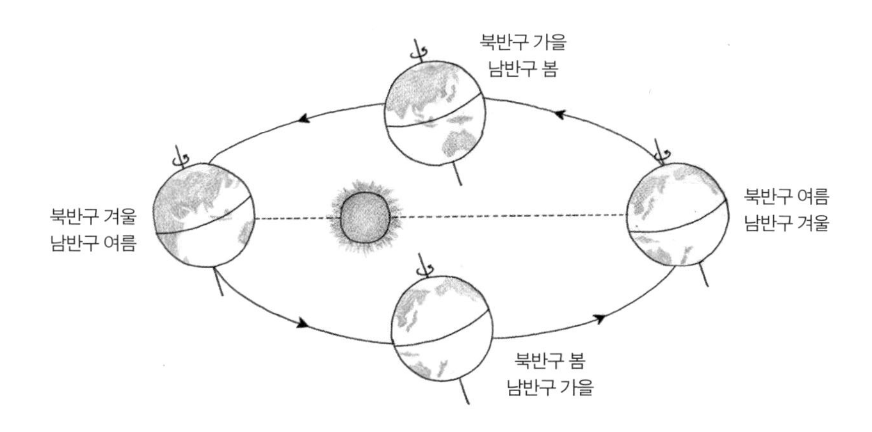

· 지구 공전과 계절변화 ·

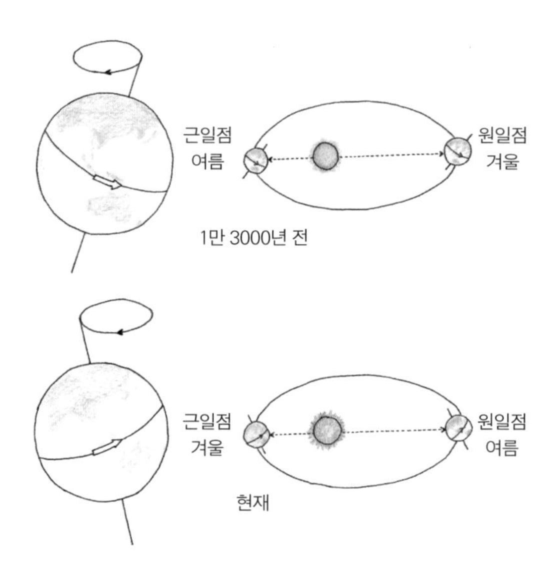

· 세차운동과 북반구의 계절변화 ·

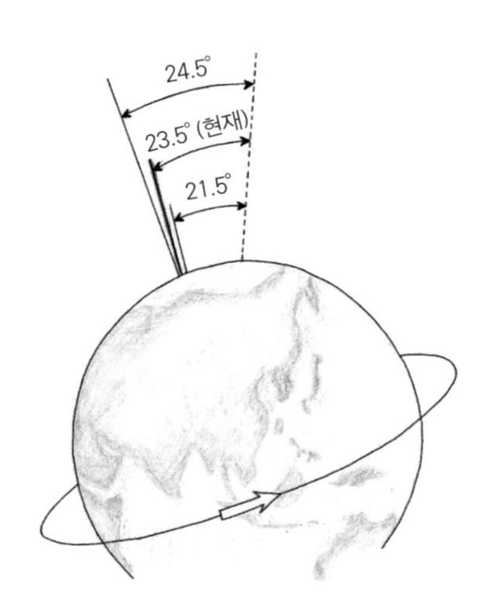

· 지구 자전축 기울기의 변화 ·

고? 응. 바뀔 수 있어. 지리상 북극이 정점으로 고정되어 있는 것이 아니라 회전을 해. 이렇게 회전축이 회전하는 운동을 세차운동이라고 하지. 팽이가 돌 때 비틀거리면서 회전하면 그 축도 일정한 궤도를 그리면서 회전하는 것처럼 말이야. 지구 자전축의 세차운동 주기는 약 2만 6000년인데 이 계산에 따르면 약 1만 3000년 전에는 근일점에 있을 때 여름이었고, 원일점에 있을 때 겨울이었지. 지금과 비교해보면 여름은 더 뜨거웠을 거고, 겨울은 더 추웠겠지.

만약에 자전축이 기울지 않았다면 어떤 일이 벌어질까? 계절변화가 없지. 공전하면서 근일점에 있거나 원일점에 있다고 하더라도 현재의 이심률 상태에서는 중위도 지방의 지표면에 도달하는 태양 에너지양은 고작 7% 차이밖에 안 나니까. 자전축 기울기의 영향을 거의 안 받는 곳이 바로 적도잖아. 적도는 일 년 내내 덥잖아. '적도의 겨울'이라는 말은 없지. 그래도 공전 위치에 따라 계절별로 아주 약간 온도 차이가 나기는 해. 적도 이외의 다른 지역에서 그런 일이 가능하냐고? 자전축의 기울기가 0°가 되는 일은 잘 모르지만 적어도 지금의 23.5°와는 다른 시기가 있었지. 그리고 앞으로 있을 거거든. 그것도 4만 1000년을 주기로 21.5°~24.5° 사이에서 변하거든.

지구 공전 궤도의 이심률, 세차운동에 의한 지구 자전축 방향 그리고 자전축 기울기가 변하는데, 얘들은 모두 일정한 주기를 가지고 있고 주기가 다 달라. 분명한 것은 얘들 셋을 각각 떼놓고 봐도 얘들에 의해서 지구 외적인 요인에 의해 지구의 기후가 영향을 받는다는 건데, 위대한 밀란코비치는 남들이 따로따로 밝혀놓은 이심률 변화주기, 세차운동 변화주기, 지구 자전축 변화주기를 통합해서 빙하기와 간빙기가 반복되어 나타난다는 '밀란코비치 사이클'을 발표하지. 그것도 1920년대에.

그의 이론은 1970년대에 와서야 증명되었어. 심해 해양 퇴적물에 남아 있는 생물 화석 기록을 조사해보니까 최근 80만 년 사이에 빙하기와 간빙기가 반복되어 나타났는데, 그 주기가 약 10만 년 정도라고 밝혀졌지. 그런데 어떤 생물 화석을 썼을까? 아마도 유공충 화석에 남아 있는 산소 동위원소의 비율 변화도 하나의 증거로 제시되지 않았을까?

이산화탄소 농도로 본 지구 기후변화

이런 방법을 총동원해서 하나의 지구 기후변화 그래프를 그려보자. 그런데 그래프가 온도변화 그래프가 아니라 이산화탄소 농도변화 그래프라서 이상하다고? 전혀 이상하지 않아. 이미 얘기한 것처럼 온도가 내려가면 대기 중 이산화탄소 농도가 줄고, 온도가 올라가면 이산화탄소 농도가 증가하는 걸 알고 있잖아. 그러니까 대기 중 이산화탄소 농도가 높으면 온도가 높고, 이산화탄소 농도가 낮으면 온도도 낮아지는 거지.

〈빙하기와 간빙기 시 대기 중 이산화탄소 농도변화〉 그래프를

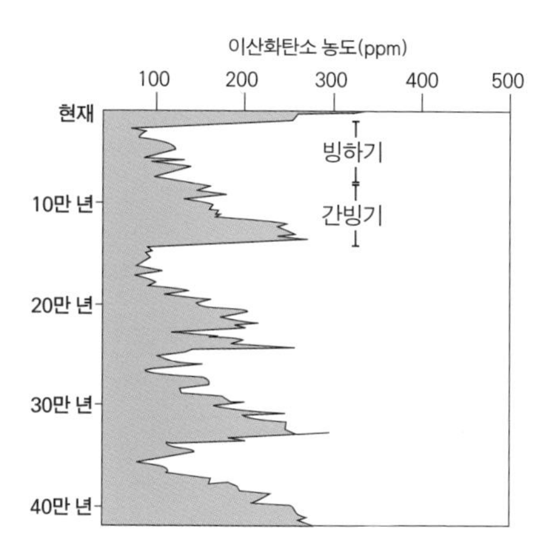

· 빙하기와 간빙기 시 대기 중 이산화탄소 농도변화 ·

보면, 밀란코비치가 예측한 대로 10만 년을 주기로 빙하기와 간빙기가 반복되어 나타나고 있지. 이산화탄소 농도를 보면 빙하기 때는 100ppm 정도고 간빙기 때 약 280ppm 정도지.

남극 대륙 고립이 일어난 시점인 약 3500만 년 전쯤에는 이산화탄소 농도가 600ppm이었고, 그보다 더 과거인 5000만 년 전쯤에는 1000~1500ppm 사이에서 유지되었지. 더 과거로 가면 3500ppm이었던 걸 볼 수 있지. 엄마가 얘기하는 과거는 모두 신생대에 일어난 일들이야.

여러 가지 기록에 의하면 중생대는 전 지구적으로 더웠던 시기였는데, 신생대 초기인 5000만 년 전까지는 중생대의 따뜻한 기온이 유지되었다는 거지. 그러다가 5000만 년을 기점으로 이산화탄소 농도가 급격하게 감소하고, 또 3500만 년을 기점으로 눈에 띄

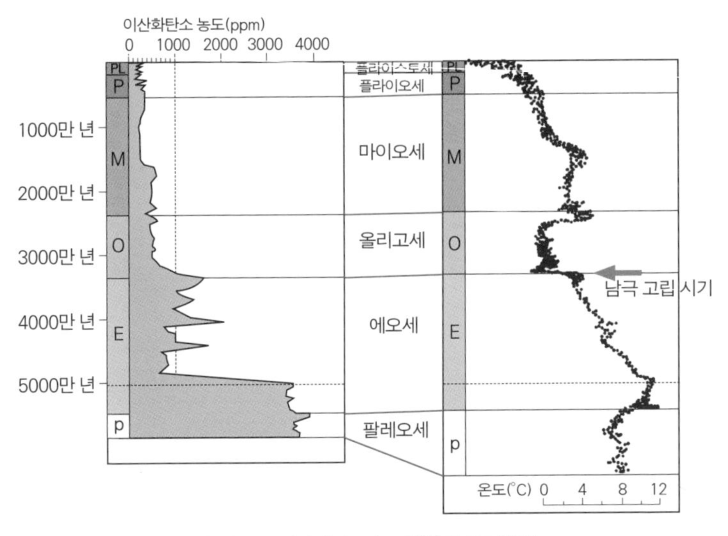

· 신생대 대기 중 이산화탄소 농도변화와 온도변화 ·

게 감소하는 걸 볼 수 있잖아. 각각의 시점에서 이산화탄소 양이 급격히 감소할 만한 극적인 사건들이 일어났다는 거지.

그중 하나는 이미 얘기했어. 대륙이동으로 인한 남극 대륙의 고립과 차가운 남극 한류의 형성으로 기온이 급감했다는 거 말이야. 기온이 급감하면 대기 중의 이산화탄소는 다 어디로 가느냐? 해양에 녹아들어가지. 각각의 시기에서 일어난 사건들은 기회가 되면 다시 얘기하기로 하자. 이 또한 무지 긴 얘기가 될 테니까.

번데기 앞에서 주름잡는다고?

어찌되었든, 5000만 년이라는 시간을 한마디로 요약하면 '지구가 점점 식어가고 있다. 그리고 대기 중 이산화탄소 농도도 점점 줄어들고 있다'고 할 수 있지. 그런데 지구에 3500ppm의 이산화탄소 농도가 있었을 때도 생명체는 잘 살고 있었는데, 오늘날의 인류는 400ppm을 가지고 기후변화의 위험성을 논하고 있다고?

이산화탄소가 지구 기후변화의 주된 이유로 떠오른 건, 최근 300년 동안에 일어난 일 때문이지. 최근 100년 간의 대기 중 이산화탄소 농도를 측정해서 유명해진 킬링(David Keeling, 1928~2005)이 보여준 결과는 최근 100년 간 대기 중의 이산화탄소 농도가 증가하고 있다는 것이었고, 원인을 찾기 위해 더 과거로 가 보니까 1750년의 산업혁명을 기점으로 대기 중 이산화탄소 농도 증가 속도가 엄청 빠르다는 거야.

신생대 대기 중 이산화탄소 농도변화는 지구 내적 요인과 외적 요인에 의해 점점 감소하는 양상을 나타내지만, 최근 300년 사이에 그 증가율이 급격이 가파르다는 것은 지구 외적 요인 이외에 지구 내적 요인이 강력하게 작용했을 거라는 거지. 내적 요인은 바로 인간활동에 의한 것이라는 거야. 그리고 이 시점에 더 중요한 것은 과거에는 온도변화에 따라 이산화탄소 농도가 변화했는데, 이제는 이산화탄소 농도변화에 의해 온도가 변한다는 주장이 대세를 이루고 있지. 그 대세는 IPCC 제4차 보고서에 의해 진실이 되었고, 그 진실은 2007년 노벨평화상으로 인해 더욱 굳건해졌어.

현생 인류는 약 20만 년 전의 미토콘드리아 이브라는 공통의 어머니로부터 출발했다고 생각하는데, 이 후손들이 살아온 시대는

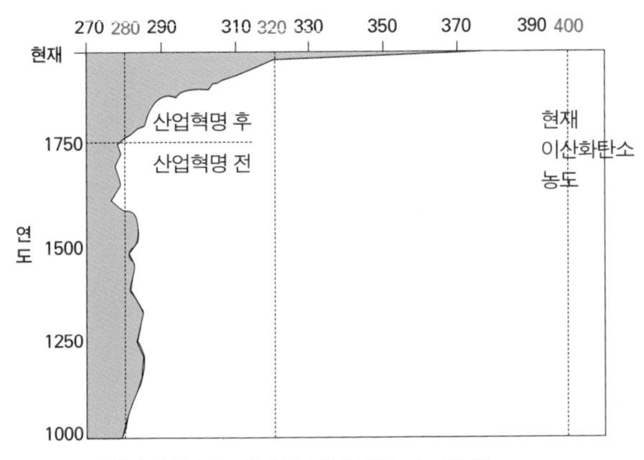

· 산업혁명 전후의 대기 중 이산화탄소 농도변화 ·

단 한 번도 400ppm이라는 이산화탄소 농도를 겪어본 적이 없지. 즉, 인류의 입장에서 보면 인간활동에 의해 400ppm이 되었다 하고 증가 속도가 무지 빠르다고 하니까 깜짝 놀랐지. 또한 온도 증가로 빙하가 녹아 해수면이 상승해 투발루처럼 사라질 위기에 처한 나라들도 있다고 하니까 인류가 느끼는 위기의식은 엄청 커질 수밖에 없지. 그래서 현재를 기후변화 중에서도 온도가 올라가는 지구온난화라고 흔히들 얘기하는 거지.

"엄마, 우리는 3500ppm이라는 이산화탄소 농도 앞에서 400ppm 가지고 주름잡는 거야?"

단지 그런 문제를 떠나 국제적 분쟁으로 번질 수도 있다는 주장들도 만만치 않게 대두되고 있어. 인류가 농경을 시작하면서 본격적인 문명이 발달되었잖아. 그렇게 시작된 문명이 뭐가 있어? 유프라테스 · 티그리스 강 유역을 중심으로 발달한 메소포타미아 문명, 인더스 강 유역의 인더스 문명, 황하 강 유역의 황하 문명과 나일 강을 중심으로 한 이집트 문명이 있지.

그중 메소포타미아 문명은 비옥한 초승달지역이라고 불릴 정도로 농경에 적합한 풍요로운 자연환경을 가지고 있었어. 기후적으로 보면, 농경에 적합한 지역이라는 것은 적당한 온도와 풍부한 물이 있는 곳이지. 메소포타미아 문명 지역에 자리 잡은 나라가 레바논, 시리아, 요르단, 이라크, 이란, 이스라엘인데, 이름만 들어도 현재의 분쟁지역이라는 것을 알 수 있잖아. 특히 최근 시리아 내전으로 인해 시리아 난민들이 지중해를 넘어 유럽으로 들어가면서 난민문제가 국제사회의 불안감을 가중시키고 있잖아. 이게 다 기후변화 때문이라는 거야.

내전이 일어나기 전 시리아의 국가경제는 3년에 걸친 최악의 가뭄으로 황폐해질 대로 황폐해졌어. 미국 콜롬비아대학의 리처드 시거(Richard Seager) 교수는 이 지역의 과거 100년 동안의 강수량, 온도 등의 변화를 토대로 기록적 가뭄의 원인을 분석해서는 '기후변화에 의해 지중해 동부 지역에 강수량이 점점 줄어들고, 토양의 습도가 낮아져 농경이 불가능해졌다'는 결론을 내렸지. 그러면서 지구온난화에 따른 토양의 황폐화 문제를 사회적 · 정치적 문제와 연계시켜 해석했어. 시리아 내전은 사회, 종교, 민족을 둘러싼 문제이기도 하지만 기후변화에 의한 수자원 감소가 그 가능성을 높여왔다는 거야. 수자원 감소는 경제 붕괴를 유발하고, 이는

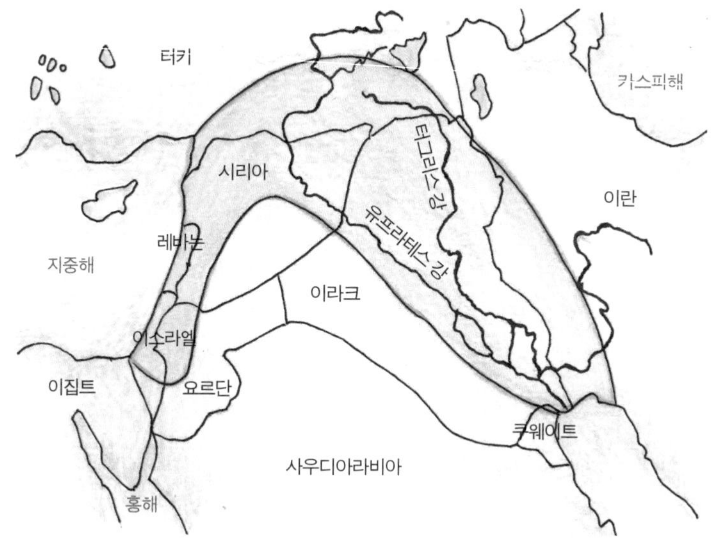

· 메소포타미아 문명 발생지의 국가들 ·

다른 갈등을 가속화시키는 촉진제가 되었다는 거지. 그럼 시리아만 그러겠냐고. 앞으로 시리아 옆 나라인 레바논, 요르단, 이스라엘, 이라크, 이란 등에서도 기후변화가 이런 정치 · 경제 상황에 크게 영향을 미치겠지.

리처드 시거 교수는 기후변화에 따른 심각성을 아주 강력하게 경고하는 미국 가뭄과 관련된 또 다른 논문을 발표했어. 내용은 이래. 1930년대에 발생해서 미국을 초토화시켰던 대가뭄이 또 발생할 가능성이 매우 높고, 그로 인한 사회 · 경제적 문제는 1930년대보다 훨씬 클 거라는 거야. 이 사람과 관련 연구진의 연구 결과에 따르면 미국에서 발생하는 가뭄의 원인은 엘니뇨현상과 건조지대의 확장이라는 거야.

엘니뇨현상이 뭐냐고? 에크만 수송을 소환해서 '용승'이라는 현상을 먼저 보자. 해수의 흐름을 바꾸는 지형적인 원인이 없다면, 남반구에서는 바람 방향에 대해 바닷물 상층 덩어리(에크만층/마찰층)가 약 90° 왼쪽으로 편향되어 흐르잖아. 남반구 적도 부근에는 남동무역풍이 부니까 동태평양의 남적도 바닷물 상층 덩어리는 동쪽에서 서쪽으로 흐르는 거고.

동태평양에 접한 남아메리카 대륙 입장에서 보면 육지 쪽 바닷물이 자꾸만 서쪽으로 빠져나가는 거잖아. 그 빈자리를 차가운 남극 저층수인 훔볼트 해류가 올라와 메우는 거지. 이때 훔볼트 해류가 해양 바닥에 가라앉아 있던 수많은 유기물을 끌고 올라오거든. 이런 현상이 '용승'이야. 용승의 결과 페루 근처 바닷가에 유기물이 많아져. 그럼 얘들을 먹고 사는 물고기 떼가 몰려들 거잖아. 이 해류가 남아메리카 대륙 서쪽으로 타고 올라와서 바닷가에 만든 게 아타카마 사막인 거 기억하지? 그래서 아타카마 사막 해안에는 세계 최대의 풍요로운 멸치 어장이 형성되어 있어. 대륙의 시각에서 보면 사막인데 바다를 들여다보면 풍요 그 자체인 거지.

그런데 수년을 주기로 남반구의 한여름 크리스마스 시즌인 12월에 변화가 생겨. 남동무역풍이 약해지면, 남적도 해류의 흐름이 약해져 남아메리카 대륙 쪽 바닷물이 비워지지 않는 거지. 결국, 차가운 훔볼트 해류가 원래 올라오던 위도까지 올라오지 못하는 거야. 그럼 어장이 잘 형성되지 않을 거잖아. 이렇게 한류에 의한 용승이 잘 일어나지 않아 고기잡이를 망치는 현상이 크리스마스를 전후에 나타난다고 해서 아기예수라는 뜻의 '엘니뇨'라고 부른 거지.

평년과 달라진 해수면의 온도는 지구 대기 대순환에도 영향을 주기 때문에 이로 인해 호주와 인도네시아에서 대규모 가뭄이 발생하고 인도에서는 여름 몬순 악화로 가뭄과 태풍 활동이 강화되면 지역적인 집중호우가 빈번하게 발생하게 돼.

엘니뇨현상만 있는 게 아니라 라니냐현상도 있잖아. 엘니뇨현상과 반대지. 남동무역풍이 세게 불어 남적도 해류가 평소보다 빠르게 서쪽으로 흘러가니까 따라오던 훔볼트 해류의 흐름이 강해져 남아메리카 대륙의 근처의 수온이 평년보다 낮아지는 현상이야. 결국 한류가 평소보다 강하면 라니냐고 약하면 엘니뇨고.

엘니뇨와 라니냐는 수년을 주기로 반복되어 나타나는 현상이야. 엘니뇨로 인해 태평양 동쪽에 바닷물이 쌓이면, 라니냐가 나타나서 서쪽으로 바닷물을 흘려보내는. 그런데 리처드 시거 교수의 주장처럼 주기적으로 반복되어온 현상이 기후변화에 의해 변하고 그로 인해 미국에 대가뭄이 나타난다는 거지. 그래서 오래전부터 페루 북부 연안, 갈라파고스제도, 하와이에 이르는 해역의 해수 온도를 지속적으로 관찰해서 '엘니뇨 감시 지수'라는 것을 만들어 기상을 예측해왔어.

태양 에너지에 의해 좌우되는 지구의 기상현상이 대기 대순환과 해류의 흐름에 의해서 직접적인 영향을 받고 있는 것을 알 수 있잖아. 그리고 대기 대순환과 해류의 흐름은 떼려야 뗄 수 없는

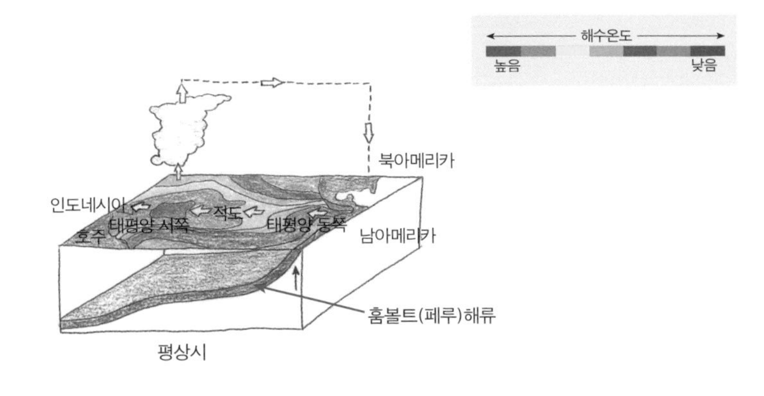
해수온도
높음
낮음
북아메리카
인도네시아
적도
태평양 서쪽
태평양 동쪽
호주
남아메리카
훔볼트(페루)해류
평상시

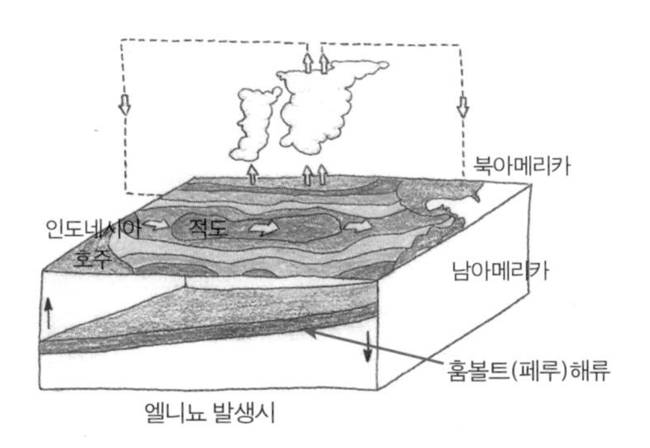
북아메리카
인도네시아
적도
호주
남아메리카
훔볼트(페루)해류
엘니뇨 발생시

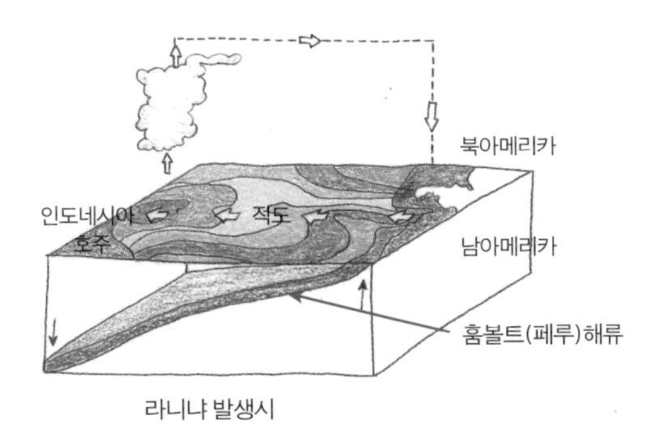
북아메리카
인도네시아
적도
호주
남아메리카
훔볼트(페루)해류
라니냐 발생시

· 엘리뇨와 라니냐 현상 ·

관계이고. 그래서 훔볼트 해류가 직접 흐르는 곳이 아님에도 불구하고 아타카마 사막 연안과 태평양의 바닷물을 통해 연결되어 있는 인도네시아, 호주 그리고 북아메리카의 기후가 훔볼트 해류의 영향을 받을 수밖에 없는 거지. 미국에서 일어난 가뭄과 페루 연안에서 일어난 엘니뇨현상과의 연관관계를 조사해봤더니 강한 엘니뇨가 일어난 해와 가뭄이 일어난 해가 일치하더라는 거지.

그런데 말이야, 기후변화와 관련하여 그게 지구 외적인 요인이든, 인간활동에 의한 지구 내적인 요인이든 기후변화는 피할 수 없는 사실이잖아. 46억 년의 지구 역사에 있어서 기후변화가 일어나지 않은 시기는 단 한순간도 없다고 말할 수 있잖아. 그래서 미토콘드리아 이브의 후손인 우리는 생존하기 위해 뭔가 대응책을 마련해야 한다고 절치부심하고 있잖아.

그래서 공공의 적을 찾았어. 그게 누구냐? 바로 이산화탄소지. 온실 기체의 대표주자인 이산화탄소의 농도가 '인간활동'에 의해 증가해서 지구온난화를 가속화시키고 있다는 거지. 인간활동이 급증한 시기가 산업혁명 이후인데 이로 인해 이산화탄소 농도가 아주 빠르게 증가하고 있다는 거야. 과거와 다른, 정말 중요한 점은 어느 것이 먼저인가야. 즉, 온도가 올라가서 이산화탄소가 증가하면 그냥 일반적인 기후변화이지만, 온실기체의 대표주자인 이산화탄소 농도가 증가해서 온도가 올라가는 것은 인간활동 때문이니까, 결론적으로 인간활동을 줄이자는 거야. 그래서 공공의 적인 이산화탄소의 배출을 줄이기 위해 국제사회에서 공동의 노력을 하고 있지.

그런데 엄마는 조금 다른 내용들이 강조될 필요가 있다는 생각을 해. 그래, 이산화탄소가 지구 기후변화의 '공공의 적'이라고 하자. 그래도 인간의 힘으로 대기 중 이산화탄소를 줄이는 것이 쉽지는 않아. 그렇다고 줄이는 노력을 멈춰야 한다는 것은 아니야. 다만, 70억이 넘는 인류가 늘 있어온 지구의 기후변화에 어떻게 적응해야 하는지 더 깊게 고민해야 하는 게 아닐까 싶어.

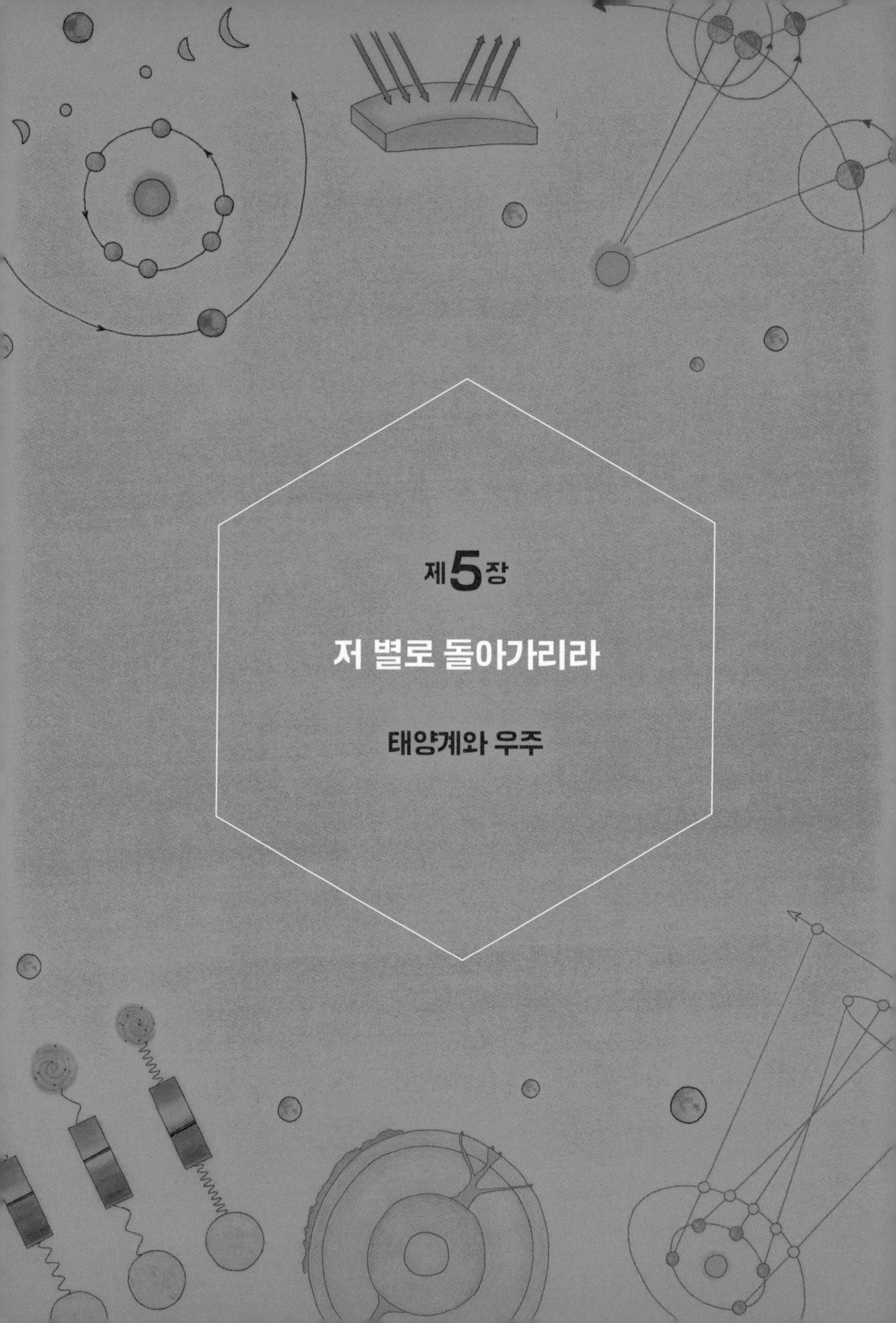

제5장

저 별로 돌아가리라

태양계와 우주

좀 긴 출장을 가기 전에는 늘 마음이 바쁘다. 이것도 해놓고 가야 하고, 저것도 해놓고 가야 하고. 열흘이 넘어야 돌아오니, 너를 위해 냉장고를 채우느라. 그런데 이렇게 바쁜 마음을 따라 몸이 바빠질 때 생기는 가장 결정적인 문제는 체력이야. 어느 순간 엄마의 신경줄이 '툭' 하고 끊어지는 순간이 오지. 체력이 버텨주면 사소한 짜증쯤은 아무것도 아닌데 몸이 안 따라가면 외부의 자극을 견뎌내는 힘이 현저하게 떨어지더라고. 엄마 머릿속에 온갖 종류의 반찬과 요일별 식단이 날아다니고 있는데 너의 짜증이 그 속을 비집고 들어온 거지. 결국 신경줄이 '툭' 하고 끊어졌어.

그 결과 너는 네 방으로 엄마는 안방으로. 아마 너나 나나 그 이후의 행동은 비슷할 거다. 둘 다 이어폰을 꼈지. 차이가 있다면 네가 낀 이어폰은 네 귀를 막았고, 엄마의 이어폰은 귀를 열었지. '먼 옛날 어느 별에서 내가 세상에 나올 때~ 중략~ 그립고 아름다운 내 별나라로 갈 수 있다네~' 심수봉이 부른 〈백만 송이 장미〉를 무한반복으로 들으면서 말이야. 내가 별에서 왔고, 그 별로 다시 돌아간다는 가사. 기가 막히게 멋지지 않니? 뭐가 멋지냐고? 별에서 온 그대, 별로 돌아간다는 물리학을 토대로 철학적 얘기를 하고 있잖아.

네가 아는 것처럼 엄마는 철학적으로 논할 능력이 안 되는 사람인지라 형이하학적인 것만 얘기해보면, 이 감성적인 노래 가사에서 '내 별나라'는 좀 이상하다는 거야. '내 별나라'가 자신이 온 별이라는 얘기인데, 현실적으로 떠나온 별로 다시 돌아가는 것은 불가능하거든. 떠나온 별로 다시 돌아가려면 우주선을 타고 가야 하는데 그런 우주선이 있는 것도 아니잖아. 그리고 별이라는 게 엄청난 에너지를 내뿜으며 타고 있는데 접근하는 것 자체가 어렵지. 아마도 이 노래 가사의 별은 스스로 빛을 내는 별이 아니라 빛을 받아 보이는 행성이겠지. 노래 가사의 '별'이 별이 아닌 '행성'이라면 그 행성으로 가는 우주선을 만들면 가능할 수도 있지만 이 또한 현실적으로는 불가능한 일이잖아.

그 별이 행성이든 정말 별이든, 별에서 온 그대가 떠나온 별이 아닌 그냥 별로 돌아간다는 얘기는 가능한 얘기야. 우리 모두가 어린 왕자처럼 별에서 온 건 맞는 얘기거든. 그럼 우리 모두가 외계인이냐고? 아니, 우리를 구성하고 있는, 지구를 구성하고 있는 모든 원자 그리고 원자를 구성하는 더 작은 미립자들이 모두 별에서 왔다는 얘기야. 그리고 언제일지는 모르지만 태양계가 파괴되면 우리 모두가 가루가 되어 또다시 새로운 별을 만드는 물질이 될 수 있다는 거지.

별로 돌아가는 과정은 낭만과는 거리가 아주 먼 대충돌과 파괴 이런 무시한 단어를 동반해. 이런 일들은 사람의 힘으로 어떻게 해볼 수 없는 우주의 일이야. 그럼에도 불구하고 엄마를 비롯한 모든 사람들이 별을 노래하고, 별을 사랑하고, 별을 동경하는 그 모든 이유는 딱 하나, 별빛 때문일 거야. 저 멀리 밤하늘에 반짝이는 소리 없는 황홀함. 그건 이유를 막론하고 무조건적인 동경의 대상이지. 그래서 인류가 존재하면서부터 지구에 도달하는 별빛을 관찰해왔지. 우리가 볼 수 있는 별은 모두 별빛이잖아. 그 별빛은 무시무시한 에너지를 뿜어내는 핵융합의 산물인데, 별빛이 아름다운 건 멀리 있기 때문이 아닐까? 너와 나도 조금은 멀리 떨어져 있으면 동경과 그리움의 대상이 될 수 있지 않을까?

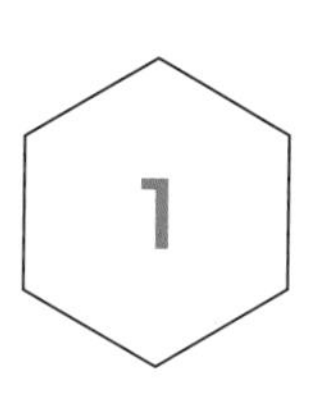

우물에서 바라본 하늘

약간의 거리 유지를 위해 엄마가 짐을 쌌어. 가출? 아니 출장. 무려 14시간 동안 비행기를 타고 낯선 유럽에 도착했지. 시차에 적응하는 건 쉽지 않아. 낯선 호텔방에서 자다 깨기를 수없이 반복하다가, 결국 이른 새벽에 일어났지. 깨자마자 어둠 속에서 시간을 확인하려고 핸드폰을 열다가 30개가 넘는 메시지를 발견했어. 내용이야 뻔하지. '엄마 내 교복 셔츠 어디다 뒀어, 엄마 왜 답이 없어, 엄마 나 빨래도 안 한 더러운 교복 입고 학교 가야 돼? 거기 도대체 몇 시인데 전화도 안 받아' 등등. 지금 당장이라도 지구가 멸망할 것 같은 너의 다급한 문자와는 무관하게 대한민국의 시간에 길들여진 엄마는 유럽의 어느 호텔방에서 맞이하는 낯선 시간에 적

응하지 못해 낑낑대고 있었지. 한국 시간으로 아침 7시쯤 그런 문자를 보낸 이후 아무런 얘기가 없는 걸 보니, 너의 다급함과는 무관하게 지구는 멸망하지 않았고 무사히 학교에 갔나 보네. 유럽으로 출장 간 엄마가 왜 너의 문자에 답을 하지 못했냐고? 너와 내가 북반구라는 같은 하늘 아래 있지만 둥근 지구의 자전으로 인해 너는 아침을 맞고 엄마는 한밤을 맞아 자느라고 그랬지. 얼마나 다행이냐?

엄마 거기 몇 시야?

둥근 지구의 자전으로 인해 생긴 엄마의 안락함에 대해 얘기해보자. 기원전 4세기까지는 지구가 평평해서 '앞으로~ 앞으로~' 동일한 방향으로 항해하면 낭떠러지에 도달해 절벽 아래로 떨어질 거라 생각했었는데, 아리스토텔레스(Aristoteles, BC 384-BC 322)는 월식 때 달에 생기는 지구 그림자가 둥글다는 것, 그리고 남쪽 지방으로 가면 북쪽 지방의 하늘에서 볼 수 없었던 별자리가 보이고, 수평선 너머에서 배가 다가올 때 돛대의 끝이 먼저 보이기 시작한다는 것 등을 근거로 지구가 둥글다고 주장했지. 심지어 기원전 240년에 에라토스테네스(Eratosthenes, BC 276~194)는 '하지 정오에 시에네에서는 해가 머리 위에 있어서 그림자가 생기지 않지만, 925km 떨어진 알렉산드리아에서는 그림자가 생긴다'는 사실을 토대로 지구의 둘레를 계산하기도 했잖아. 그 이후 지구가 둥글다는 생각이 점점 퍼지기는 했지만 무려 1800년이 지나서야 마젤란 일행의 항해를 통해 증명되었지.

1519년 9월 20일 스페인 상 루카르 항을 출발한 마젤란 일행은 1521년 3월 6일 괌에 도착했지만 대장이었던 마젤란이 4월 27일 필리핀 원주민과 전투하던 중 사망했어. 그해 9월 5일 1080일 동안 247명의 목숨을 희생한 끝에 세계 일주를 마친 생존자 18명이 스페인에 도착함으로써 가장 처음으로 세계 일주의 성공사례가 되었지. 세계 일주가 도대체 무슨 의미냐고? 당초 항해의 목적과는 조금 거리가 멀지만 지구가 둥글다는 것을 가장 처음 증명한 거지. 지표상에서 동일한 방향으로 '앞으로~ 앞으로~ ' 나아가면 온 세상 사람들을 다 만나고 제자리로 돌아온다는 거지. 손가락으로 지구본을 한 바퀴 도는 것과 똑같은 거 아니겠어?

지구가 멸망할 것 같은 너의 다급함 속에서도 엄마가 안락하게 잠을 잘 수 있었던 이유가 바로 시차잖아. 시차가 있다는 얘기는 나라마다 해가 뜨고 지는 시간이 다르다는 것인데, 이것도 사실 마젤란 일행의 항해로 알게 된 사실이야. 천신만고 끝에 다시 원래의 자리로 18명의 생존자가 돌아오기는 했는데, 이들이 매일 적은 항해일지에 따르면 스페인에 도착한 날짜가 항해일지에 적힌 날짜보다 하루 늦은 날이었어. 이 발견을 통해 날짜 변경선을 지날 때 지구 자전 방향과 동일한 방향(서 → 동)으로 이동하는 경우 출발지 보다 하루를 더하고, 자전 방향과 반대 방향(동 → 서)으로 이동하는 경우 출발지보다 하루를 빼야 한다는 것을 알게 되었지.

그런데 이렇게 하루를 더 하고 뺄 때 시간에 대한 기준이 나라마다 다르면 복잡하고 머리 아플 거잖아. 실제로 대항해시대에는 나라마다 기준이 달랐어. 그래서 또 힘센 나라들끼리 모여서 기준을 정했지. 어디를 기준으로 할 것인가. 이건 완전히 국가의 자존심 문제 아니겠어? 자기 나라가 기준이 되어야 한다고 우겼겠지. 그 결과 1884년 워싱턴 국제자오선회의에서 영국의 그리니치 왕립천문대를 지나는 자오선을 기준이 되는 본초자오선으로 정했어.

자오선, 본초자오선? 자오선이란 일상에서 흔히 사용되는 가상의 선이야. 지구에 네가 서 있어. 네가 서 있는 평면을 우주에 확장해 연결한 선을 천구의 지평선, 그리고 면을 지평면이라 하고, 지구 자체를 무한한 우주에 뻥튀기해서 북극점에 해당하는 곳을 '천구의 북극', 남극을 연장한 점을 '천구의 남극'이라 정했어. 그리고 네가 머리 위에 있는 점을 '천정', 발아래 있는 점을 '천저'라고 해. 이렇게 지구를 우주에 뻥튀기한 가상의 공간을 '천구'라고 하지. 그리고 천정, 천구의 북극, 천저, 천구의 남극을 연결한 가상의 선을 자오선이라고 해. 네가 지구 어디에 서 있느냐에 따라 무한개의 자오선이 생기잖아. 그중에서 영국의 그리니치 천문대를 지나는 아니, 정확하게는 천문대에서 동쪽으로 100m 떨어진 곳을 지나는 곳이 본초자오선이 된 거야.

천구가 지구와 다른가? 그냥 지구를 뻥튀기한 것에 불과하잖아. 그럼 천구에 있는 모든 선들이 지구에 고스란히 축소되어 들어올 수 있잖아. 맞아. 본초자오선에 해당하는 지구의 위치를 경도 0°라고 하고, 경도 180° 지점에서 북극과 남극 사이 태평양 바다 위에 세로로 선을 그어 '이것이 날짜 변경선이다'고 정한 거지. 〈지구 시간권〉 그림을 둥글게 말아 뺑튀기하면 본초자오선이 어디겠어? 런던을 지나는 시간권이 바로 본초자오선이 되는 거지.

한국 표준시는 그리니치 표준시보다 9시간 빨라. 런던이 1월 1일 0시면 서울은 1월 1일 9시가 돼. 지구 자전 방향이 서쪽에서 동쪽이니까 지구 입장에서 태양은 동쪽에서 떠서 서쪽으로 지고 동쪽에 위치한 지역에 훨씬 해가 빨리 떠서 시간이 빠른 거야. 만약 해가 서쪽에서 뜨려면? 지구 자전 방향이 동쪽에서 서쪽으로 바뀌어야 가능한 일이지.

그런데 날짜 변경선 경계에 있는 나라들은 조금 애매할 거야. 날짜 변경선은 사람들이 마음대로 그어놓은 가상의 선이라서 대충 자기나라 시간대에 맞는 시간을 정하기도 하지. 그런 이유로 날짜 변경선은 정확하게 경도 180°와 일치하지는 않고 조금 더 복잡해. 더불어 여러 시간권에 걸쳐 있는 큰 나라들은 동일한 나라임에도 불구하고 다른 시간권을 사용할 수밖에 없는 경우도 있겠지. 미국 동부와 서부가 3시간 차이나는 것처럼. 하지만 중국처럼 동쪽과 서쪽이 무려 5시간이나 차이가 남에도 불구하고 북경시를 기준으로 통일된 시간을 사용하는 나라도 있지.

지금 엄마는 기준이 되는 그리니치 천문대보다 더 서쪽에 있는 아일랜드에 있으니 너보다 10시간쯤 느린 시간권에서 시차적응 못하고 멍 때리고 있고.

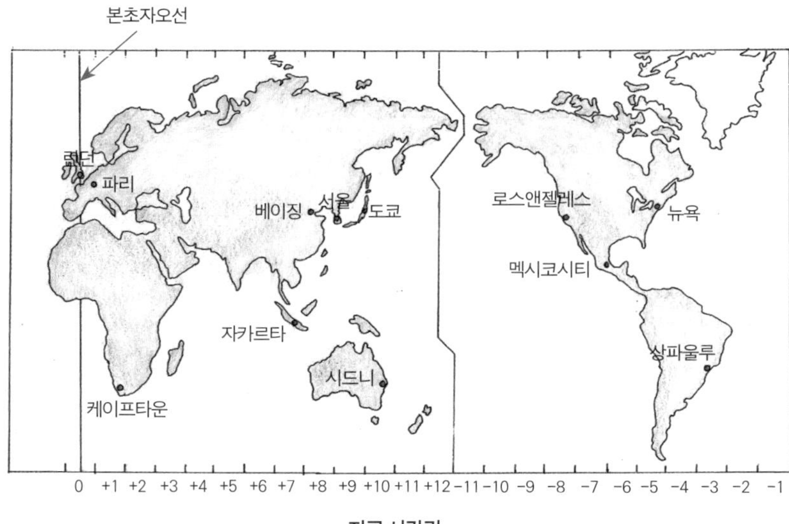

· 지구 시간권 ·

지구 자전과 관련해서 엄마가 여러 가지 얘기를 했었어. 밤과 낮, 시차 그리고 힘도 아닌 힘 코리올리 효과도 있었지. 그런데 말이야, 사람들은 지구 자전을 과학적으로 증명하려고 또 새로운 증거들을 찾기 위해 노력하지. 그 증거가 밤과 낮과 같이 오랫동안 알아온 사실이면 '그렇구나.'하는데, 그 증거라는 게 고안된 실험에 의해 증명되는 것이라면 쾌재를 부르겠지. 바로 그렇게 눈앞에서 지구가 자전한다는 것을 보여준 사람이 있어. 레옹 푸코(Leon Foucault, 1819~1868), 요즘은 미셸 푸코(Michel Foucault)라는 프랑스 철학자와 움베르토 에코(Umberto Eco)의 『푸코의 진자』에 가려 한 번에 검색이 안 되는 위대한 물리학자야.

이 사람은 1852년 지구 자전을 증명하기 위해 긴 끈에다가 추를 매달아 진동을 시켰어. 그랬더니 진자가 시계방향(동 → 서)으

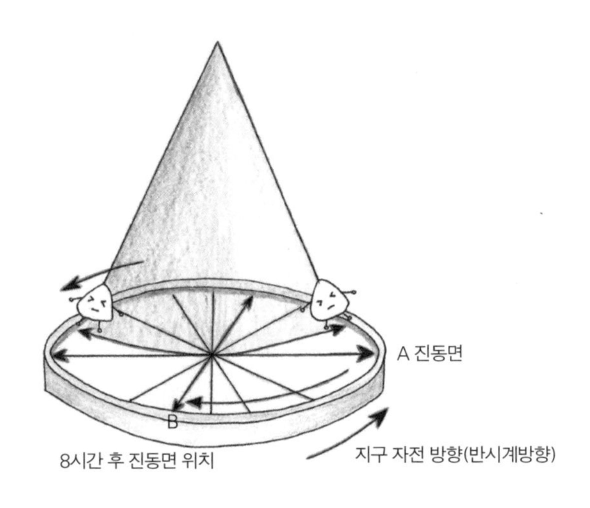

· 푸코의 진자 ·

로 움직이는 것처럼 보이더라는 거야. 추는 늘 동일한 진동면을 따라 움직이는데, 지구가 반시계 방향(서 → 동)으로 회전하고 지면이 따라서 반시계 방향으로 움직이기 때문에 마치 진자가 움직이는 것처럼 보이는 거지. 결국 지면이 돈다는 거잖아. 실험 그 자체로 명백한 증명인 거지.

얼마씩 추가 이동할까? 대충 따져보면 360°를 도는 데 24시간 걸리니까 1시간에 15° 이동하지. 불과 1시간만 푸코의 진자 앞에서 있으면 지구가 자전하는 것을 알 수 있으니 얼마나 흥분했겠어. 이 사람의 이 위대한 업적을 기리기 위해 프랑스 파리 판테온 돔에 흔들리는 푸코의 진자를 전시하고 있지. 물론 이 추가 레옹 푸코가 실험했던 그 추는 아니지만.

레옹 푸코의 진자나 코리올리 효과나 모두 1800년대에 밝혀진 사실이야. 오늘날에 와서 과학자들이 인공위성을 쏘아 올리면서 반드시 고려해야 하는 사항이 바로 지구 자전이야. 인공위성을 통해 지구를 360° 돌아가면서 관찰하고 싶으면 그냥 우주 공간 어딘가에 위치를 고정시키면 돼. 그럼 인공위성은 가만히 있어도 지구가 서쪽에서 동쪽으로 자전하기 때문에 인공위성은 지구 자전과 반대 방향인 동쪽에서 서쪽으로 이동하는 것처럼 보이겠지. 그렇게 제자리에서 지구 자전에 따라 24시간 동안 360°를 관찰할 수 있어. 이런 현상을 인공위성의 '서편 이동'이라고 해.

하지만 24시간 우리나라 상공에만 떠서 구름이 어떻게 변하는지 아니면, 서해의 바다색이 어떻게 변하는지 알고 싶으면 어떻게 해야겠어? 지구 자전 속도와 동일한 속도로 인공위성을 공전시켜야겠지. 아이러니하게도 인공위성은 공전하는데, 우리가 보기에 지구의 동일한 곳을 관찰하기 때문에 이런 인공위성을 '정지 궤도 위성'이라고 불러. 마치 우리 눈에 정지한 것처럼 보인다고 말이야. 우리나라는 2010년 6월 '천리안'이라는 정지 궤도 위성을 쏘아 올려 우리나라 상공의 기상 변화와 바다의 변화를 24시간 관찰해오고 있어.

엄마가 이런 생각을 해본 적이 있어. '지구의 자전 속도가 지금과 똑같았을까'라는 생각. 그래서 마구 찾아봤더니 그런 생각을 한 사람이 엄마만은 아니더라고. 그럼 지구 자전 속도를 기록하고 있는 그 무엇이 있을까? 또 마구 뒤져봤더니 놀랍게도 산호였어.

미국의 고생물학자 존 웰스(John West Wells, 1907~1994)는 고생대 산호 화석을 연구하다가 이상한 점을 발견했어. 산호 화석의 성장선 개수가 현생 산호에 비해 너무 많았던 거야. 성장선은 산호나 조개 등의 생물이 성장함에 따라 골격에 생기는 일종의 나이테로, 하루에 한 개씩 생성돼.

지금 우리는 지구가 360° 자전하는 데 걸리는 시간이 24시간이고 이게 모여 365일이 되는 시간 속에 살고 있으니까, 지금 생기는 산호는 1년에 365개쯤의 생장선을 가지겠지. 그런데 4억 년 전 데본기 산호 화석은 약 400개의 생장선을 가지고 있고, 3억 년 전 석탄기 산호 화석은 390개의 생장선을 가지고 있더라는 거야.

이게 의미하는 게 뭘까? 데본기에는 400일이 1년, 석탄기에는 390일 그리고 현재는 365일이 1년이라는 거잖아. 지구 자전 속도가 점점 느려지고 있다는 거지. 그럼 지구가 처음 만들어졌을 때는 얼마의 속도였을까? 과학자들의 계산에 따르면 4시간 정도래. 그럼 미래에는? 하루가 더 길어지겠지. 왜 자전 속도가 느려지냐고? 그건 달 때문인데 나중에 다시 얘기할게.

그런데 공전 속도는 변하지 않거든. 지금 우리는 24시간이라는 지구 자전 속도를 기준으로 1년은 365일이라는 달력을 사용하고 있는데, 지구 자전 속도가 30시간이 되는 약 20억 년 뒤의 우리 후손은 1년을 며칠이라고 정한 달력을 사용할까? 그들이 어떤 달력을 사용하든지 지금 엄마에게 중요한 것은 지구 자전으로 너와 다른 시간 속에 있어 안락함을 느낀다는 사실이지.

발상의 전환이 바꾼 세계관

새삼스럽고 약간 민망하게 얘기하면 둥근 지구는 자전도 하고 태양 주위를 공전하잖아. 이게 지구가 태양 주위를 돈다는 지동설이지. 새삼스러운 일도 아닌 이 일은 어쩌면 지구 역사에서 가장 큰 혁명일 거야. 왜? 모든 사람들의 생각을 통째로 바꿔버렸으니까. 이 위대한 혁명은 '혁명'이라는 단어가 주는 급박함과는 달리 하루아침에 벌어진 것은 아니야. 1543년 코페르니쿠스가 죽기 전에 출간한 『천체의 회전에 관하여』에서부터 18세기 초 뉴턴까지, 거의 200년에 걸친 과학혁명을 '코페르니쿠스 혁명'이라고 해.

그런데 아무리 하늘을 쳐다봐도 지구를 중심으로 온 우주가 움직이는 것처럼 보이니, 아주 오랫동안 온 우주가 지구를 돈다는 천동설이 절대적인 권력처럼 군림한 건 당연한 일이었을지도 몰라. 어쩌면 거기에다가 온 우주의 중심에 지구가 있고, 그 지구의 가장 상위에 존재하는 인간의 특별함에 크나큰 손상을 입히는 불경한 생각이었기 때문에 지동설을 불경죄로 다스릴 수밖에 없었겠지. 불경죄를 당한 사람이 어디 코페르니쿠스뿐이었겠어? 그 이후의 케플러(Johannes Kepler, 1571~1630)와 갈릴레이(Galileo Galilei, 1564~1642)에 이르기까지 지동설을 확고히 하는 연구 결과를 낸 사람들이 모두 불경죄의 대상이었지.

인류가 코페르니쿠스 혁명을 거쳐 지구가 태양을 공전한다는 것을 받아들였지만, 지구 중심으로 생각하는 것은 당연한 일일 수밖에 없어. 그냥 써도 아무런 문제가 없거든. 실제로 그렇게 보이는 걸? 지구를 중심으로 태양이 연주운동을 해서 계절이 바뀌고, 계절별로 별자리가 달라지지. 그래서 지구가 태양을 공전함에도 불구하고, 지구를 뻥튀기해서 만든 가상의 천구를 만들고, 가상의 천구에다가 별의 위치를 표시하고 있지.

엄마가 잠시 자오선 얘기를 하면서 지구를 뻥튀기해서 만든 천구를 얘기했는데, 그건 지구랑 똑같잖아. 북극은 천구의 북극, 남극은 천구의 남극. 이렇게 지구에 해당하는 여러 기준점에다가 그냥 '천구'라는 이름을 붙이면 되지. 그 천구에 지구와 다른 하나가 있어. 사실 지구에는 존재할 수가 없는 가상의 선, 바로 황도야. 황도는 지구 공전 궤도일 뿐인데 지구를 중심으로 보면 마치 태양이 지구를 도는 것처럼 보이니까 태양이 지나가는 길이라 해서 '황도'라고 부르지.

지구 자전축은 공전 궤도면과 66.5° 기울어 있기 때문에 태양이 지나가는 황도는 적도면과 23.5° 기울어질 수밖에 없어. 그런 태양이 황도를 따라 1년 동안 이동하는 연주운동을 하면 어느 지점에서 황도와 천구의 적도가 만날 수밖에 없잖아. 그 만나는 점을 '분점'이라고 하는데, 태양이 남반구에서 북반구로 향하는 지점에서 만나는 점이 춘분점이고, 북반구에서 남반구로 내려가는 지점에서 만나는 점이 추분점이지. 이렇게 만들어진 가상의 천구에다가 적위와 적경을 이용해서 별의 위치를 표시하지. 천구의 북극과 춘분점을 연결한 선을 적경의 기준인 적경 0h이라고 정하고 360°

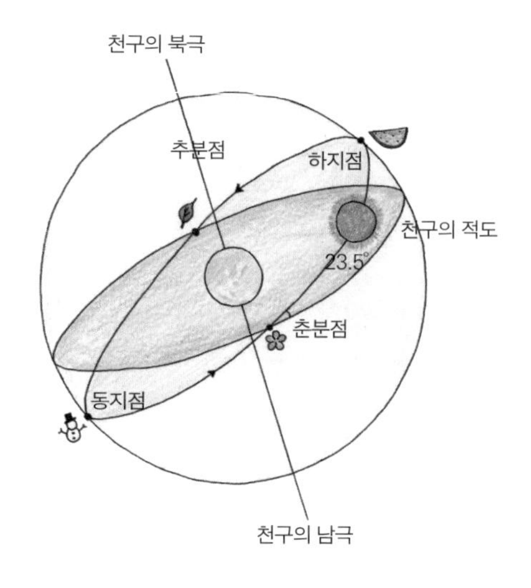

· 적도 좌표계 ·

를 24시간으로 표시해. 또한 천구의 적도를 적위 0°로 정해 +90°~-90°로 나타내. 이런 걸 적도 좌표계라고 해. 지구라는 우물에서 바라본 하늘의 결정체지.

엄마는 뺑튀기한 지구보다는 세심하게 관찰된 결과들이 코페르니쿠스의 지동설에 의해 어떻게 재해석될 수 있는지 얘기하려고 해. 코페르니쿠스는 수많은 사람들의 생각을 모아 기존의 프톨레마이오스(Klaudios Ptolemaios, 100~168)의 천동설로는 설명할 수 없는 여러 현상들을 설명하는 엄청나게 방대한 내용의 『천체의 회전에 관하여』를 썼잖아. 그렇다고 모든 생각의 시작이 코페르니쿠스로부터 나온 것은 아니야. 늘 아주 소수인 누군가가 아주 오래 전에 주장했지만 아무도 인정해주지 않아 묻히고, 또 다른 사람이 또 주장하고 묻히고를 계속 반복해왔지. 코페르니쿠스가 찾은 문헌에 따르면 기원전 5세기에도 지동설을 주장한 사람이 있다는 거야. 그런데 이 시점에서 아주 중요한 사실이 하나 있어. 코페르니쿠스의 지동설이 지구가 돈다는 것을 증명했느냐? 물론 일부 관측을 통해서 증명하기도 했지만, 이 사람이 정말 놀랍도록 뛰어난 이유는 바로 생각의 전환이야. 무려 1800년이 넘게 당연하다고 생각되어왔던 천동설을 다른 각도에서 들여다본 거지.

프톨레마이오스가 주장한 천동설에 따르면 천체의 순서는 '지구-달-금성-수성-태양-화성-목성-토성'인데, 코페르니쿠스는 태양-수성-금성-지구-화성-목성-토성의 순서로 바꿔본 거야. 왜? 여러 문헌을 모아 그걸 보다 잘 설명하기 위해 발상의 전환을 한 거지. 그리고 한 가지 가정을 보탰어. 행성의 공전 속도는 태양으로부터 멀어질수록 느려진다고. 이렇게 순서를 바꿔놓고 프톨레마이오스가 천동설에 입각해 주장한 외행성의 시운동을 들여다봤지. 외행성은 지구보다 바깥쪽에 있는 행성을 말해.

천동설이나 지동설에 따르면 화성은 분명한 외행성이잖아. 화성의 시운동을 1년 단위로 계속 관찰을 했더니, 이 녀석이 이상하게 움직이더라는 거지. 행성이 지구 공전 방향과 똑같은 방향(서 → 동)으로 움직일 때를 순행, 지구 공전과 다른 방향으로 움직일 때를 역행이라고 하는데, 얘가 1년을 단위로 순행 → 유지 → 역행을 〈화성의 시운동〉 그림과 같이 반복하더라는 거야. 그런데 이걸 프톨레마이오스는 천동설의 테두리 안에서 설명하기 위해 공전과 자전 이외에 작은 원을 그리며 움직이는 주전원이라는 이상한 개념을 도입했지. 그리고 자신의 주장을 계속 우기기 위해 수많은 새로운 가정들을 도입해서 심지어 천문학자들조차도 프톨레마이오스의 천동설을 이해할 수 없는 지경이 되어버린 거야. 그런데 지동설을 받아들이면 관찰된 수많은 현상들이 가볍게 설명되는 걸. 태양이 우주의 중심이고 태양에서 멀어질수록 공전 속도가 느려진다는 가정 하에 화성의 겉보기 운동을 월별로 표시해보면 왜 역행이 나타나는지 금방 알 수가 있지.

외행성의 시운동을 통해 지동설을 설명할 수 있다면, 내행성의 시운동을 통해서도 설명이 가능해야 하잖아. 그걸 갈릴레이가 했지. 갈릴레이는 망원경을 직접 개조해서 천체 운동을 관찰할 정도로 뛰어난 천문학자였어. 1610년 자신이 만든 허접한 망원경을 가지고 지동설에서 내행성이라고 생각되는 금성의 위상변화를 관찰해 봤지. 천동설에 따르면 금성은 절대 둥근 달처럼 보일 수 없는데, 금성이 〈지동설에 의한 금성의 위상변화〉 그림(276쪽)의 3번 위치에 있을 때 마치 둥근 달처럼 보이더라는 거야. 결국 내행성의 위상변화를 관찰해서 지동설을 증명한 거지. 그리고 목성의 위성인 이오, 유로파, 가니메테, 칼리스토를 발견해서 지동설을 더욱 견고히 한 사람이기도 해.

그런데 네가 기억하는 갈릴레이는 어떤 사람이니? 1633년에 있었던 지동설의 불경죄를 묻는 종교재판에서 공식적으로는 지동

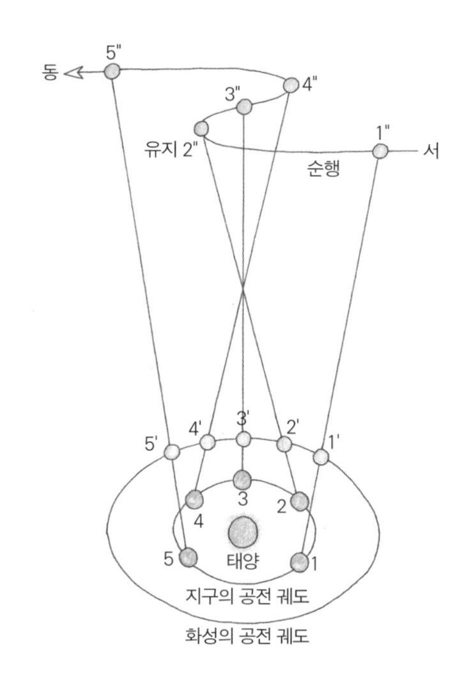

· 화성의 시운동 ·

설이 틀렸다고 마지못해 인정하면서도 "그래도 지구는 돈다"라고 말한 사람으로 유명한 사람이잖아. 갈릴레이는 이 종교재판에서 유죄 판정을 받고 투옥될 예정이었지만 건강이 나쁘다는 이유로 가택연금을 받았어. 만약 갈릴레이가 끝까지 공식적으로 지동설이 옳다고 주장했으면 불경죄에다가 괘씸죄까지 보태져 브루노(Giordano Bruno, 1548~1600)처럼 사형 당했을지도 몰라. 브루노는 무한 우주론이라는 이론을 주장한 사람으로, 직접 지동설을 주장하지는 않았지만 기존의 천동설을 받아들이지 않았다고 1600년에 화형 당했거든. 종교재판의 결정적인 순간에 갈릴레이는 브루

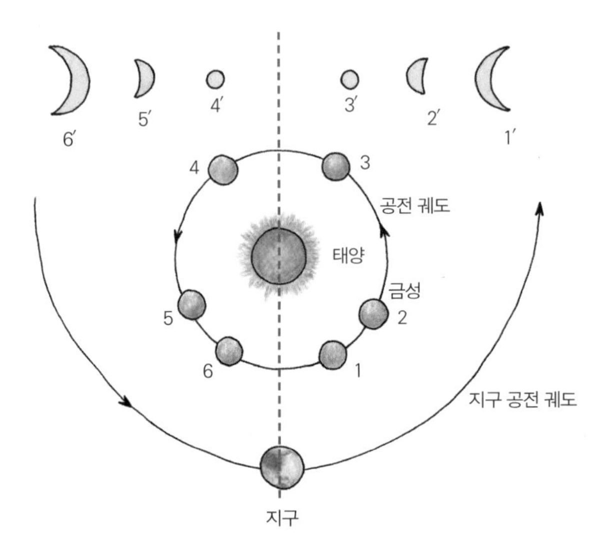

· 지동설에 의한 금성의 위상변화 ·

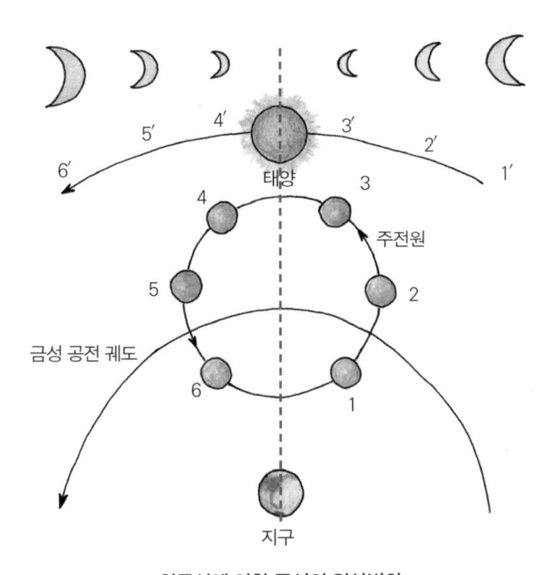

· 천동설에 의한 금성의 위상변화 ·

노에게 적용된 불경죄와 괘씸죄의 결과를 기억했을지도 모르지.

갈릴레이는 뛰어난 천문학자임이 분명하지. 하지만 엄마는 갈릴레이의 또 다른 점을 강조하고 싶어. 갈릴레이 이전까지 사람들이 지동설을 접할 기회가 얼마나 있었겠어? 지동설을 주장하는 책들은 너무 방대하고 수많은 수식으로 구성되어 있어서 일반사람들이 이해하기 어려운 측면이 강했어. 하지만 갈릴레이는 쉬운 언어로 쉽게 쓰고, 여기저기 강연을 다니면서 지동설이 옳다는 것을 이해시키기 위해 노력했지. 맞아. 갈릴레이는 아주 아주 뛰어난 과학전달자라는 거야. 그래서 갈릴레이는 지동설의 영원한 대변자로 남았지.

더불어 '지동설!' 하면 빼놓을 수 없는 사람이 케플러잖아. 케플러의 행성 3운동 법칙. 제1법칙 타원궤도의 법칙, 제2법칙 면적 속도 일정의 법칙, 제3법칙 조화의 법칙. 제1법칙은 공전 궤도가 원이 아니라 타원형이라는 얘기고, 제2법칙은 타원형이다 보니 태양에서 가까운 근일점과 원일점이 생길 수밖에 없는데 근일점에서 공전 속도가 빨라야지만 원일점을 지날 때와 이동 면적이 똑같아진다는 거야. 제3법칙은 행성이 태양에서 멀어져 장반경이 커지면 공전 주기의 궤도도 커진다는 거야. 이게 지금은 다 당연한 얘기잖아.

지구보다 바쁜 특별한 달의 몰락

천동설과 지동설은 개념 자체가 다르지. 하지만 지구를 중심으로 천체가 돈다는 천동설이나, 태양을 중심으로 천제가 돈다는 지동설에서 동일하게 생각될 수 있는 것이 달이야. 지구는 태양을 중심으로 공전과 자전을 하지만 달은 지구의 위성으로, 스스로 자전하고, 지구를 공전하며, 지구와 함께 태양을 돌지. 자전과 공전만 하는 지구보다 더 바쁘지 않겠어?

또한 달은 모든 태양계 내의 행성들처럼 서에서 동으로 이동하는데, 달의 공전 주기는 약 27.3일이야. 27.3일 동안 태양과 달과 지구가 어떤 위치에 놓였는지에 따라 달의 모양이 다르게 보이잖아.

그래서 조사해보니까 삭일 경우 보이지 않고, 하루에 13°를 이동하면서 음력 4일 정도가 되면 오른쪽이 보이기 시작하는 초승달이 되었다가 음력 8일이 되면 오른쪽이 완전히 보이는 상현달이 되고, 음력 15일이 되면 둥글게 보이는 망이 되었다가 점점 몰락하면서 왼쪽이 보이는 하현달로 되었다가 그믐이 되는 위상변화를 반복해 하고 있지.

엄마가 달의 공전 주기가 27.3일이라고 했지만 그건 별을 기준으로 했을 때고, 지구에서 보이는 삭과 망을 기준으로 하는 삭망월은 29.3일이야. 그건 지구가 태양을 따라 공전하기 때문인데 달이 하루에 13° 자구를 공전하는 사이에 지구가 태양을 1° 공전하기 때문이지. 달이 그걸 또 따라가야 하니 별을 중심으로 한 항성월과 삭망월이 차이가 있지. 달이 지구보다 바쁠 수밖에 없겠지?

그것만 있나? 달은 스스로 자전도 하지. 달의 자전 속도는 공전 속도와 같아. 그래서 지구에서는 늘 한쪽 면만을 볼 수 있어. 뒷모

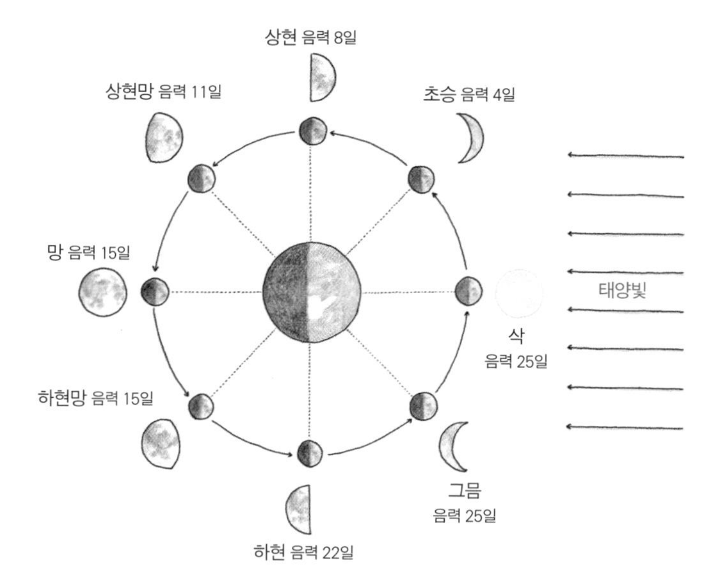

· 달의 위상변화 ·

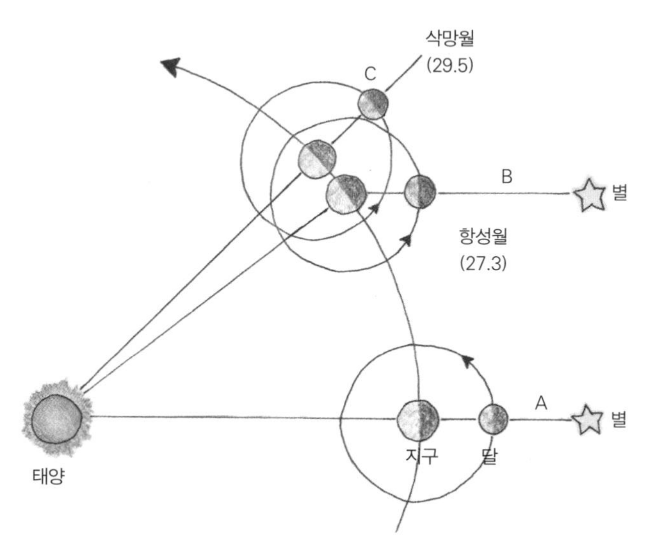

· 항성월과 삭망월 ·

습을 보여주지 않는 달이지. 그렇다고 정말 딱 절반인 50%만 보여주는 건 아니고, 실제로 눈으로 볼 수 있는 달의 표면은 약 59% 정도인데, 이는 달이 자신의 공전 궤도인 백도를 돌면서 흔들흔들 상하좌우로 흔들리기 때문이야. 이런 현상을 칭동이라고 해.

그런데 이런 삭과 망을 반복하는 달에 의해 지구에서는 조수 간만의 차이가 발생하잖아. 즉, 태양-달-지구가 어떻게 놓여 있는지에 따라 유체인 해수를 당기는 만유인력의 세기가 달라지고, 복잡하게도 달의 각각의 공전 위치에서 지구 자전에 따른 낮과 밤으로 인해 해수를 당기는 방향이 달라지잖아. 그래서 하루를 주기로 조수 간만의 차이가 생기지. 간조 때 바닷물이 썰물로 밀려나면 갑자기 없었던 길이나 갯벌이 드러나잖아. 이로 인해 배 타고 가야 했던 섬을 걸어서 가기도 하지. 한편 하루가 아닌 삭망월을 중심으로 보면 삭과 망일 때 당기는 힘의 방향이 일치하니까 이때는 조수 간만의 차이가 큰 사리가 되고, 상현과 하현일 때는 당기는 힘이 분산되어 조수 간만의 차이가 작은 조금이 돼.

월식이라는 현상도 가끔 나타나지. 월식이 뭐냐? 달을 먹는 거잖아. 뭐가 달을 먹느냐? 지구의 그림자가 먹지. 태양빛을 받아 만들어진 지구 그림자가 달을 가리려면 태양-지구-달 이렇게 나란히 놓였을 때만 가능한데, 이때 달은 망인 보름달로 보이잖아. 그렇다고 모든 보름달에서 가능한 것은 아니야. 만약 모든 망에서 월식이 일어난다면 적어도 한 달에 한 번의 월식이 일어나야 하지만 실제로는 아주 가끔씩 일어나지. 그건 우주 공간상에서 태양-지

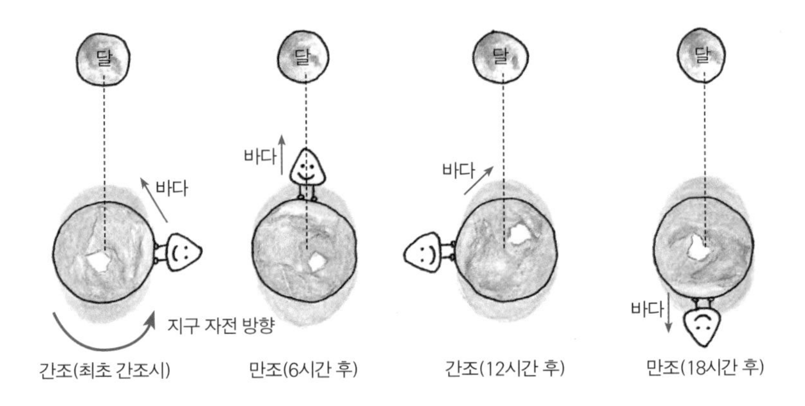

· A지점에서 일어나는 하루 동안의 조석현상 ·

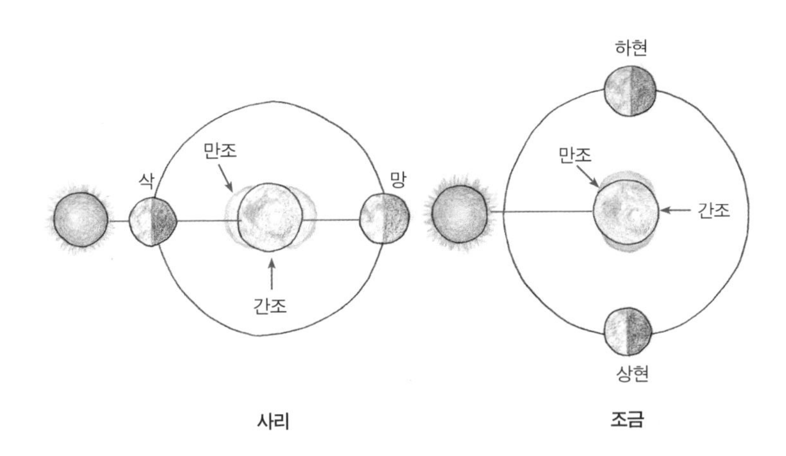

· 달의 위상변화에 따른 조석현상 ·

구-달이 동일한 평면상에 위치하는 일이 자주 일어나지 않기 때문이지.

태양계가 만들어질 때 태양을 중심으로 모든 행성이 타원형의 궤도를 그리면서 거의 동일 평면상에 놓였다는 성운설. 이 이론에 따르면 태양-지구-달이 거의 동일한 평면상에 놓인 것은 맞는 얘기야. 그렇다고 100% 동일 평면상에 위치하지는 않아. 각 행성의 공전 궤도는 약간씩의 차이를 보이지. 지구 공전 궤도와 달 공전 궤도는 약 5°의 차이를 나타내. 지구에서 태양을 바라다 봤을 때 지구 공전 궤도는 황도와 일치하잖아. 결국 황도와 달의 공전 궤도가 5°의 차이를 나타내기 때문에, 지구에서 바라봤을 때 달의 공전 궤도와 황도가 만나는 지점을 중심으로 망일 때 월식이 일어나는 거야.

지구의 그림자가 달을 삼키는 게 월식이라면 달의 그림자가 태양을 가리는 것도 가능하지 않겠어? 이건 일식이라고 하지. 달의 그림자가 생기려면 달은 삭의 위치에 있어야 할 거야. 달의 그림자가 지구에 비추어서 태양을 가리는 것인데, 이 또한 태양-달-지구가 평면상에서 일직선으로 놓여야 가능한 일이지.

그런데 말이야, 달이 언제부터 지구의 위성이었을까? 태어날 때부터? 어떻게 태어났는지는 이미 얘기를 했지. 지구 생성 초기에 화성 크기의 행성이 충돌하면서 지구에서 떨어져 나간 파편들이 뭉쳐서 생겼다고. 처음부터 그렇게 생각했던 것은 아니야. 약

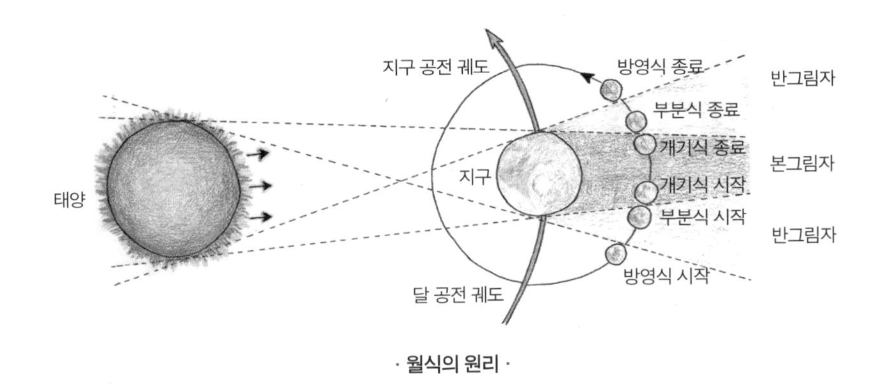

· 월식의 원리 ·

달과 태양의 궤도가 만나 월식이 일어나는 지점

한 달 동안의
달 이동 궤도(백도)

5°

달

1년 동안의
태양 이동 궤도(황도)

태양

달과 태양의 궤도가 만나 월식이 일어나는 지점

· 지구에서 바라본 달과 태양의 이동 궤도에 따른 월식 발생지점 ·

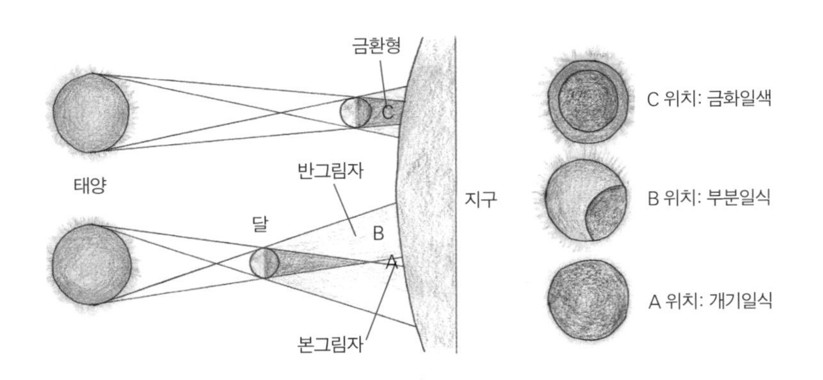

· 일식의 원리 ·

17세기 초 프랑스의 물리학자인 데카르트(René Descartes, 1596~1650)는 달이 지구에 포획되어 만들어진 것 같다는 생각을 발표하기도 했지. 일단 달은 현재의 위치에 있고, 지구의 위성이며, 지구에 거대 행성이 충돌해 떨어져나간 파편들이 뭉쳐서 생겼다는 모든 사실을 받아들인 상태에서 조금 다른 질문을 해보자.

달이 처음부터 지금의 자리에 있었을까? 물어보나 마나 한 질문이라고? 당연히 아니라고? 아닌 것은 어찌 아는데? 그 답을 준 사람은 핼리(Edmund Halley, 1656~1742)야. 핼리가 누군지는 말하지 않아도 알잖아. 1682년 대혜성의 출현을 관측하고 그 혜성이 1456년, 1531년, 1607년 등 거의 76년마다 돌아오는 주기혜성이라고 주장하고, 1758년에 다시 나타날 것을 예측했던 사람. 이 혜성이 바로 핼리혜성이잖아.

핼리가 주장한 바에 따르면 달의 위치가 변한다는 거야. 기본적으로 지구와 태양계 내의 행성운동, 그리고 지구 주위를 도는 달의 운동이 정확하게 케플러의 법칙이 적용된다면 언제, 어디서 관측하던지 달이 차고 기우는 것과 조석현상은 늘 규칙적으로 일어나야하지. 하지만 핼리가 일식과 월식에 관한 옛 문서들을 조사해보니 달의 공전 속도가 약 100년 정도에 10초 정도 빨라졌다는 것을 확인했어. 그렇다고 핼리가 이 발견으로 모든 것을 밝힌 것은 아니고 핼리 이후 100년이나 지나서 정확하게 그 의미를 알게 되었지. 달의 위치가 변하고 지구 자전 속도가 감소하고 달의 공전 속도가 빨라지는 그 모든 것이 달과 지구와 태양의 관계 때문인데, 어떤 관계가 있는지 보자.

조수 간만의 차이. 이건 달과 태양이 잡아당기는 힘에 의해 생기는 밀물과 썰물이잖아. 그런데 이게 단순히 눈으로 보이는 밀물과 썰물의 수준이 아니라 해수의 움직임이 마찰력을 만들고, 이렇게 만들어진 마찰력이 지구가 자전하는 것을 방해하거든. 그래서 자전 속도가 줄어들어. 엄마가 그랬잖아. 지구의 자전 속도가 느려지고 있다고. 그건 해수의 마찰력에 의해서 일어나는 거야.

지구 자전 속도 감소. 이는 지구가 운동에너지를 조금씩 잃어버린다는 것인데, 지구 운동에너지가 감소하면 각운동량 보존의 법칙에 따라 달의 공전 속도가 빨라지고 지구에서 멀어질 수밖에 없다는 거야. 뭐 이 얘기는 조금 어려우니까 실제로 관찰한 결과를 가지고 얘기하면, 1969년 아폴로 12호가 달에 설치한 반사경이 매년 3.8cm씩 지구에서 멀어지고 있는 달의 모습을 확인시켜줬지. 그리고 과학자들이 계산한 결과, 약 46억 년 전 달이 갓 탄생했을 때 지구와 달 사이의 거리는 20~24만km에 불과했는데 현재 38만km인 걸 감안하면 46억 년 동안 14만km 이상이나 이동했다는 거지. 더불어 지구의 자전 속도는 계속 느려지고 있잖아.

달이 지구의 위성이 맞을까? 흔히 달은 위성의 대표주자로 인식되어 있는데, 달은 달(위성)이 아니라는 얘기가 있어. 위성이 존재하려면 모행성이 끌어당기는 힘과 태양이 끌어당기는 힘이 균형을 이루어야만 하지. 즉, 힘의 균형을 이루기 위해서는 모행성의 적당한 질량에 따른 적당한 거리가 보장되어야 하는데, 1848년 로슈(Édouard Roche, 1820~1883)는 '로슈의 한계(Roche limit)'라는 것을 제안했어. 이는 하나의 행성에 접근하는 물체가 부서지지 않고 어느 정도까지 접근할 수 있는가를 알려주는 값인데, 너무 가까이 가면 모행성의 중력장 안으로 끌려들어가 산산이 부서지는 거지. 1992년 목성에 접근하던 Shoemaker-Levy 9 혜성이 로슈의 한계 이내로 들어간 후 21개의 조각으로 깨져 목성에 연속적으로 충돌한 사건이 있었지. 달이 안전하게 지속적으로 지구를 공전하는 걸 보면 로슈의 한계 이내로 들어가지 않았다는 거지.

하지만 더 멀어지는 것도 문제야. 위성은 모행성에 끌리지만 다른 한편으로는 태양에도 끌리잖아. 결국 위성이 위성으로 일정한 위치에 있기 위해서는 모행성이 당기는 힘과 태양이 당기는 두 힘이 균형을 이루어야만 하지. 줄다리기를 영어로 뭐라는지 알아? Tug of War(TOW)야. 즉, 양쪽이 팽팽하게 균형을 이루며 줄을 당기는 거지.

이게 아시모프(Issac Asimov, 1919~1992)가 설명한 TOW(Tug of War)인데, 모행성에 너무 가까이 가서 로슈의 한계로 들어가면 모행성에 충돌해서 부서지고 너무 멀어지면 태양의 영향권으로 들어가 행성에서 떨어져갈 수밖에 없다는 거지. 줄다리기에서 한쪽으로 힘이 쏠리면 힘이 센 쪽으로 끌려가는 것과 같은 원리지. 엄청 어려운 말인 것 같지만 그냥 양쪽으로 적당히 당기는 힘이 필요하다는 거야. 태양계에 위성이 없는 행성은 수성과 금성밖에 없어. 달이 달(위성)이기 위해서는 모행성과 달 사이의 거리가 로슈의 한계보다 크고 TOW보다 작아야 위성으로 존재할 수 있는데, 얘들은 태양과 너무 가까이 있어서 TOW를 충족할 수 없지.

이 이론을 달에 적용해보면 로슈의 한계는 1만 5600km이며, TOW는 26만km 정도야. 그런데 지구와 달까지의 평균거리는 무려 38만 4400km나 되잖아. 이런데도 달이 지구의 위성일까? 달이 지구의 위성이 아니라고 할지라도 달이 없는 지구를 상상이나 할 수 있을까? 달이 만들어내는 조석이 없었다면 어떤 일이 일어났을까? 지구의 자전 속도가 지금과는 완전히 다르겠지. 아마 6~8시간밖에 안 될 거야. 이런 조건이 생명체가 안락하게 살기에 적당한 조건일까? 달이 지구에서 점점 멀어지고, 지구의 자전은 점점 느려지고, 태양의 남은 에너지는 50억 년에 불구하지. 태양계에서 46억 년 살아온 지구는 50억 년 뒤에 어떤 모습일까?

우주를 향해 열린 문, 유한한 빛

엄마가 그랬잖아. 코페르니쿠스의 이 방대한 책은 지동설을 증명한 것이 아니라, 지금까지 관찰된 수많은 현상들을 설명하기 위한 발상의 전환이라고. 그래서 화성과 같은 외행성의 시운동과 금성과 같은 내행성의 시운동을 쉽게 설명해버렸다고. 그럼 그 다음 단계가 뭐겠니? 이를 증명하는 또 수많은 현상들을 찾아내겠지. 그 현상들을 찾는 과정에서 아주 특별하게 사용된 것이 바로 '유한한 빛의 속도'야. 유한한 빛의 속도. 어려운 말인가? 빛은 속도를 가지고 있다는 얘기지.

아주 오래전에 빛의 속도를 측정할 수 없었던 시대에 사람들은 또 입 아픈 논쟁을 했어. 빛이 유한한가 아니면 무한한가를 가지고. 빛이 유한하다는 것은 속도를 가진 다는 거고, 무한하다는 것은 속도 자체를 논할 수 없다는 거야. 흔히 말하는 km/h, km/s 등의 속도 단위로 표현이 불가하다는 거지. 물론 km/h, km/s는 정확하게 얘기하면 속도라기보다는 속력을 의미해. 속도는 속력에 이동 방향이 포함된 용어이기는 하지만 그냥 다 속도로 말하자고 한 거 기억하지? 어쨌든 측정할 수 없으니 빛은 무한하다는 결론을 내렸지.

늘 그렇듯이 모든 사람이 그 말을 믿은 것은 아니겠지. 그럼 빛이 유한하다고 생각한 사람들이 할 수 있는 일이 뭐겠어? 빛의 속도를 측정하는 거 아니겠어? 그래서 빛이 유한하다고 생각한 갈릴레이는 빛의 속도를 측정하기 위해 노력했지만 성공하지는 못했어. 왜냐면 빛의 속도는 상상 이상으로 크거든. 갈릴레이가 측정했던 방법으로는 그냥 모든 것이 순식간에 일어나서 측정이 불가능했지.

그런데 1670년대에 뢰메르(Ole Christensen Rømer, 1644~1710)라는 사람이 놀라운 숫자를 계산해낸 적이 있어. 정확하게 뢰메르가 측정한 방법은 아니지만 원리를 풀어서 설명해보면, 지구와 목성이 가까이 있을 때 이오가 목성에 의해 가려지는 시간과 지구와 목성이 멀리 있을 때 이오가 목성에 의해 가려지는 시간을 비교해 보니 22분 정도의 차이가 난다는 거지. 이 22분의 차이는 지구 공전 궤도 지름만큼 빛이 이동하는 데 걸린 시간이라는 거야. 속도란 결국 이동거리를 시간으로 나눈 거잖아. 그렇게 계산해봤더니 빛의 속도가 220,000,000m/s라는 거야. 물론 뢰메르가 측정한 방법이 이렇게 단순하지는 않지만 어쨌든 원리는 아주 단순하고, 이를 이용해 계산한 숫자는 실제 속도에 얼마나 근접한 숫자인지…….

비록 오늘날의 299,792,458m/s와는 아주 약간의 차이가 있기는

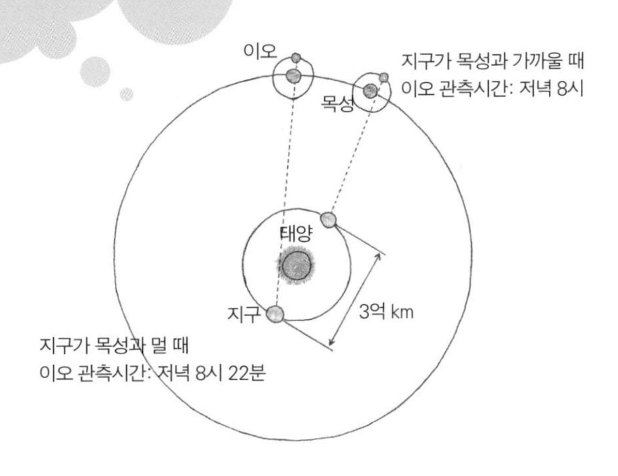

· 목성의 위성인 이오 관측을 통한 빛의 속도 측정 원리 ·

하지만.

빛의 놀라운 속도. 이게 얼마나 큰 숫자냐면 태양에서 지구까지의 거리, 1AU인 1억 5000만km를 8분 안에 이동할 수 있고, 1초 만에 지구를 일곱 바퀴 반을 돌 수 있는 속도야. 빛의 속도는 거리를 표시하는데도 사용이 되지. 우주는 우리의 상상을 초월할 정도로 크기 때문에 지구에서 사용하는 m나 km의 단위로 표시하기는 어렵잖아. 그래서 빛이 1년 동안 이동하는 거리를 1광년(9조 4605억 300만km)이라고 정의하고 광년을 이용해 멀리 있는 별의 거리를 표시해.

그런데 이 빛이라는 녀석은 정말 특이한 성질을 가지고 있어. 아주 오랜 시간 동안 사람들을 머리 아프게 했지. 도대체 빛이 뭐냐는 거야. 흔히 빛이라 하면 가시광선을 얘기하지만 포괄적인 의미에서는 가시광선보다 파장이 긴 적외선과 파장이 짧은 자외선, 그리고 더 짧은 X-선 등의 모든 전자기파를 의미해. 엄마가 빛의 포괄적인 의미를 애기하면서 사람들을 머리 아프게 한 빛의 성질 하나를 이미 애기했는데 알아챘을까?

빛은 멈추지 않으며 무조건 직진이야. 직진하다가 성질이 다른 매질을 만나면 굴절되기도 하고 반사되기도 하고 매질이 없어도 직진할 수 있어. 그런데 기본적으로 생긴 모양이 파동이라는 거지. 파동은 반복되는 주기를 갖는데 얘를 파장이라고 하잖아. 그래서 파장이 짧으면 에너지가 강하고, 파장이 길면 에너지가 약하다는

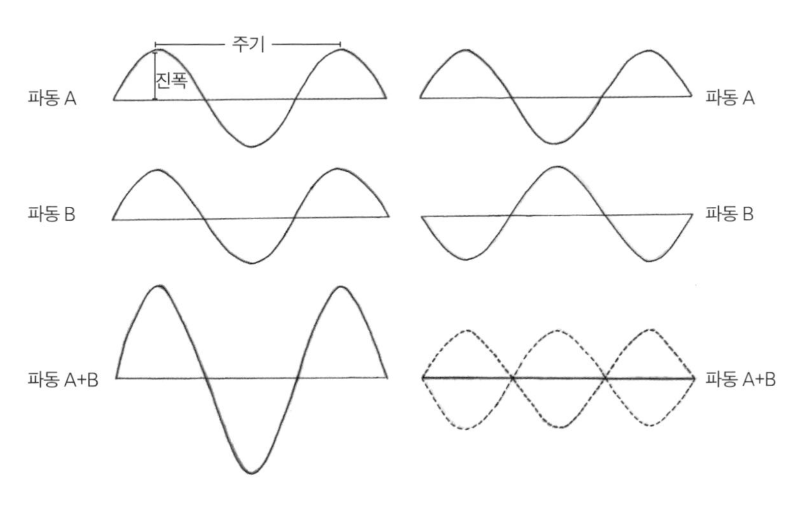

· 빛의 보강 간섭과 상쇄 간섭 ·

말을 하잖아. 두 개 이상의 파동이 서로 중첩되어 진폭이 커지거나 작아지는데 이런 현상을 간섭이라 하지. 이 경우 간섭이 일어난다고 해서 파장이 변하는 것은 아니야. 파장은 그대로인데 진폭이 달라지는 거지.

이게 전부면 좋은데 다른 성질을 또 가지고 있지. 그건 바로 빛이 파동인 동시에 입자의 성질을 가지고 있다는 거지. 빛의 이중성이지. 혹시 광자(photon)라는 용어를 들어봤을까? 빛은 수많은 입자들로 구성되었다는 거지. 스위스 베른의 허름한 특허사무소에서 말단 직원으로 빌빌거리던 아인슈타인은 1905년 '문득 떠오른 생각'을 정리해서 아주 짧은 논문을 냈다는데 그게 바로 빛의 광전효과에 관한 내용이었어.

아인슈타인의 논문 내용을 들여다보기 전에 빛의 세기가 어떻게 결정되는지 먼저 보자. 빛의 세기는 파장과 진폭에 의해서 결정돼. 엄마가 지금까지 '빛의 에너지가 세다'라고 할 때는 파장의 길이만 얘기했어. 그러면서 햇빛의 경우 가시광선 붉은색의 바깥쪽에 있는 적외선은 파장이 길어 에너지가 약하고, 보라색 바깥쪽에 있는 자외선은 파장이 짧아 에너지가 세다고 했어. 그건 지금까지 진폭은 똑같고 파장만 다른 경우였기 때문에 진폭을 얘기할 필요가 없었지. 진폭이 같은 파동의 빛 중에서 파장이 짧다는 것은 동일한 길이를 놓고 봤을 때 진동수가 많다는 얘기지. 만약 같은 파장이라면, 다른 말로 하면 진동수를 같은 상태로 고정시킨다면 빛의 세기는 진폭에 의해 결정된다는 거야.

아인슈타인의 '문뜩 떠오른 생각'인 광전효과로 다시 돌아가자. 아인슈타인은 금속에다가 빛을 쪼이면 전자가 튀어나오는 현상인 광전효과를 확인하고는 잠시 고민을 했지. 튀어나오는 애가 전자인데 빛에 의해서 튀어나온다 해서 이 전자를 특별히 광전자라고

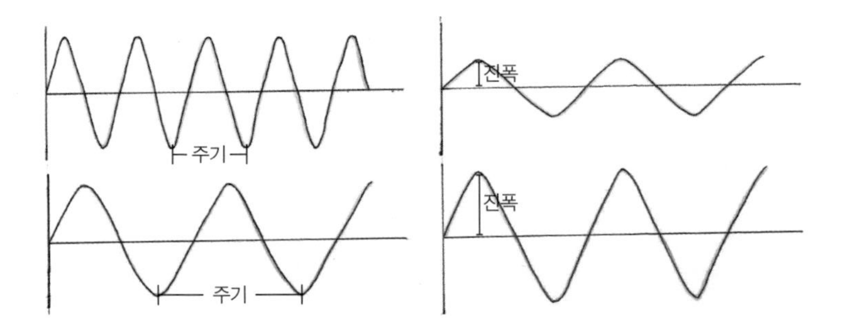

· 진폭은 같으나 진동수가 다른 경우(왼쪽) 진동수는 같으나 진폭이 다른 경우(오른쪽) ·

불러. 아인슈타인은 진동수를 고정시킨 상태에서 진폭을 달리하면서 광전효과가 어떻게 달라지는지 본 거야. 긴 파장의 붉은빛은 에너지가 약하긴 하지만 얘를 계속 보내면 파동인 빛의 중첩이 일어나서 진폭이 커질 거잖아. 빛이 세지는 거지. 그럼 당연히 전자가 튀어나올 거라고 생각했는데, 아무리 실험해도 이런 일이 일어나지 않더라는 거야. 또한 짧은 파장의 파란빛을 비추면 전자가 튀어나오기는 하는데, 얘도 중첩을 통해 진폭을 크게 한다고 해도 튀어나오는 전자의 개수는 늘어나지 않더라는 거야. 물론 이때 튀어나오는 전자의 운동 에너지가 커지기는 해.

파동의 성질을 가진 빛이 진폭에 의해 에너지가 커져도 광전자수가 증가하지 않는다는 것은 정말 어려운 해석일 수 있지. 그래서 이 사람은 새로운 생각을 한 거야. 빛이 파동이기는 한데, 파동이 일정한 에너지를 가진 하나 하나의 입자인 광자로 구성되어 있고, 광자의 에너지가 클수록 튀어나오는 광전자의 수가 많고 전자의 운동 에너지가 크다고 설명한 거지.

이런 거 실험하기 어렵다고? 아니 매일매일 실험하고 있지. 리모컨으로, 자동문으로. 이런 것들이 모두 광전효과를 이용한 거야. 별거 아닌 것 같다고? 그런데 이 논문으로 1921년 노벨물리학상을 받았겠어? 빛의 파동설과 입자설의 입 아픈 논쟁은 긴 역사를 가지고 있어서 그 얘기만 하려고 해도 엄청 긴 얘기가 될 거야. 하지만 엄마가 얘기하려고 하는 것은 이렇게 머리 아픈 빛이 우주의 비밀에 관한 모든 열쇠를 쥐고 있다는 거지.

1838년 프리드리히 베셀(Friedrich Bessel,1784~1864)은 백조자리 61번 별에서 아주 미세한 관찰을 통해 지구 공전에 대한 새로운 증거를 찾아냈어. 별은 스스로 유한한 속도를 가진 빛을 만드는 능력이 있잖아. 그 별을 관찰했지. 아니, 결국 지구로 들어오는 그 별이 내는 빛을 본 거지. 그랬더니 6개월을 주기로 별이 보이는 위치가 달라진다는 것을 찾아냈지. 별의 위치가 왜 달라지겠어? 지구가 움직이니까 달라 보이는 거지. 6개월 간격을 두고 별의 위치 차이 각도의 절반을 연주시차라고 해. 이게 또 얼마나 작고 미세한 숫자인지. 연주시차를 1분, 1초로 표시하는데 1분(1′)은 1°의 1/60, 1초(1″)는 1분의 1/60의 이야. 백조자리에 있는 61번 별의 연주시차는 0.294″야. 얼마나 작은 숫자냐? 〈별의 연주시차를 이용한 거리 측정〉 그림에서 보는 것처럼 저렇게 넓은 각도는 아니라는 거지.

그런데 생각해보자. 별이 가까우면 연주시차가 클까 작을까? 당연히 크겠지. 엄마가 질문한 의도를 생각해봐. 연주시차를 가지고 별의 거리를 측정할 수 있다는 거잖아. 그래서 연주시차를 이용해 별까지의 거리를 측정하는 기준을 정했어. 연주시차가 1″인 것을 1파섹(par sec)이라고 정의했지. 1파섹의 거리는 3.26광년 정도라고 해. 그럼 백조자리에 있는 61번 별의 거리는 얼마나 될까? 연주시차와 별의 거리는 반비례하니까 약 3.4파섹이 되고 이는 11광년 정도의 거리가 되겠지. 물론 인류가 측정할 수 있는 연주시차의 한계가 있을 거잖아. 너무 멀리 있는 별의 연주시차를 잴 수는 없지.

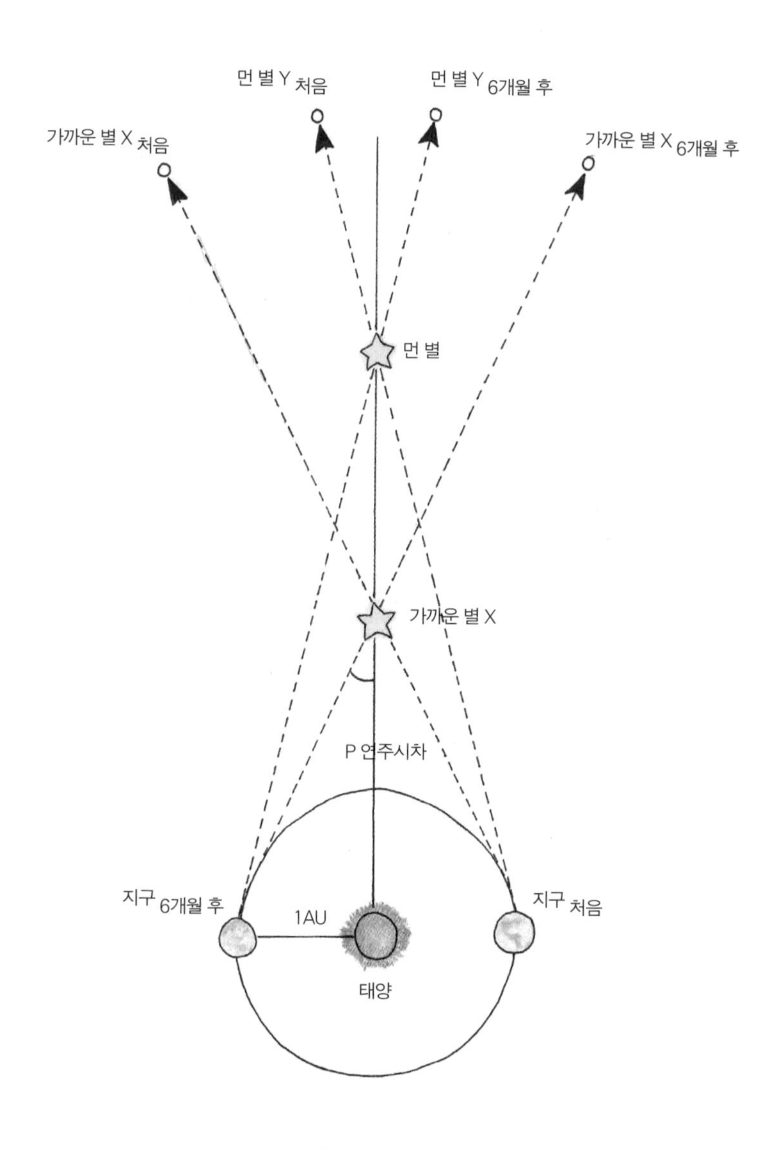

· 별의 연주시차를 이용한 거리 측정 ·

더불어 별이 보여야 측정이 가능하지, 안 보이면 가능하겠어? 그래서 측정해봤더니 연주시차를 이용한 별의 거리 측정은 약 100파섹 정도라는 거지.

별의 빛을 이용한 공전의 증거는 여기서 끝나지 않아. 광행차라고 들어봤을까? '광행차'라는 단어를 풀어쓰면 빛이 가는 차이라고 할 수 있겠지. 별빛이 우리에게 오기는 하지만 차이가 있더라는 거야. 어떻게 차이가 있느냐? 비가 내리는데 우산을 쓰고 걸을 때 비가 수직으로 떨어지는 게 아니라 약간 앞쪽에서 오는 것 같잖아. 달리는 차창에 흐르는 빗물은 직선이 아닌 사선으로 흐르잖아. 그렇다고 비가 앞쪽에서 달려오는 건 아니잖아. 위에서 떨어지는 거지. 마치 빛이 달려오는 것처럼 느껴지는 이유는 우산을 쓴 네가 앞으로 걷기 때문이고, 차가 앞으로 달리기 때문이잖아. 똑같은 원리로 지구가 공전하기 때문에 별빛이 별의 위치보다 앞쪽에서 오는 현상을 광행차라고 해. 만약 지구가 공전하지 않는다면? 별빛이 머리 위에서 수직으로 오겠지.

'태초에 빛이 있으라' 해서 우주에 빛이 생겼는지는 모르겠지만 빛이란 녀석은 정말 특이한 녀석이야. 가까이 가면 파장이 짧아지고, 멀어지면 파장이 길어지는. 파장이 짧아진다는 얘기는 에너지가 큰 빛이 되는 거고, 파장이 길어진다는 얘기는 에너지가 작은 빛이 된다는 건데. 빨주노초파남보의 가시광선을 놓고 봤을 때 파장이 짧은 쪽은 보라색이잖아. 그래서 엄마가 자외선을 얘기할 때

보라색 바깥쪽의 빛이라고 얘기를 했고, 빨간색 바깥쪽의 빛을 적외선이라고 한다고.

그런데 문제는 관측자인 너를 중심으로 별이 멀어지면 별에서 오는 파장이 길어져 붉은색이 더 많이 보이는 현상이 나타나. 이를 적색편이라고 해. 적색으로 치우친다는 거지. 그러다가 가까이 다가가면 다시 푸른색으로 치우치는 청색편이가 나타나고. 만약 이게 반복해서 나타난다면? 지구가 돈다는 거지. 이렇게 지구와 같은 행성의 움직임 때문에 나타나는 국부적인 적색편이를 특별히 '도플러 적색편이'라고 해. 앰뷸런스의 경고음이 가까이 오면 소리 파동이 압축되어서 '삐요, 삐요, 삐요' 하고 속도가 빨라지면서 소

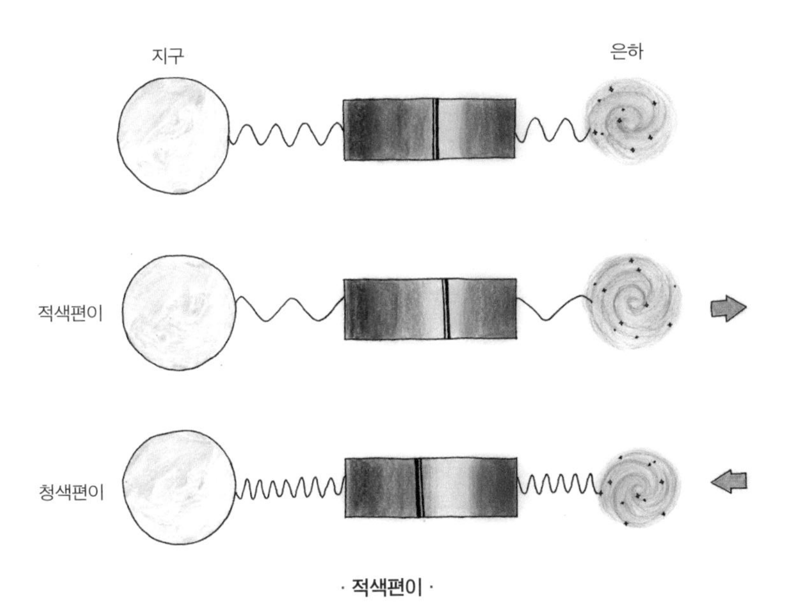

· 적색편이 ·

리도 높아지고, 멀어지면 '삐~~요~~' 하고 속도가 느려지면서 소리도 낮아지는 현상이 도플러 효과잖아. 빛도 소리처럼 파동이라 지구가 달려가서 빛의 파장을 압축시켜 짧게 만들거나, 아니면 멀어지면서 빛의 파장을 길게 만드는 거야.

오랜 시간 동안 인류는 우물 안 개구리처럼 지구에서 바라본 우주를 지구 중심으로 설명해왔고, 여전히 우물 안 개구리처럼 지구에 앉아 있지. 하지만 동시에 우주에서 오는 빛을 해석해 우주로 나가는 시도를 하고 있잖아. 그게 꼭 우주탐사선을 타고 지구를 탈출해야만 가능한 일은 아니야. 비록 우물 안에 있어도 우주에서 빛은 오기 때문에, 그 빛을 통해 무한한 것 같은 우주를 이해할 수 있다는 거지.

빛으로 시작해 또다시 빛으로

아일랜드의 우울한 날씨를 뒤로 하고 짐을 싸서 돌아왔지. 물론 엄마의 핸드폰 안에는 네가 보낸 수많은 투덜거림과 삐침의 문자들이 빼곡하게 남아 있다. 뭐 어쩌겠냐? 그 이후 아무런 반응이 없는 걸 보면 여전히 삐쳐 있다는 거지. 비행기에서 내려서 짐을 찾느라 30분을 보내고 열흘간의 잔해가 가득한 가방을 질질 끌며 출구를 나서는데 어디서 많이 본 녀석이 달려와서 "엄마~" 하면서 안긴다. 그 많았던 투덜거림은 어디로 가고, 엄마보다 덩치 큰 녀석이 한 손에는 여행 가방을 끌고, 다른 한 손에는 여권을 들고 있는 나에게 달려와 안기다니. 순간 당황한 불량한 엄마는 몇 초가 지난 후에야 너를 안았지. 조금만 늦었어도 더 큰 화로 돌아왔을 거라

는 생각을 하며 너를 향해 활짝 웃었다. 매일 전쟁 같은 날들을 보내던 우리도 물리적 거리가 준 친밀감에 의해 이렇게 안기도 하는구나. 눈에서 멀어지면 마음마저 멀어지는 게 아니라 떨어져 있음으로 인해 더 친밀해지는 이 물리적 거리가 준 친밀감(long distance intimacy)은 아이러니가 아닐까? 네가 읽었던 어린 왕자도 결국은 물리적 거리감으로 인해 장미의 상처를 이해하고 자신의 별로 돌아간 게 아닐까?

긴 출장에서 있었던 이런저런 일들을 얘기하고 엄마가 없었던 집안에 대해 끊임없이 수다를 떨다가 잠시 형성되었던 친밀감이 다시 원점으로 돌아갈 즈음 물었다.

"그래서 너의 어린 왕자는 어떻게 행성 B612로 돌아갔냐?"

"에이 엄마, 그냥 죽은 거지. 지구 탈출이 불가능하다며? 뱀한테 물려 행성 B612로 돌아가는 건 소설이니까 가능한 거 아닌가? 우주선을 타고 갔으면 모를까"

엄마보다 더 현실적이다. 아니, 엄마보다 더 형이하학적이다. 그래서 엄마는 한술 더 떠 별로 돌아가기 위한 극단의 처방에 관한 얘기를 하려고 해. 극단적일 수밖에 없어. 왜냐면 우리는 지구 내의 순환체계에 갇혀 있거든. 네 말처럼 누군가 죽으면 땅속에 묻히고, 작은 유기물로 분해되고, 다른 생명체와 지구의 다른 물질의 구성 물질이 되겠지. 결국 지구에 존재하는 모든 물질은 지구 내부에서 순환하는 거잖아. 하지만 지구에 사는 너와 나도 끝내는 별에서 왔으니 언젠가는 별로 돌아갈 수도 있지 않을까?

너와 나의 태양

"그런데 엄마, 조금 걱정했어. 지금 태양의 흑점 활동이 활발해서 태양풍이 강하다고 해서." 딸아이의 걱정 내용은 이러했다. 태양의 흑점 운동이 활발해지면 태양풍이 세지고, 그로 인해 극지방의 방사성 입자들이 증가해 엄마가 방사능의 영향을 받았을 거라는 거다. 그렇게 문자로 투덜대더니 그런 걱정까지? 역시 적당한 거리가 주는 친밀감이 필요해.

태양풍은 말 그대로 태양에서 불어오는 바람이지. 이 바람 안에는 핵융합의 부산물인 양성자와 전자와 같은 하전입자들이 잔뜩 포함되어 있고, 하전입자들이 지구 대기권으로 들어오면 엄청난 영향을 줄 수 있지. 그래서 자기 폭풍이라고도 하지. 엄마가 이미 얘기한 것처럼 지구 자기장에 의해 대부분의 하전입자들은 밴앨런대에 붙잡혀 크게 영향을 주지는 않아. 하지만 네 말처럼 태양풍이 강해져서 하전입자들의 양이 많아지면 밴앨런대가 수용하지 못하는 하전입자들이 남북극으로 빠져나와서 영향을 줄 수밖에 없어. 그게 열망의 오로라로 나타나잖아. 더 심하면? 단파통신에 영향을 줘 네가 좋아하는 휴대폰도 먹통이 되고, 엄마처럼 비행기를 탄 사람들이 더 많이 방사능에 노출이 되겠지.

그런데 지구에 너와 내가 살 수 있게 해 주는 태양. 태양이 없으면 근본적인 에너지원이 없으니 생명체가 살아갈 수가 없잖아. 이런 위대한 태양에 대해서 우리가 알고 있는 것은 어느 정도일까?

알고 있는 사실이 거의 없기는 하지만 태양에 관한 모든 숫자와 눈에 보이는 사실들을 모두 모아보자. 태양계는 우리은하 중심에서 2만 6000광년 떨어진 가장자리에 위치해 있는데, 태양이 그 중심에 있지. 태양은 태양계에서 유일하게 스스로 빛을 내는 별이야. 그런데 태양의 크기와 질량이 어느 정도냐면 태양계 전체 질량의 99%나 돼. 지구만 해도 질량이 5.972×10^{24}kg으로 엄청난데 지구의 질량은 태양에 비할 수가 없지.

이게 다가 아니잖아. 태양의 나이는 50억 년이고 앞으로 50억 년 더 탈 수 있으며, 크기는 지름이 139만km로 지구보다 109배 정도 크고, 무게는 지구보다 무려 33만 2900배나 무겁고 수소가 92.1%, 헬륨이 7.8%로 구성되어 있으며, 25.38일에 한 번씩 자전을 하고 있어. 표면 온도는 6000℃이며, 내부 온도는 1500만 ℃의 초고온인 것으로 추정돼. 숫자를 모두 읽어내려니 숨차지? 더 숨차보자~

생긴 모양은 어떤데? 태양을 양파 껍질 벗기듯이 벗겨봤더니 핵-복사층-대류층-광구-대기로 구성이 되어 있더라는 거야. 핵에서는 태양계의 모든 에너지의 근원인 핵융합이 일어나고, 광구는 눈에 보이는 태양의 표면이지. 우리가 관찰하는 흑점은 광구에 있는데, 주변보다 상대적으로 온도가 낮은 곳이라 검게 보이는 거야.

문제는 대기인데, 안쪽의 채층과 바깥쪽의 코로나로 구성되어 있어. 코로나는 라틴어로 왕관이라는 뜻을 가지고 있는 플라스마 상태의 대기를 말해. 엄마가 플라즈마란 '이온화된 기체'로 자유전자와 이온화된 기체가 마구 섞여서 새로운 이온과 자유전자를 지속적으로 만들 수 있는 고체, 액체, 기체도 아닌 제4의 상태라고 했잖아. 코로나는 바로 그런 플라즈마 덩어리의 대기거든. 지구의 대기가 눈에 보이지 않는 것처럼 태양의 대기인 코로나도 눈으로 보이지는 않아. 하지만 태양을 완전히 가리는 개기일식 때 달의 그림자 주위에 뿌옇게 보이기는 해.

인공위성을 띄워 태양을 관찰해봤더니 바로 이 흑점과 코로나의 변화에 따라 태양풍의 세기가 달라져 지구에 도달하는 자기 폭풍이 달라지더라는 거야. 일반적으로 흑점 주위의 불꽃 모양의 홍

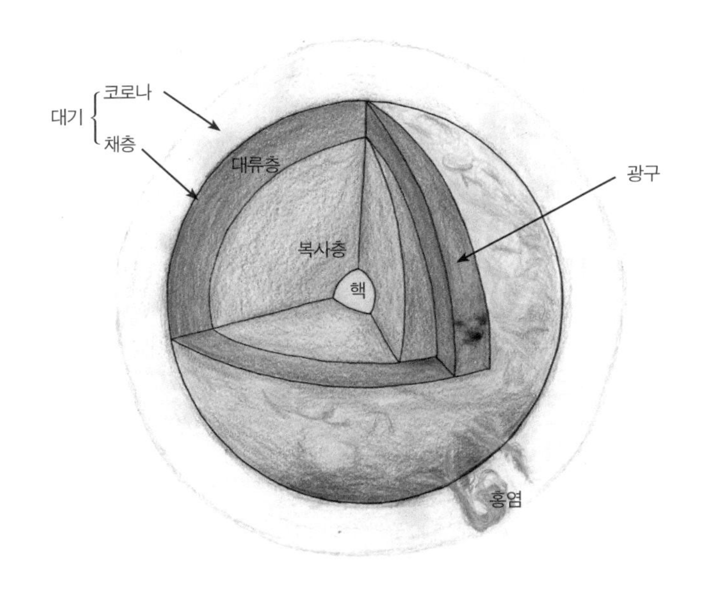

· 너와 나의 태양 ·

염이 나타나면서 태양풍을 유발하는데, 홍염보다 훨씬 크고 수소 폭탄 수천만 개에 해당하는 격렬한 폭발인 플레어가 생기기도 하지. 이 격렬한 폭발로 코로나의 플라스마를 더욱 뜨겁게 만들어 전자, 양성자 및 무거운 이온들이 마구 쏟아지더라는 거야. 관찰 결과에 따르면 흑점의 수가 많아지면 태양풍이 세지고 지구에 도달하는 자기 폭풍도 세지더라는 거지.

요즘은 인공위성에서 관찰되는 태양 활동을 근거로 우주날씨를 예보하기도 하잖아. 자기 폭풍이 얼마나 센지를 알려주는 거지. 태양풍이 엄청 세서 엄청난 양의 이온화된 하전입자들이 지구로 날아오면, 지구 주변에 상주하고 있는 인공위성이 방사능 피해를 보기도 하고 지구의 열권 하층에 있는 전리층을 이용하는 단파통신 장애가 일어나고, GPS 위성 장애가 발생하기도 하지. 그리고 가장 가깝게는 비행기를 타고 해외여행을 하는 항공기 승무원들도 방사능 피해를 볼 수도 있지. 아마 네가 들은 뉴스가 이런 것이 아니었나 싶어.

태초에 빛이 있으라

"엄마, 그런데 태양에 관한 숫자들을 다 외우라는 거야?" 새침하게 물어보는 너에게 엄마가 해주고 싶은 얘기도 바로 그거야. 숫자, 중요하지. 하지만 정말 중요한 것은 바로 그 숫자들을 어떻게 알았냐는 거지. 어떤 사실을 숫자로 말할 때는 직접 측정해봤거나 아니면 그 숫자를 뽑아낸 근거가 필요하잖아. 태양에 직접 가서 측정하는 것은 불가능하지. 아무도 가본 적이 없고 엄청난 에너지로 인해 접근 자체가 불가능한데 어떻게 측정을 해? 태양에 관해 알게 된 모든 숫자가 밝혀지는 과정을 다 얘기할 수 없으니 몇 가지만 얘기해 볼까 해. 특히나 멋지게 빛나는 별빛과 관련된 얘기들만.

이 소리 없는 황홀한 빛은 우주에 언제부터 존재했을까? 우주가 빅뱅에 의해 탄생했다고 하는데 빛은 처음부터 있었을까? 엄마가 은근슬쩍 얘기한 빛의 특징이 하나 있는데, 그건 '멈추지 않는다'는 거야. 팽창하는 우주 공간으로 튀어나온 빛은 그때부터 지금까지 단 한순간도 멈추지 않고 달려왔으며 팽창하는 우주로 인해 빛이 나온 곳으로부터 점점 멀어지고 있거든. 점점 멀어지면 어떤 현상이 나타난다고? 적색편이가 나타나는 거지. 이를 거꾸로 해석하면 시간이 흐르면서 빛이 적색편이가 되었으니 시간을 되돌리면 빛은 태초에 아주 밀도 높은 어떤 점으로 수렴될 수 있다는 거지. 이게 바로 빅뱅이론을 뒷받침하는 위대한 발견이야.

빅뱅이론이란 1940년대에 러시아 출신의 가모브(George Gamow, 1904~1968)가 주도적인 역할을 한 우주 탄생설이지. 태초에 우주는 모든 질량과 에너지가 한 점에 모여 엄청나게 밀도 높은 에너지 상태로 있다가 급격히 폭발하여 팽창한다는 주장이잖아. 늘 그러하듯이 '맞다' 혹은 '틀리다'의 논쟁이 계속되었겠지. 그러다가 우주 공간 팽창에 따른 빛의 적색편이 등의 증거들이 차곡차곡 쌓이면서 빅뱅이론이 받아들여지고 빅뱅이론에 근거한 우주탄생 시나리오가 만들어졌지.

시나리오? 확인해본 적이 없으니 이러할 것이라고 추측하는 거지. 추측은 틀릴 수도 있다고? 물론 틀릴 수 있지. 우리의 불완전한 지식과 지식에 기반한 해석은 언제든지 틀릴 수 있으니. 틀렸다고 말할 때는 반드시 어떤 사실과 관찰에 뿌리를 둔 근거가 있어야 하잖아. 아직까지는 빅뱅이 틀렸다고 말할 근거를 찾지 못한 거고. 물론 아직까지 설명하지 못하는 부분들이 있기는 하지만.

지금까지 정립된 시나리오에 따르면 빅뱅 이후 10^{-43}초(플랑크 시간) 이후에만 우리가 알고 있는 물리학 법칙들이 의미를 가진다고 해. 여기서 말하는 물리학의 법칙은 우주를 지배하는 4가지 기본 힘인 전자기력, 중력, 강한 핵력과 약한 핵력을 얘기해. 전자기력은 (-) 전하 또는 (+)전하를 띠는 입자들끼리는 서로 밀어내고 서로 다른 전하는 띠는 입자들끼리는 서로 당기는 힘이잖아. 질량을 가진 물체들 끼리 서로 잡아당기는 힘이 중력이고. 강한 핵력과 약한 핵력은 원자핵을 구성하는 양성자와 중성자 사이의 상호 작용을 말해. 강한 핵력과 약한 핵력에 의해 원자핵이 만들어지고, 전자기력에 의해 원자핵 주위에 전자를 끌어안은 원자가 만들어지고, 원자들이 중력에 의해 모여 거대한 별과 행성을 이루잖아. 그리고 지구와 태양 같은 거대 물질 덩어리들이 중력에 의해 적당한 거리를 유지해 서로에게 끌려들어가지 않고 유지될 수 있으니, 얘들을 우주를 지배하는 4가지 힘이라고 하는 거지.

다시 빅뱅 시나리오로 돌아가자. 최초의 폭발이 일어난 후 10^{-35}초~ 10^{-32}초 사이에 놀라운 대팽창이 일어나면서 우주는 테니스공 정도로 커졌어. 이때 우주에 처음으로 기본입자들이 생겨나기 시작했어. 기본입자들이란 원자를 구성하는 양성자, 중성자, 전자보다 더 작은 입자로, 쿼크나 반쿼크 등을 통틀어 말하는데, 얘들 전부를 '미립자'라고 해.

이렇게 1초보다도 짧았던 시간이 흐르고 팽창하면서 태초 10^{32}℃보다 더 높은 온도였던 우주가 빅뱅 이후 약 1초가 되면 10^{10}℃로 낮아졌어. 드디어 미립자들이 모여 양성자와 중성자가 만들어지고, 강한 핵력이 작용해 수소, 헬륨, 그리고 중수소 등의 원자핵이 만들어지는 온도가 된 거야. 대단하지 않냐? 남들은 엄청난 이론과 사실을 근거로 무지 두꺼운 책을 쓰는데, 엄마는 단 몇 줄에 끝내버리니.

그럼 원자핵에 전자를 끌어안아서 만들어진 모든 물질의 기본 단위인 원자는 언제 만들어졌냐고? 원자핵에 전자가 결합해야 원자가 만들어지잖아. 이건 약 30만~38만 년 후 온도가 약 3000℃로 식었을 때 일어났다고 추정하고 있지. 어떻게 추정이 가능했냐고? '제4의 상태'라는 플라즈마 상태를 기억하니? 3000℃는 플라즈마 상태에 있던 하전입자들이 원자로 바뀌는 온도거든. 이 시기의 아주 중요한 일이 하나 있어. 바로 태초의 빛이 생겼다고 추정해. 그 이전에도 빛은 만들어졌을 거야. 하지만 팽창에 의해 어느 정도의 공간이 있었음에도 불구하고 입자들의 밀도가 너무 높고 뜨거워 빛이 뚫고 나오지 못했다는 거지. 그래서 온도가 어느 정도 식고 충분한 우주 팽창이 이뤄진 후에, 입자를 뚫고 공간으로 나온 한 줄기의 차가운 빛이 생긴 거지. 3000℃나 되는 우주인데 왜 차가운 빛이라고 말하느냐고? 그건 빅뱅 초기의 온도와 비교했을 때 차갑다는 거지. 그 이후 원자들이 모여 성운을 이루고, 성운들이 모여 별과 은하를 만들고, 별과 은하가 모여 거대 은하단을 만들고 그렇게 우주가 만들어졌지.

빛으로 온도와 구성 물질을 밝히다

다시 너와 나의 태양으로 돌아가 보자. 태양은 스스로 빛을 내는 별이지. 별은 왜 빛나는데? 엄청난 질량을 가진 물질 내부에 있는 원자의 핵융합에 의해 빛이 나. 핵융합이라는 것은 원자핵과 원자핵끼리 공간을 공유해서 새로운 원자를 만드는 과정이지. 원자핵이라는 게 양성자와 중성자를 품고 있는 아주 좁은 공간이잖아.

원자의 크기에 비해 원자핵의 크기는 상상도 할 수 없을 정도로 작거든. 어떤 사람은 수소 원자의 크기를 설명하면서 잠실 운동장이 수소 원자라면 원자핵은 그 가운데 있는 작은 구슬에 불과하다고 얘기하지. 그리고 수소 원자 1억 개를 일렬로 놓아야 고작 1cm가 된다고. 이런 정도의 크기는 숫자로는 표현할 수 있으나 우리의 직관으로는 가늠하기 힘든 미시세계지.

미시세계에 속하는 원자핵과 원자핵이 융합하기 위해서는 최소한 1000만℃가 필요해. 그것도 가장 가볍고 작은 원자인 수소 원자의 핵융합을 위해서 말이야. 지구의 25℃, 1기압에서는 수소라고 하더라도 핵융합이 일어나기 위해서는 1억℃ 이상이 되어야 하는데, 태양의 경우 1억℃는 안 되지만 압력이 높아 1500만℃에서도 핵융합이 일어나고 있는 거지. 그래. 태양 핵의 온도가 1500만℃ 정도라고 얘기할 수 있는 이유는 태양의 질량과 수소 핵융합의 조건을 고려했을 때의 추정 값인 거야.

핵융합이 일어나면 왜 빛이 나냐고? 또 $E=mc^2$이라는 공식으로 설명할 수 있어. 질량이 에너지로 바뀌는 거지. 핵분열과 똑같은 원리야. 수소 1kg을 핵융합하면 1kg의 헬륨이 나오는 게 아니라 0.9929kg 정도의 헬륨이 나와. 즉 0.0071kg이 에너지로 전환되면서 빛이 나는 거지. 태양의 온도는 다른 별에 비하면 그리 높은 온도는 아니야. 그렇게 태초에 우주에서 빛이 만들어진 동일한 원리에 의해 태양은 빛을 내고 있는 거지.

태양의 표면 온도가 6000℃인 것은 어떻게 알았을까? 이 숫자 또한 측정해 볼 수 있는 숫자는 아닌 거지. 이 숫자는 흑체 복사에 관한 연구를 통해 알게 되었는데, 얘기가 좀 길어. 일단 '흑체' 그리고 '복사'라는 말부터 어려운가? 흑체는 검은 물체라는 뜻이고 복사는 이미 알고 있잖아. 온도를 가진 모든 물체는 빛을 방출하는데 그게 복사라고. 빛이 직접 달려가 에너지를 전달하는 게 복사라고. 일반적으로 물체는 어느 특정한 영역에서의 빛을 흡수하거나 반사하지. 붉은 장미꽃은 붉은 빛을 반사하기 때문에 붉게 보이는 거잖아. 일단 반사된 빛이야 붉은색으로 보인다고 하더라도 흡수된 빛은 어찌될까? 물체가 빛을 받아 열 받았으니 다시 복사 에너지로 방출할 거잖아. 이때 받은 에너지는 고스란히 다시 복사 에너지로 방출되는 것이 아니라 물체의 온도를 유지하는 데도 사용되기도 하고 중간에 적당히 잃어버리기도 하지.

붉은 장미와 달리 모든 빛을 흡수하고 다시 재방출하는 물체인 검은 물체(흑체)를 만들었다고 가정해보자. 검은색이란 모든 빛을 흡수한다고 할 수 있으니까. 그럼 이 물체는 태양에서 오는 모든 빛을 흡수하고 다시 복사 에너지로 방출할 거잖아. 1895년 빈(Wilhelm Wien, 1864~1928)과 루머(Otte Lummer, 1860~1925)는 거의 완벽에 가까운 흑체를 만들었고, 얘를 이용해서 받은 빛과 방출하는 빛과의 관계를 수식으로 풀어냈지. 빈이 풀어낸 설명에 따르면 $\lambda max(nm) \fallingdotseq 3,000,000/T$(빈의 변위법칙)의 관계가 있다는 거야. 모두 모르는 기호라고? λmax는 흑체에서 빠져나온 파장 가운데 에너지 밀도가 가장 큰 파장으로 가장 짧은 파장을 의미하는데, 그냥 '최대 파장'이라고 불러. 이 식에 따르면 빛이 가진 최대 파장을 알면 절대온도 T를 구할 수 있다는 거잖아. 태양의 표면 온도 6000℃는 바로 햇빛의 최대 파장이 500nm라는 것을 측정해서 구한 값이지. 우리 몸에서 빛이 난다고 했던 거 기억해? 절대온도는 이미 얘기한 것처럼 섭씨온도에다가 273℃를 더하면 되니까, 36.5℃인 우리의 체온은 절대온도로 약 300K잖아. 이 숫자를 빈의 변위법칙에 적용하면 우리 몸에서는 약 10000nm 파장의 빛이 나는 것을 알 수 있지.

여기서의 T는 절대온도 K를 의미하니까, 태양의 표면온도 6000℃도 6000K로 써야 한다는 거지. 엄마가 지금까지 온도를 표시하면서 계속 섭씨(℃)를 썼는데 갑자기 절대온도 K를 썼잖아. 기체의 부피와 분자 운동을 얘기할 때는 절대온도가 아주 중요한 의미를 갖지만, 별의 온도를 얘기할 때는 그렇지 않아. 별의 온도가 너무 높고, 그 값이 측정한 값이 아니라 추정한 값이기 때문에 273℃ 정도의 차이는 크게 문제가 되는 숫자는 아니라는 거야. 그래도 섭씨 대신에 절대온도 K를 써야 한다고? 그럼 6000K라고 하던가.

이런 사실을 알게 된 사람들이 태양의 온도만 측정하고 말았을까? 다른 별들에서 오는 빛의 파장을 측정해 별들의 온도를 추정할 거잖아. 거기서 끝나면 좋으나, 유사한 것끼리 무리를 지어 분류하기를 좋아하는 사람들이 이 별, 저 별의 표면온도를 측정해서는 사람의 기준으로 3만 ℃ 이상의 O형에서부터 온도가 낮아지는 순서대로 B, A, F, G, K, M으로 구분했지. 그런데 이렇게 질서를 갖지 못하는 것처럼 보이는 알파벳으로 구분한 것이 특별한 의미가 있을까? 사람들은 반드시 의미를 부여하지. 그 의미가 정말 의미를 갖는지는 잘 모르지만. 이 무질서해 보이는 알파벳도 의미가 있기는 하지만 그 의미를 따져서 일일이 기억하는 것은 너와 나에게는 무지 어려운 일이지. 오죽하면 이 연구를 주도적으로 했던 프린스턴대학교와 하버드대학교에서조차 학생들이 이 순서를 외우려고 Oh Be A Fine Girl/Guy Kiss Me라는 문장을 만들어 외웠겠어. 우리도 복잡한 것들을 외우는 나름의 여러 가지 비법들을 가지고 있잖아. 엄마의 비법이 방언처럼 터져 나오려고 하지만 여기서 멈추련다.

그럼 태양 구성 물질의 대부분의 수소이고, 헬륨이 일부 포함되어 있다는 사실은 어찌 알았는데? 유리공장에서 일하면서 광학과 수학을 독학으로 공부하여 망원경 제작자가 된 프라운호퍼(Joseph von Fraunhofer, 1787~1826)는 빛이 유리의 종류에 따라 어떻게 굴절하는지 알아보기 위해 망원경 앞에 프리즘을 달았어. 프리즘이 뭐지? 햇빛을 빨주노초파남보로 분산시키는 투영체잖아. 프리즘은 뉴턴의 또 다른 역작이거든. 뉴턴은 그 당시에 백색이라고 생각했던 햇빛을 이중 프리즘을 이용해 분리해서, 햇빛이 단색이 아니라 여러 가지 색으로 구성되어 있다는 것을 증명했지.

프라운호퍼는 이런 뉴턴의 회심의 역작을 이용해 망원경 앞에 프리즘을 달다니. 이 또한 발상의 전환이지. 이는 역사상 최초의 분광기라 할 수 있어. 이 실험에서 프라운호퍼는 그의 이름을 불멸로 만든 놀라운 검은 띠들을 발견했어. 햇빛 스펙트럼의 세밀한 조사를 통해 모두 324개의 검은 선을 발견했는데, 이 선들이 무엇을 뜻하는지 프라운호퍼는 끝내 알 수는 없었어. 하지만 이는 놀랍고도 위대한 발견이야. 왜? 별의 구성 물질을 알게 해주는 선이거

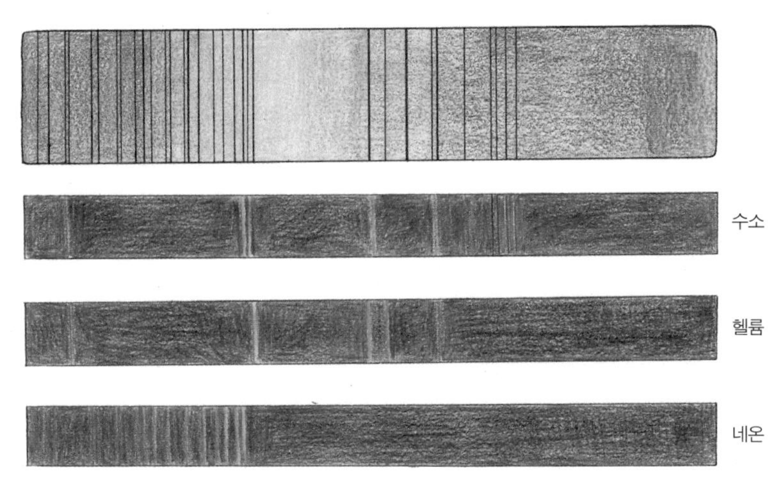

· 태양빛의 프라운호퍼선과 원자의 선 스펙트럼 ·

든. 그 이후 분젠(Robert Bunsen, 1811~1899)과 키르히호프(Gustav Kirchhoff, 1824~1887)는 각각의 원소는 고유의 선스펙트럼을 갖는다는 사실을 알아냈는데, 각각의 원소는 특정한 파장의 빛을 내는 동시에 동일한 파장의 빛을 흡수하기도 하더라는 거야. 생각해 봐. 이런 원리를 어디에 활용할 수 있겠어? 잘 모르는 원소가 새로운 원소인지 확인할 때 사용할 수 있겠지. 실제로 퀴리 부인이 오랜 노력 끝에 분리하여 발견한 라듐이 새로운 원소라는 것을 확인할 때 이 방법을 썼어. 또한 특정한 파장의 빛은 특정한 원소에 흡수되기 때문에 별에서 오는 빛을 분광기로 분리하면, 별의 구성 물질이 이미 흡수해버린 파장은 도달하지 못해서 검은 띠로 나타나겠지.

태양빛의 스펙트럼을 조사해 수소와 헬륨과 동일한 위치에서 검은 띠가 나타난다는 것을 밝혔어. 그래서 '태양은 수소와 헬륨으로 구성되어 있구나' 하는 거고. 그럼 다른 별도 태양과 똑같이 프라운호퍼선을 조사해보면 별의 구성 성분을 알 수 있는 거지.

빛으로 별의 거리를 측정하다

엄마가 그랬잖아. 태양계는 우리은하 중심에서 2만 6천 광년 떨어져 있다고. 별까지의 거리를 측정하는 방법 중 한 가지는 얘기했지. 연주시차. 하지만 연주시차를 이용한 별까지의 거리 측정 방법은 고작 100파섹에 불과해서 매우 제한적이라는 얘기도 했어. 1파섹이 약 3.26광년이니까 100파섹이면 326광년인데 우리은하 중심까지는 2만 6000광년 떨어져 있으니까, 단순 계산에 의해 파섹으로 표시하면 약 8000파섹이나 되지. 하지만 측정 범위를 벗어나는 숫자라 실제 값과는 많이 다를 거라는 것을 알고 있잖아. 실제 값은 8500파섹 정도야.

별까지의 거리를 측정하는 또 다른 방법들이 있다는 거지. 하나는 변광성을 이용하는 거야. 변광성이란 '밝기가 변하는 별'이라는 뜻이잖아. 별을 사랑한 귀머거리 소년 존 구드릭(John Goodricke, 1764~1786)이 1784년에 밝기가 변하는 변광성을 발견했는데, 그가 처음으로 발견한 세페우스자리 델타별의 이름을 따서 유사한 형태로 밝기가 변하는 변광성을 '세페이드 변광성'이라고 해. 하지만 그런 현상을 나타내는 별들을 세페이드 변광성이라고 부른다고 해서 그 변광성이 왜 그렇게 나타나는지, 그리고 변광성의 밝기 변화가 어떤 의미를 가지고 있는지는 전혀 모르는 상태잖아.

그런 변광성이 가지는 의미를 찾아가는 중심에는 사무실에 앉아 오로지 남자 과학자들이 찍어놓은 위대한 사진을 판독하는 일을 했던 헨리에타 리비트(Henrietta Leavitt,1868~1921)라는 여성 과학자가 있었어. 망원경에 접근하는 일? 그건 남자 과학자들의 특권이었지. 리비트는 1908~1912년에 걸쳐 남반구에서만 보이는 두 개의 작은 은하인 소마젤란 성운의 사진들을 이용하여 천체들의 상대적 밝기를 조사하는 일을 했어. 남들이 찍어놓은 사진을 열심히 들여다보던 리비트는 주기적으로 밝기가 어두워졌다가 다시 밝아지는 약 2400개의 변광성을 찾았지. 그냥 찾고 끝나면 '발견'이라는 것 이외에는 아무 의미가 없잖아. 그런데 사진을 열심히 들여다본 리비트는 '겉보기가 밝을수록 반짝거리는 주기가 길다'는 신세계를 발견한 거야. 별의 겉보기등급이란 말 그대로 눈에 보이는 밝기인데, 별의 거리를 고려하지 않은 등급이지.

"엄마, 반대로도 생각할 수 있는 거 아니야? 지구에서 보이는 밝기가 아니라 희미하게 보여도 주기가 길면 실제로는 아주 밝을 수도 있잖아"

이 순간 엄마도 위대한 발견을 한 수많은 과학자들이 외쳤던 "유레카!"를 외치고 싶다. 주기를 가지고 밝기와 거리를 논할 수 있다는 너의 생각이 얼마나 위대하냐? 맞아. 그게 바로 보조자에 불과했던 리비트가 발견한, 변광성을 이용해 별까지의 거리 측정을 가능하게 한 생각이었지. 뛰어난 관찰자였던 리비트 입장에서 보면 직접 망원경에 접근할 수 없었던 자신의 위치가 억울했을 수도 있겠지. 그 억울함을 한방에 '훅!'하고 날려버린 위대한 발견이었던 거지.

리비트의 결과에 따르면 지구에서 아무리 희미하게 보여도 변광성의 주기가 길면 실제로는 엄청 밝을 수 있다는 거지. 그럼 눈에 보이는 겉보기등급의 밝기가 아니라 절대등급을 알 수 있고, 이를 고려해 별까지의 거리를 알 수 있는 거잖아. 그리고 절대등급을 정하려면 기준이 있어야겠지. 절대등급은 모든 별을 동일한 거리인 10파섹에 놓았을 때의 밝기로 정의해. 물론 리비트가 생각했던 주기와 밝기의 관계를 겉보기등급과 절대등급으로 확장해서 거리를 측정하게 한 사람은 섀플리(Harlow Shapley, 1885~1972)이긴 하지만, 최초의 잣대를 제공한 사람은 리비트였어.

변광성을 이용한 우주 연구가 여기서 끝났을까? 절대 아니지. 변광성은 우리은하가 우주의 끝이라는 생각이 틀렸다는 것을 명확하게 증명하는 근거가 되었어. 우주에 관한 수많은 생각들을 확장시키고 빅뱅에 대한 결정적 증거를 찾아낸 위대한 이름 허블(Edwin Hubble, 1889~1953). 리비트를 통해 밝혀진 변광성의 밝기와 주기의 관계를 멋지게 활용한 사람이지. 1920년 허블이 캘리포니아에 있는 윌슨산 천문대에 나타나기 전까지만 해도 '우리은하가 아마 우주의 끝일 거다'라는 생각이 지배적이었어. 그때까지 측

· 위에서 내려다본 나선형 우리은하 ·

정한 별까지의 거리 중 가장 먼 것이 3.4파섹(11.2광년) 떨어져 있는 백조자리 61번 별이었잖아. 이 별까지의 거리는 태양계보다 훨씬 큰 우주라는 사실을 제공하고, 태양 중심의 코페르니쿠스 태양계 이론을 증명하긴 했지만 우주의 크기를 논하기에는 너무 작은 숫자였지.

그 당시 허블은 박사학위 논문의 주제로 성운(nebulare)이라고 불리는 희미한 빛의 무리에 대해 연구를 하고 있었어. 지금이야 눈으로 보이는 희미한 빛의 무리가 은하고, 은하 안에 별들이 마구 모인 수많은 성단들이 있고, 그 성단들 사이에 성간 물질들이 밀집되어 구름처럼 보이는 성운이 있다는 것을 알고 있지만 허블이 살았던 시대에는 전혀 구분할 수가 없었지. 그래서 그냥 그게 성단인지 아니면 가스와 티끌들이 모인 성운인지도 모르는 상태에서 다 뭉뚱그려 성운이라고 불렀지.

그런 성운을 열심히 들여다본 허블은 운이 좋게도 혼자서 헤일(George Hale, 1868~1938)이 1908년부터 시작해 1917년 11월에 완성한 반사망원경을 이용해 4년 동안 우주 깊숙한 곳의 사진을 찍을 수 있었어. 그리고는 1923년 10월 6일 마침내 그 사진들 속에서 안드로메다 성운에 있는 세퍼이드 변광성을 찾았어. 찾은 다음에 뭘 했겠어? 리비트와 섀플리 등에 의해 밝혀진 변광성의 절대등급과 겉보기등급을 이용해서 자신이 찾은 별까지의 거리를 계산해본 거지. 그랬더니 놀랍게도 거리가 93만 광년으로 계산되었어. 93만 광년이라는 숫자는 그 당시로는 어마어마한 숫자였지. 지름이 10만 광년밖에 되지 않는 우리은하를 훨씬 뛰어넘는 아주 엄청난 숫자잖아. 그 순간 허블도 짜릿함과 흥분으로 "유레카"를 외쳤겠지? 물론 나중에 93만 광년이라는 숫자는 220만 광년으로 수정되기는 했지만, 아무 의미 없어 보였던 희미한 빛의 무리가 별들이 모인 또 다른 은하라는 것과 우리은하가 우주의 끝이 아니라는 것을 밝힌 위대한 발견이지.

우주 깊숙한 곳을 바라본 허블은 아마도 우주의 깊이와 거기서 나오는 빛에 중독되었을지도 몰라. 우주 깊숙한 곳이라는 것은 외부 은하를 얘기한다는 것은 알지? 헤일 망원경을 가지고 들여다본 곳도 우리은하 바깥쪽에 있는 안드로메다 성운이었잖아. 어쩌면 망원경을 통해 바라보는 별무리들을 통해 빨려 들어가고 싶었을지도. 중독은 지속적으로 반복하게 만드는 힘이 되기도 하잖아.

그 힘으로 인해 허블은 온갖 은하를 관찰하고 자기 마음대로 은하의 모습을 타원형, 나선형, 불규칙 은하 등으로 구분하기도 했지. 사람은 새로운 것을 보고 잘 모를 때는 모양을 가지고 구분하는 습성을 가지고 있으니 허블도 당연히 그렇게 한 거지. 그런데 그 과정에서 빛의 적색편이를 관찰하다가 '멀리 떨어진 은하일수록 더 빠른 속도로 우리에게서 멀어진다'는 '위대하다'라고 말할 수밖에 없는 사실을 발견한 거야. 이렇게 단순해 보이는 이 문장은 더 짧은 cz=v=Hd라는 수식으로 표현될 수 있는데, 여기서 c는 광속도, z는 적색편이, v는 후퇴속도, d는 은하의 거리고, H는 자신의 이름을 딴 허블상수지. 상수라는 것은 좌변과 우변을 같게 만드는 특별한 숫자잖아. 만약 H라는 허블상수를 구할 수 있다면 측정된 적색편이 z에 광속도를 곱하고 허블상수로 나누면 아주 간단하게 은하까지의 거리를 구할 수가 있잖아(d=cz/H).

엄마가 그랬잖아. 빛이라는 녀석은 태어난 이후로 한순간도 멈춘 적이 없고, 점점 적색으로 편이 된다고. 이런 빛의 성질을 이용해 우주 팽창을 증명하고, 별까지의 거리를 계산할 수 있게 한 위대한 수식이지. 사람들이 빅뱅 이론을 사실로 받아들이게 된 결정적 이유도 허블이 적색편이를 통해 우주팽창을 증명했기 때문이야. 매일매일 저 멀리 보이는 별들에서 오는 별빛이 점점 적색으로 향하고 있다는 거야. 이미 얘기한 것처럼 매일매일 적색으로 변해간다면, 시계를 거꾸로 되돌리면 하나의 점으로 수렴될 수 있다는 거지.

이때 허블이 측정한 적색편이는 엄마가 지구 공전 증거로 제시한 적색편이와는 약간 달라. 일반적으로 적색편이는 우주의 팽창에 따른 우주론적 적색편이와 국지적인 특이운동 때문에 발생하는 도플러 적색편이를 포함해. 국지적 특이운동이라는 게 뭐겠어? 바로 팽창하는 우주 공간에서 일어나는 지구 공전과 같은 운동을 말하는 거지.

이 사람의 발견은 우주에 관한 수많은 사실을 알게 해준 거지. 오죽하면 허블이라는 사람을 빼고는 우주를 논할 수 없을 정도라고 하겠어? 이 사람의 위대한 발견을 정리해보면, 우리은하가 우주의 끝이 아니며, 우주는 끊임없이 팽창한다는 빅뱅이론을 적색편이를 통해 증명했으며, 또 적색편이를 통해 별까지의 거리를 추정할 수 있게 만들었다는 거야.

태양은 왜 행성이 아니라 별이 되었을까?

빅뱅 이후 우주에는 양성자, 중성자, 전자 그리고 그보다 더 작은 미립자들이 수도 없이 만들어지고 그로 인해 가장 가벼운 원소인 수소가 만들어지는 일들이 수도 없이 반복되어 왔겠지. 얘들을 모두 별가루라고 하자. 얘들이 우주 전 공간에 고르게 퍼져 있었을까? 아니라는 거지. 어디는 몰려 있고, 어디는 없고 하는 일들이 벌어졌겠지. 그럼 어떤 일이 일어나겠어? 별가루가 몰려 있는 곳은 우주를 지배하는 힘의 하나인 중력이 세기 때문에 주위의 별가루를 더 큰 중력의 힘으로 끌어당길 거잖아. 그럼 이 곳을 중심으로 서서히 별가루가 마구 몰려들고. 이게 은하의 시작이지. 이 은하 안에서 특별히 별가루가 엄청 몰려 있는 곳에서 애들이 수축하여 충분히 밀도가 높아지는 과정에서 중력 에너지가 열 에너지로 전환돼. 그런데 밀도가 워낙 높아 발생한 열이 빠져나갈 수 없게 되면서 중심 온도가 올라가기 시작할 거잖아. 이때 온도가 수소 핵융합의 점화 온도인 1000만℃에 도달하면 드디어 원시별이 되는 거지.

그럼 이런 생각을 해볼 수 있잖아. 핵융합의 최소 점화 온도인 1000만℃에 이르기 위한 조건은 무엇일까? 다른 별들도 온도가 고작 1000만℃밖에 안 될까? 엄마가 별가루라고 했지만 애들을 성간 물질이라고 하는데, 성간 물질이 모여 별이 되기 위한 가장 기본적인 조건은 바로 질량이야. 질량이 크다는 것은 중력이 커지는 것을 의미하고, 중력이 커진다는 것은 성간 물질의 수축이 가속화된다는 거잖아. 중력에 의한 수축? 중력 에너지가 열 에너지로 바뀌는 거지.

최소의 점화 온도인 1000만℃에 이르기 위해서는 적어도 태양 질량의 0.08배(0.08M⊙)보다 큰 질량이 필요하더라는 거야. 태양의 질량이 얼마라고 그랬지? 지구 질량의 약 33만 배 정도 된다고 했지. 그걸 숫자로 표시해보면 1.9891×10^{30}kg이나 돼. 이 숫자를 매번 발음한다고 생각해봐. 숨이 찰 거잖아. 그래서 태양 질량

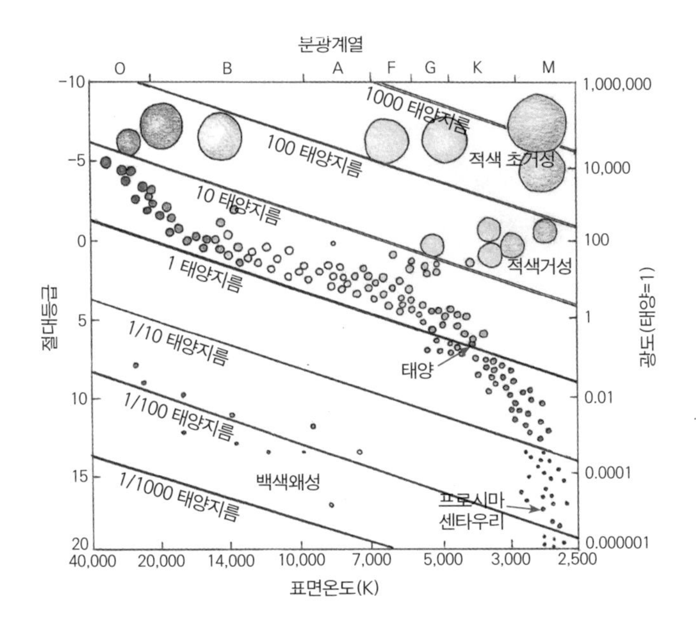

· H-R 도 ·

을 기준으로 엄마가 표시한 것처럼 0.08M⊙이라고 말하는 거지. 태양은 아주 무거운 별은 아니지만 그렇다고 아주 가벼운 별도 아니야. 보통 별이 되기 위한 최소 조건은 0.08M⊙~100M⊙ 사이의 질량을 가져야 해.

좀 이상하다고? 왜 0.08M⊙ 이상이라고 표시하지 않고 100M⊙이라는 상한선이 있는 거냐고? 그건 100M⊙이 넘는 질량을 가지면 원시별의 온도와 밀도가 너무 높아져 격렬하게 순식간에 폭발해 붕괴되어 버리기 때문에 볼 수가 없어. 그래서 우리가 볼 수 있는 모든 별들은 0.08M⊙~100M⊙의 질량을 가지는 거지.

또 하나 생각해볼 수 있지 않을까? 온도와 밝기, 그리고 별까지의 거리를 고려한 절대등급의 관계에 대해서. 여기다가 하나 더 보태면 프라운호퍼의 분광계열까지. 이들은 서로 무관한 게 아니지. 태초 질량에 의해서 별의 온도가 결정되고 온도에 의해 표면 온도와 밝기가 결정되고, 별을 구성하는 물질의 종류에 의해 프라운호퍼의 분광계열이 결정되는 거지. 그래서 지금까지 관찰한 별들을 가지고 이 네 가지 조건에 맞춰 나열한 결과가 H-R도(헤르츠슈프룽-러셀)야.

관찰의 결과를 모은 그래프를 보면 우주에 있는 별들에 대한 몇 가지 중요한 사실들을 알 수 있어. 별의 표면 온도는 약 2천~4만 ℃ 사이의 값을 보이고, 대부분의 별들은 온도가 높고 밝은 별과 온도가 낮고 어두운 별을 잇는 선 위에 몰려 있는 것을 볼 수 있지? 이 선상의 별들을 주계열성이라고 해. 왜? 별의 전체 일생 중 가장 긴 시간을 보내는 상태라서.

"그런데 왜 어디에도 변광성은 없어? 그걸로 별까지의 거리를 구하기도 했으면서?" 변광성은 모든 별이 겪는 과정이 아니라 일부 별들만 겪는 과정인데 보통은 거성 단계에서 백색왜성으로 가는 그 중간에 나타나지. 특히 태양과 같은 크기를 가진 별들에서.

태양의 죽음

엄마가 태양의 나이는 50억 년이며 앞으로 50억 년을 더 탈 수 있을 거라는 얘기를 했어. 이렇게 말할 수 있는 근거는 뭘까? 현재의 나이가 50억 년이라는 것은 성운설에 의해 태양계가 동시에 만들어졌고, 지구의 나이가 46억 년이라는 것을 바탕으로 대충 50억 년쯤 되었을 거라는 거지. 그럼 남아 있는 나이는 어떻게 알게 되었겠어? "질량이잖아." 맞아. 결국은 태초의 질량이 모든 것을 결정하지.

모든 별의 시작은 성간 물질이 모여 핵융합이 일어날 수 있는 1000만℃에 도달하는 순간, 즉 가장 가벼운 원소인 수소 핵융합이 일어나면서부터야. 별의 핵융합 과정을 아주 간략하게 표시해보면 수소 → 헬륨 → 탄소 → 산소 → 네온 → 마그네슘 → 규소 → 철의 순서지. 하지만 이미 얘기한 것처럼 모든 별이 이 모든 과정을 거치는 것은 아니야. 별의 초기 질량에 따라 어디까지 핵융합이 일어나는지가 결정되지.

수소 핵융합은 수소 핵폭탄 제조와 거의 유사한 과정인데, 원시별의 중심부에서 수소가 타면서 핵폐기물인 헬륨이 생성되지만 이때 헬륨은 핵융합을 하지 않아. 생각해보면 가운데 헬륨이 모여 있고 헬륨층 바깥에 수소 핵융합이 일어나는 수소 연소층이 형성되어 있는 상태지. 이런 상태에서 헬륨의 질량이 별 전체 질량의 약 10%에 이르면 헬륨 기체가 더 이상 압력을 견디지 못하고 무너져 내려. 이거 수축이잖아. 수축은 결국 중력 에너지가 되고 이는 열로 전환되지. 그 에너지로 인해 별 안쪽의 헬륨 중심부에서 열이 발생하고 바깥 수소 연소층은 이 에너지를 받아 더 뜨거워지는 거지. 수소 연소층이 더 뜨거워지면 수소 핵융합은 더운 가속화되어 바깥부분이 엄청 팽창하게 돼. 팽창? 온도 하강이잖아. 결국 팽창으로 인해 별은 커지고 표면온도는 내려가 붉은색으로 변하는데, 이게 바로 적색거성이야. 적색거성으로 변하는 데 걸리는 시간은 별이 주계열성으로 있는 시간에 비해 아주 짧기 때문에 주계열성과 적색거성 사이의 중간 경로에는 별이 거의 없어.

너와 나의 태양은 현재는 주계열성 상태지만 수소 핵융합에 의해 태양 질량의 10%가 헬륨으로 바뀌면 바깥쪽의 팽창으로 인해 금성 궤도까지 번지는 적색거성이 될 거야. 이게 태양의 끝은 아니야. 태양의 질량은 적색거성 상태에서 헬륨의 핵융합이 일어나기에 충분한 질량이기 때문에 먼 미래에 적색거성이 되면 헬륨의 핵융합이 일어나 결국 탄소나 산소가 될 거야. 하지만 탄소 핵융합이 일어나기에는 충분한 질량을 가지지 못했기 때문에 탄소에서 끝나.

결국 태양의 모든 에너지원이 고갈되는 약 50억 년 뒤가 되면 중심은 탄소로 똘똘 뭉쳐 있을 거라는 거지. 에너지원이 없다고 해서 한순간에 온도가 지구처럼 낮아지는 것은 아니야. 여전히 수천 도의 온도를 유지하기 때문에 관찰이 가능한 상태가 돼. 이런 별도 아닌 별을 백색왜성이라고 해. 백색왜성은 태양 질량의 0.4M⊙~1.4M⊙을 가진 별들이 도달하는 종착역이지. 여전히 뜨거워서 관찰은 되지만 수십억 년이 지나면 완전히 식어버려 더 이상 관찰할 수 없는 밀도 높은 행성 비슷한 녀석이 돼.

그런데 생각해봐. 태양의 핵융합의 마지막 산물은 탄소야. 탄소가 고온 고압을 만나면 뭐가 만들어질까? 다이아몬드지. 결국 태양은 다이아몬드 행성이 되는 거야. 2004년 미국은 지구에서 50광년 떨어진 켄타우루스좌에서 다이아몬드 행성을 찾았다고 발표했지. 이 별의 원래 이름은 BPM37093인데, 이런 이름은 천문학자들이나 쓰는 거고. 사람들은 이렇게 얘기해봐야 기억하지 못하잖아. 그래서 비틀스의 노래 '다이아몬드를 가진 하늘의 루시'라는 노래 제목을 본떠 '루시'라고 지었지. 50광년이면 빛의 속도로 50년 가면 도달할 수 있으니 가서 다이아몬드를 가지고 올 수도 있다고? 아니, 너무 뜨거워 접근이 불가하지. 이 행성은 아직도 온도가 2000℃가 넘을 걸?

그럼 지구는 어찌되겠냐? 그 과정에서 이미 생명체가 살 수 없는 행성이 되어버릴 건데. 새로운 행성을 찾아야지. 어디서? 골디락스 지역에서 기체가 아닌 지구처럼 암석으로 구성되어 있는 행성을 찾아야지. 최근에 난리잖아. 태양에서 가장 가까운 별인 프록시마 센타우리 주위를 공전하는 프록시마 b가 지구와 아주 비슷하다고. 프록시마 b까지 거리가 4.24광년이니까 빛의 속도로 가면 4.24년이면 도착할 수 있다는 거지. 그런데 H-R도에서 보면 프록시마 센타우리는 태양보다도 온도가 낮은 별이야. 태양이 죽을 때쯤 되면 이 별은 이미 죽고 없을 거라는 얘기지. 하지만 아직 50억년이 남았으니까 그때까지 사람이 존재한다면 또 다른 행성도 찾아보고 이사 갈 준비를 해야겠지.

그럼 엄마가 얘기하는 0.08M⊙이 안 되는 애들은 어찌 되겠어? 별의 점화 온도인 1000만℃에 도달하지 못해서 핵융합은 일어나지 않고, 진홍색과 갈색 사이의 빛을 약하게 내며 깜빡이는 별이 돼. 얘들을 갈색왜성이라고 해. 마치 활활 타오르지 못하는 숯덩이가 타는 것과 비슷할 거야. 갈색왜성들은 또 서서히 식어가면서 어느 순간 희미하게 빛나다가 그마저도 사그라져 행성처럼 보이겠지. 태양계의 목성이 아마도 갈색왜성이 식어서 만들어졌을 거라 생각하지.

문제는 원시별의 초기 질량이 1.4M⊙보다 큰 별들이지. 태양보다 질량이 큰 별들도 모두 태양처럼 적색거성의 단계를 거치겠지. 모두 수소에서 시작한 핵융합으로 인해 헬륨이 만들어질 테니까. 이 별들은 무거운 질량으로 인해 수소 → 헬륨 → 탄소 → 산소에 이르러 엄청 무거운 질량으로 인해 내부 온도가 10억℃까지 올라갈 수 있어. 이 정도의 온도면 산소 이후의 핵융합도 가능하거든. 그래서 나트륨, 네온, 마그네슘, 규소 같은 원소들이 차례로 만들어지고 어떤 별은 가장 안정한 철을 만들기도 하지.

결국 원시별의 초기 질량이 얼마냐에 따라 내부 온도가 달라지고, 그 내부 온도에 따라 연속적인 핵융합이 일어나면서 다양한 원소들이 만들어지는 거야. 이론적으로 계산한 바에 따르면 별의 초기 질량이 10M⊙보다 큰 별들은 최종적으로 내부가 철인 중심부를 여러 원소의 층들이 양파처럼 둘러싸는 모습이 될 거래.

어찌되었든 원시별의 질량이 이렇게 큰 별들은 계속된 핵융합이 끝나는 어느 순간 폭발해. 폭발이라는 것은 중심부의 가장 무거운 철 덩어리만 남고 주위의 겹겹이 쌓인 층들이 마구 흩어지는 현상인데 이게 바로 초신성 폭발이야. 별의 입장에서 보면 초신성은 모든 핵융합이 끝나는 장렬한 죽음의 단계인데, 아이러니하게도 우리는 새로 생기는 별이라는 의미의 초신성이라고 부르고 있지. 초신성 폭발 시 발생하는 에너지는 상상을 초월해. 이 에너지로 인해 초신성은 약 1000억℃에 이르는 초고온 상태인데, 이때 방출되는 에너지는 100억 개의 별이 내는 에너지보다 더 많다고 해. 오래된 기록을 보면 케플러가 1604년 초신성 폭발에 대한 기록을 남겼는데, 똑같은 폭발에 대한 기록이 조선왕조실록 선조 37년에 객성이라는 이름으로 기록되어 있어. 아주 최근에 일어난 일인데, 1987년에 마젤란 대성운에서 일어난 초신성 폭발이 있었어. 마젤란 대성운? 이거 마젤란 일행이 마젤란 해협을 통과할 때 밝혔다고 해서 그의 이름을 딴 거지. 이렇게 폭발한 별은 또 원시별의 초기 질량에 따라 중성자별이 되거나 블랙홀이 되거나 해.

중성자별은 보통 1.4M⊙~5M⊙ 사이의 질량을 가진 원시별들의 마지막 단계지. 중성자별은 아주 특이해. 0.001초~10초 사이의 주기로 매우 빠르게 회전하면서 라디오파를 내기 때문에 펄서(pulsar)라고 부르기도 하지. 반면, 5M⊙~100M⊙ 사이에 있는 별들은 빛조차도 빠져나오지 못한다는 블랙홀이 되는 거지. 100M⊙보다 큰 원시별은 그냥 폭발해버린다는 얘기를 했어.

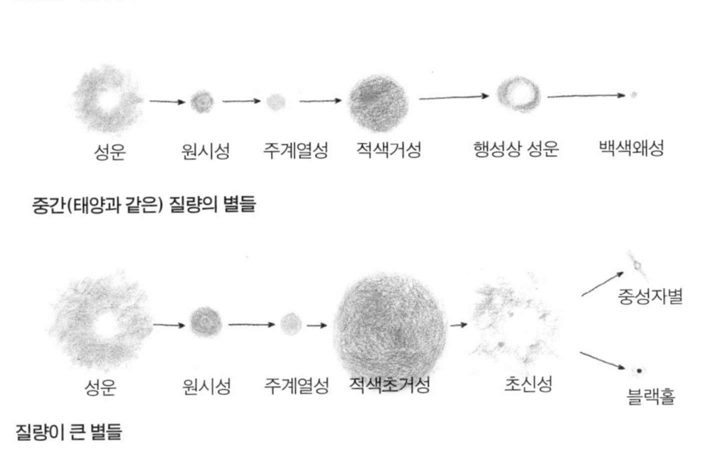

· 질량에 따른 별의 일생 ·

그런데 몇 가지 의문이 생기지 않니? 왜 마지막 원소가 철일까? 우주에서 일어나는 핵융합에 의해 만들어지는 최종 원소가 철이면 우주에 철보다 무거운 수많은 나머지 원소들은 다 어디에서 왔을까? 이런 의문들 말이야. 철의 원자번호가 26번인데 구리만 해도 원자번호가 29번이고, 우라늄이나 플루토늄은 각각 92번과 94번이나 되잖아.

철은 핵융합에 의해 만들어질 수 있는 가장 안정한 원소야. 철보다 무거운 원소들은 핵융합이 아니라 중성자에 의해 만들어지거든. 채드윅(James Chadwick, 1891~1974)이 밝힌 중성자는 에너지를 받아 원자핵에서 튀어나와 다른 원자핵에 끼어들어갈 수 있는 특별한 능력을 가졌거든. 양성자가 (+)전하를 띠고, 전자가 (-)전하를 띠는 반면, 중성자는 전기적으로 중성이라서 양성자에 비해 상대적으로 쉽게 끼어들어갈 수 있어. 양성자와 중성자가 안정된 상태를 이루고 있는 원자핵에 중성자가 덜컥 끼어 들어가면 불안정해질 거잖아. 불안정의 결과는 붕괴를 낳고. 중성자의 붕괴는 새로운 양성자의 탄생을 의미하잖아. 결국 하나의 원자핵에서 양성자가 늘어나게 되지. 이와 같은 과정을 통해 철보다 무거운 원자가 만들어질 수 있어.

우주에서 철보다 무거운 원소가 만들어지기 위해서는 엄청난 양의 중성자가 있어야 해. 이 중성자가 어디서 생기느냐? 바로 적색거성에서 그리고 초신성 폭발 시에 엄청난 양의 중성자가 생겨. 결국 우주의 모든 원소는 핵융합과 초신성 폭발 시에 방출되는 엄청난 양의 중성자로 인해 만들어진 거야. 이렇게 우주에, 그리고 지구에 존재하는 수많은 원소들은 우주의 핵융합과 중성자에 의한 합작품인 거지.

지구만 놓고 보면 138억 년 전에 시작된 우주에서 일어난 핵융합과 그 사이에서 만들어진 원소들이 모여 생겼고, 그 원소들이 모여 생명체가 탄생했지. 태양의 주된 성분이 수소와 헬륨이지만 태양계에 탄소, 산소, 철 등의 무거운 원소가 포함된 것으로 보아 태양은 우주 생성 초기에 만들어진 별이 아니라 나중에 만들어진 별들이라는 것을 알 수 있지. 탄소, 철 등은 다른 별이나 파괴된 행성에서 날아온 녀석들일 거고. 그래, 우리 모두는 그렇게 우주에서 만들어진 원소로 구성되어 있지.

어느 날 태양이 적색거성이 되었다가 백색왜성인 다이아몬드 별로 바뀌는 과정에서 지구의 모든 생명체들도 다 사라지겠지. 중심도 없고 모든 방향으로 팽창하는 깜깜하고 어두운 우주 공간에서 지구는 그냥 커다란 돌덩이로 남아 있다가 우연히 우주에서 일어나는 거대 충돌로 산산조각날 수도 있겠지. 그러면 네 몸을 이뤘던 수많은 원소들은 다시 돌덩이에 묻혀 우주 공간 어디론가 흩어져, 또 어느 순간 태양계가 생성될 때처럼 거대 성운의 일부가 되어 별의 일부가 되거나 아니면 행성을 구성하는 일부가 되겠지. 그게 우주에서 별로 돌아가는 유일한 방법이 되겠지. 우리가 모두 사라지기 전에 다른 방법으로 지구를 탈출하지 않는 한 말이야. 지구에서 생명체로 산다는 것. 그건 정해진 시간 속에서 아슬아슬하게 아름다운 일일지도…….

나에게는 '2007년 봄, 김경렬'이라고 저자 서명이 되어 있는 『노벨상과 함께 하는 지구여행』이라는 아주 특별한 책이 있다. 이 책을 선물 받았을 무렵, 기존에 공부해오던 것과는 아주 거리가 멀어 보이는 해저 열수광상, 망간단괴, 해양 심층수, 기후변화 기타 등등 새로운 학문과 연계된 일을 시작했다. 아마 김경렬 선생님은 내가 이 분야의 문외한임을 아시고 공부하라고 주셨을 것이다. 그런데 나는 불량하게도 지구 전체 시스템에 관한 공부는 등한시하고 책갈피마다 빼곡히 책 내용과 연계된 여행지를 적어 넣었다. 그래서 책의 절반 이상은 가고 싶은 여행지에 대한 메모가 누더기처럼 붙어 있다. 그건 어쩌면 일상에서 탈출해 나를 비우고자 했던 간절한 열망이었는지도 모른다. 그러나 간절한 열망의 기록은 바쁜 일

상 속에서 묻혀버렸다.

나의 이런 불량스런 기록이 잊혀갈 무렵, 딸아이와의 대화를 위해 중고등학교 과학 교과서를 공부하던 그 시간이 왔다. 그래서 딸아이와의 대화가 고플 때면 '과학으로 대화하기'라는 명목으로 기억의 밑바닥에 자리한 열망의 기록을 소환했다.

불량한 메모지들을 하나씩 꺼내들면서 '오늘은 잉카제국이 번성했던 안데스산맥에 가보자. 내일은 불의 고리에 있어 동네 전체가 유황냄새로 가득한 뉴질랜드 로토루아에 가보자. 그 다음은 지구 모든 유체 순환의 출발점인 적도가 관통하는 에콰도르 키토에 가보자.'하면서 아이를 꼬셨다. 그렇게 꺼내든 여행지 중에서 일부는 전세금을 털어 가본 곳도 있지만 가보지 못한 곳이 대부분이다.

나의 짧은 견해로 보면 지구과학은 물리, 화학, 생물을 기반으로 하는 통합 학문이다. 그러하기에 각각의 학문에 대한 기본적 이해 없이는 지구과학이라는 범주를 충분히 즐기며 이해하기 어렵다. 하지만 이는 충분히 즐길 수 있는 내용들을 엮어 맥락을 만든다면, 여러 학문 분야를 통합적으로 바라보고 사고를 확장시킬 수 있다는 반증이 아니겠는가? 그래서 여행이라는 이상한 목적 하에 물리, 화학과 생물을 연계하여 재구성한 지구과학 내용을 딸아이에게 떠들었다.

딸아이가 아닌 다른 이들에게 이 책을 내놓기까지 얼마나 많은 연구자분들을 괴롭혀 드렸는지 상상하기 어려울 것이다. 원고를 읽고 열성적으로 가르쳐주셨던 김경렬 선생님과 김성중 박사님은 물론이고, 망망대해에서 통신이 되는 때를 기다려 열심히 응답해 주신 박숭현 박사님, 선뜻 자료를 보내주신 지상범 박사님, 이창섭 박사님, 이판묵 박사님과 울릉도 · 독도 해양과학기지에 계신 분들은 불량한 문외한의 막무가내 요청을 거부하기 어려우셨을 것이다. 더불어 이 책의 첫 번째 독자가 되어준 여태경 박사와 특별한 스승이신 이덕환 선생님을 빼놓을 수는 없을 것이다. 이 모든 분들이 아니었다면 나의 불량한 여행에 대한 열망은 단순한 기록으로 끝나고 말았을 것이다.

책 자체의 완성도는 논외로 하더라도, 지구를 맥락으로 이해하는 완성은 읽는 이들의 몫이기에 이 책은 영원히 미완성일 수밖에 없다. 그럼에도 불구하고 이제는 조금 성장한 아들 녀석이 열렬한 독자가 되어 불량한 기록을 만들던 나처럼 자신만의 여행지를 만들어보기를 바라는 것은 지나친 욕심일까?

2017년 3월

송 경 화

김경렬

미국 샌디에이고 소재 캘리포니아대학교(UCSD)에서 해양학으로 박사 학위를 받았다. 1984년 서울대학교 자연과학대학에서 교수 생활을 시작하여 2013년 여름 정년퇴임한 후, 현재 CIST 대학에서 석좌교수로 재직하고 있다. 지은 책으로는 한국과학기술한림원 '석학, 과학기술을 말하다' 시리즈의 『노벨상과 함께하는 지구환경의 이해』, 『화학이 안내하는 바다탐구』 '생각의 힘 문고' 시리즈의 『시간의 의미』, 『세계를 품은 한 장의 종이 : 지도 이야기』 등이 있으며, 옮긴 책으로는 『기후변동 : 21세기 지구의 미래를 예측한다』, 『엘니뇨: 역사와 기후의 충돌』 등이 있다.

김성중

미국 텍사스 A&M 대학교에서 해양물리로 박사 학위를 받고, 캐나다 기후 모형 연구소와 미국 듀크 대학에서 연구원으로 일했다. 현재 극지연구소에서 책임연구원으로 재직하며 기후연구를 하고 있다. '북극 기후변화 및 북극 기후변화가 중위도 지방에 미치는 영향' 등의 기후변화 모델링에 관한 60여 편 이상의 논문을 발표하였으며, 남극세종과학기지 월동대장으로 남극세종과학기지에서 2017년을 보내고 있다.

찾아보기

굵게 표시한 숫자는 각 용어가 본문 그림자료에 있는 경우를 가리킵니다.

ㅅ

ㅌ

ㅍ

불량엄마의
별난 지구 여행

1판 1쇄 찍음 2017년 3월 27일
1판 3쇄 펴냄 2021년 8월 25일

지은이 송경화
그림 홍영진

주간 김현숙 | **편집** 김주희, 이나연
디자인 이현정, 전미혜
영업 백국현, 정강석 | **관리** 오유나

펴낸곳 궁리출판 | **펴낸이** 이갑수

등록 1999년 3월 29일 제300-2004-162호
주소 10881 경기도 파주시 회동길 325-12
전화 031-955-9818 | **팩스** 031-955-9848
홈페이지 www.kungree.com
전자우편 kungree@kungree.com
페이스북 /kungreepress | **트위터** @kungreepress
인스타그램 /kungree_press

ISBN 978-89-5820-443-5 03470

책값은 뒤표지에 있습니다.
파본은 구입하신 서점에서 바꾸어 드립니다.

이 책은 한국출판문화산업진흥원의 출판콘텐츠 창작자금을 지원받아 제작되었습니다.